高級財務會計

（第二版）

主　編　胡世強　曹明才　劉金彬

S 崧燁文化

前 言

高級財務會計是會計學專業主幹專業課程,是中級財務會計的延續與拓展,其內容與中級財務會計的內容一道形成完整的財務會計理論體系、方法體系和技能體系,是從事會計職業必備的專業知識和基本技能。該課程與中國會計改革及會計準則緊密相連。

目前,會計理論界對高級財務會計的含義及內容並沒有統一的界定,而企業會計實務中也並沒有嚴格將財務會計區分為中級財務會計和高級財務會計。但從會計教學規律、知識的循序漸進來講,從中級財務會計和高級財務會計的具體研究對象來看,分開是必要的。

我們以培養應用型會計人才目標為出發點,根據高級財務會計課程在應用型大學會計學專業課程體系中的地位,依據中國最新的企業會計準則、稅收、金融、財政等政策規範以及國際財務報告準則等國際會計規範,借鑑國內外財務會計理論研究的新成果和新經驗,在緊密結合中國企業會計實務的基礎上確定了本教材的基本框架和具體內容,並全面系統地闡述了高級財務會計的基本理論、基本知識和基本技能。

我們認為,高級財務會計應當如此定位:是中級財務會計的延續、補充和拓展,既以傳統的財務會計理論與方法為理論基礎,又隨著社會經濟的不斷發展而拓展新的會計理論。它是以一般企業沒有或者不經常發生的特殊經濟業務為對象進行會計確認、計量、記錄和報告會計學科。通過高級財務會計的學習,學生們「拾遺補缺」,全面、系統、完整地掌握財務會計的全部內容、方法和技能,適應企業對會計人才知識結構、能力結構和技能水平的要求。

所以,本教材突出了高級財務會計的顯著特徵:①特殊性;②例外性;③公允價值的廣泛應用;④非系統性;⑤實務性;⑥發展性。

我們在編寫過程中注重會計理論與會計實務的結合,力求能體現系統性與專題性並重,現實性與前瞻性兼顧,與國際慣例相結合;既要注意與中級財務會計的銜接與拓展,又要注重高級財務會計本身的科學性與完整性,更要突出高級財務會計的重點與難點。

本教材分為四篇十四章。第一篇介紹高級財務會計的基本理論;第二篇介紹企業特殊交易或者事項的會計核算,包括投資性房地產、或有事項、借款費用、所得稅、會計政策、會計估計變更和差錯更正、資產負債表日後事項、非貨幣性資產交換、債務重組、租賃、股份支付等會計核算理論與方法;第三篇介紹外幣折算的理論與核算方法;第四篇介紹企業合併及合併報表的理論及方法。

本書由胡世強、曹明才、劉金彬擔任主編，李黛珏擔任副主編，具體寫作分工如下：胡世強教授撰寫第1、2、3、4、6、7、8、9章；李黛珏撰寫第5章；劉金彬撰寫第10、11、12章；曹明才撰寫第13、14章。最后由胡世強對全書進行了修改、補充和總纂定稿。

由於編者水平有限，加之會計改革正在深入進行，書中難免有疏漏和不足之處，懇請廣大讀者批評指正。

胡世強

目 錄

第一篇 高級財務會計的基本理論

第1章 緒論 ……………………………………………………………… (3)
1.1 高級財務會計的含義及其特徵 …………………………………… (3)
1.2 高級財務會計的理論基礎 ………………………………………… (5)
1.3 高級財務會計的內容及研究方法 ………………………………… (7)
思考題 …………………………………………………………………… (8)

第二篇 企業特殊經濟業務或事項的會計核算

第2章 投資性房地產核算 ……………………………………………… (11)
2.1 投資性房地產的內涵及特徵 ……………………………………… (11)
2.2 投資性房地產的確認與會計處理方法 …………………………… (12)
2.3 投資性房地產的初始計量 ………………………………………… (14)
2.4 投資性房地產的后續計量 ………………………………………… (16)
2.5 投資性房地產轉換 ………………………………………………… (17)
2.6 投資性房地產的處置 ……………………………………………… (21)
思考題 …………………………………………………………………… (23)

第3章 或有事項核算 …………………………………………………… (24)
3.1 或有事項的內涵及特徵 …………………………………………… (24)
3.2 或有事項的確認與計量 …………………………………………… (26)
3.3 或有事項的會計處理 ……………………………………………… (30)
3.4 或有事項的披露 …………………………………………………… (37)

思考題 ··· (37)

第4章　借款費用核算 ··· (38)
　4.1　借款費用的內涵 ·· (38)
　4.2　借款費用的確認 ·· (39)
　4.3　借款費用的計量 ·· (42)
　　思考題 ··· (47)

第5章　所得稅會計核算 ··· (48)
　5.1　所得稅會計概述 ·· (48)
　5.2　資產與負債的計稅基礎 ·· (50)
　5.3　暫時性差異 ·· (54)
　5.4　遞延所得稅的確認和計量 ··· (56)
　5.5　所得稅費用的確認和計量 ··· (61)
　　思考題 ··· (65)

第6章　會計政策、會計估計變更和差錯更正核算 ················· (66)
　6.1　會計政策及其變更的會計處理 ··································· (66)
　6.2　會計估計及其變更的會計處理 ··································· (74)
　6.3　前期差錯及其更正的會計處理 ··································· (77)
　　思考題 ··· (82)

第7章　資產負債表日后事項核算 ····································· (83)
　7.1　資產負債表日后事項的內涵 ······································ (83)
　7.2　資產負債表日后調整事項的會計處理 ·························· (86)
　7.3　資產負債表日后非調整事項的會計處理 ······················· (92)
　　思考題 ··· (95)

第 8 章 非貨幣性資產交換核算 (96)
8.1 非貨幣性資產交換的認定 (96)
8.2 非貨幣性資產交換的確認與計量 (97)
8.3 涉及單項非貨幣性資產交換的會計處理 (98)
8.4 涉及多項非貨幣性資產交換的會計處理 (103)
思考題 (108)

第 9 章 債務重組核算 (109)
9.1 債務重組的內涵及方式 (109)
9.2 債務重組的會計處理 (111)
9.3 債務重組的披露 (120)
思考題 (121)

第 10 章 租賃會計核算 (122)
10.1 租賃的內涵與分類 (122)
10.2 經營租賃的會計處理 (125)
10.3 融資租賃的會計處理 (133)
思考題 (150)

第 11 章 股份支付核算 (151)
11.1 股份支付概述 (151)
11.2 股份支付的確認和計量 (153)
思考題 (167)

第三篇 外幣折算

第 12 章 外幣折算 (171)
12.1 與外幣折算相關的概念 (171)

3

12.2　外幣交易會計核算 ··· (174)
12.3　外幣報表折算 ··· (181)
思考題 ·· (185)

第四篇　企業合併及合併報表

第 13 章　企業合併會計核算 ··· (189)
13.1　企業合併概述 ··· (189)
13.2　同一控制下企業合併的會計處理 ·· (191)
13.3　非同一控制下企業合併的會計處理 ··· (198)
思考題 ·· (203)

第 14 章　企業合併報表 ·· (204)
14.1　合併財務報表概述 ·· (204)
14.2　合併資產負債表、合併利潤表與合併所有者權益變動表的編製 ········· (212)
14.3　合併現金流量表的編製 ··· (233)
14.4　報告期內增減子公司的合併處理 ·· (237)
思考題 ·· (239)

第一篇

高級財務會計的基本理論

第 1 章　緒論

1.1　高級財務會計的含義及其特徵

1.1.1　高級財務會計的含義

1. 財務會計的整體含義及層次

財務會計（Financial Accounting）是以公認的會計準繩為準繩，運用會計核算的基本原理，主要是對會計主體已經發生的所有經濟業務及會計事項，採用一套公認、規範的確認、計量、記錄和報告的會計處理程序和方法，通過一套通用的、標準的財務報表，定期為財務會計信息使用者，特別是企業的外部使用者提供真實、公正、客觀的財務會計信息的會計信息系統。所以，財務會計又稱為對外報告會計（外部會計）。

從企業會計實務看，財務會計涵蓋了企業所有的經濟活動或事項，既包括大多數企業共有的經濟業務或事項，也包括企業發生的特殊、不常見經濟業務或事項，也涉及特殊企業（行業）的經濟業務或事項。

但從會計理論研究和高等會計教育規律出發，財務會計應當分為三個層次進行研究和教學。

第一層次，初級財務會計（會計學原理），是財務會計的入門課程，主要研究會計的基本理論、基本方法和基本技能，從憑證、帳簿到報表的會計核算技能程序與方法。

第二層次，中級財務會計，主要圍繞通用的財務報表的組成要素及編製展開，研究一般企業共有的經濟業務及事項的會計確認、計量、記錄及報告。

第三層次，高級財務會計，主要研究中級財務會計沒有涵蓋的其他經濟業務及事項以及今後可能發生的新的經濟業務或事項的會計確認、計量、記錄及報告。

2. 高級財務會計的內涵

目前，中國對高級財務會計的定義和涉及的範圍並沒有形成統一的定論。本書從培養應用型會計人才的目標出發，將高級財務會計定義如下：高級財務會計是建立在中級財務會計基礎之上但內容更為複雜、特殊的一個會計領域，它的內容會隨著會計環境的變化而不斷更新。它是利用財務會計基本理論和方法，同時也利用某些例外原則，以一般企業不常發生的特殊經濟業務或事項為對象進行會計確認、計量、記錄和報告，為會計信息使用者提供財務會計信息的會計信息系統。

1.1.2　高級財務會計的定位及特徵

1. 高級財務會計的定位

從培養應用型會計人才培養目標的角度出發，我們認為，高級財務會計應當定位在：中級財務會計的延續、補充和拓展，既以傳統的財務會計理論與方法為理論基礎，又隨著社會經濟的不斷發展而拓展新的會計理論。它是以一般企業沒有或者不經常發生的特殊經濟業務為對象進行會計確認、計量、記錄和報告的會計學科。通過高級財務會計的學習，學生們「拾遺補闕」，全面、系統、完整地掌握財務會計的全部內容、方法和技能，從而滿足企業對會計人才知識結構、能力結構和技能水平的要求。

2. 高級財務會計的特徵

高級財務會計除了具體中級財務會計的特徵外，還具有如下顯著特徵：

(1) 特殊性。高級財務會計的特殊性表現在兩個方面：一是一般企業的不常見的特殊業務，比如投資性房地產、債務重組、非貨幣性交換、或有事項、融資租賃等；另一方面是特殊行業的經濟業務或事項，比如金融業、農業、石油天然氣行業等的經濟業務或者會計事項。

(2) 例外性。高級財務會計的例外性表現在對會計基本理論和方法的例外，比如：企業合併會計與合併報表對會計主體假設的例外；債務重組對持續經營假設的例外；外幣折算對貨幣計量假設的例外；融資租賃、合併報表對實質重於形式會計信息質量特徵的例外；等等。

(3) 公允價值的廣泛應用。在高級財務會計中，公允價值得到了充分的應用，比如，債務重組、非貨幣性交換、外幣折算、企業合併、投資性房地產等都廣泛採用了公允價值計量屬性。

(4) 非系統性。由於高級財務會計的特殊性，該課程的體系並不構成一個完善的系統，其內容是分散的，並沒有一根紅線將其串聯起來，對教師授課和學生學習都帶來了一定難度。

(5) 實務性。高級財務會計並不是一門純會計理論課程，而應當是一門以企業實際經濟業務為對象，更注重於實務應用的課程。它與中級財務會計、成本會計等構成財務會計整體，進行會計核算方法和技能的傳授。

(6) 發展性。目前中國的《企業會計準則》規範的主要是企業已經發生過的經濟業務以及已經出現過的會計事項，對它們的會計處理理論及方法都已經比較成熟了。但隨著科學技術的迅猛發展，社會經濟生活的不斷提高，企業生產經營活動的日益複雜，社會中不可避免會出現新的經濟業務和事項，這將對會計理論、會計方法提出更高的要求，從而促使高級財務會計理論的創新和方法、技能的提高，這些都將體現在高級財務會計的內容中。

1.2 高級財務會計的理論基礎

1.2.1 財務會計的理論框架

根據中國《企業會計準則——基本準則》的規範，中國構建的是以會計假設、財務報表構成要素、會計信息質量特徵、會計確認、會計計量為核心的會計理論框架結構。

1. 會計假設

會計的基本假設是指會計存在、運行和發展的基本假定，是進行會計工作的基本前提條件，故又稱為會計的基本前提。它是對會計核算的合理設定，是人們對會計實踐進行長期認識和分析后所做出的合乎理性的判斷和推論。會計要在一定的假設條件下才能確認、計量、記錄和報告會計信息，所以會計假設也稱為會計核算的基本前提。

《企業會計準則——基本準則》確定了四項會計假設：會計主體、持續經營、會計分期和貨幣計量。財務會計必須建立在這些假設之上，其內容也得以充分體現。

2. 財務報表構成要素

財務報表的構成要素：資產、負債、所有者權益、收入、費用、利潤以及利得和損失。這些內容正是中級財務會計研究和處理的核心內容。

3. 會計信息質量要求

會計信息質量要求是對企業財務會計報告所提供的會計信息質量的基本要求，也是這些會計信息對投資者等會計信息使用者決策有用應當具備的基本質量特徵。根據企業會計基本準則的規定，企業會計信息質量要求包括可靠性、相關性、可理解性、可比性、實質重於形式、重要性、謹慎性和及時性八個方面。

4. 會計確認與會計計量

（1）會計確認是指確定將交易或事項中的某一項目作為一項會計要素加以記錄和列入財務報表的過程，是財務會計的一項重要程序。會計確認主要解決某一個項目是否確認、如何確認和何時確認三個問題，包括在會計記錄中的初始確認和在會計報表中的最終確認。中國的《企業會計準則——基本準則》採用了國際會計準則的確認標準。

（2）會計計量是指為了在會計帳戶記錄和財務報表中確認、計列有關會計要素，而以貨幣或其他度量單位確定其貨幣金額或其他數量的過程。《企業會計準則——基本準則》規範了五個會計計量屬性：歷史成本、重置成本、可變現淨值、現值、公允價值。

5. 會計基礎

財務會計核算是建立在一定是會計基礎之上，企業應當以權責發生制為基礎進行會計確認、計量、記錄和報告。

權責發生制又稱應收應付制，是以收入和費用是否已經發生為標準來確認本期收入和費用的一種會計基礎。權責發生制要求：凡是當期已經實現的收入和已經發生或應當負擔的費用，不論款項是否收付，都應當作當期的收入和費用計入利潤表；凡是不屬於當期的收入和費用，即使款項已在當期收付，也不應當作當期的收入和費用。

權責發生制是與收付實現制相對的一種確認和記帳基礎，是從時間選擇上確定的基礎。其核心是根據權責關係的實際發生和影響期間來確認企業的收入和費用。建立在該基礎上的會計模式可以正確地將收入與費用相配比，正確計算企業的經營成果。

1.2.2 高級財務會計的理論基礎

總的來講，高級財務會計的理論基礎建立在財務會計理論框架基礎上的，但高級財務會計的特殊性和會計環境的不斷變化，決定高級財務會計理論研究與實務應當有較大的延伸與拓展。

1. 會計假設的延伸與拓展

(1) 會計主體假設的延伸與拓展。現代經濟的發展和會計環境的變化促進了會計主體假設的拓展；產生了多層次、多方位的會計主體。比如，企業合併業務導致了企業集團的出現，並分別形成了母、子公司，會計為之服務的主體就具有雙重性，會計核算的空間範圍已經處於一種模糊狀態。這些理論的拓展在高級財務會計中必須加以研究。作為母公司的會計人員既要為具有法人地位的母公司服務，同時又要為不具有法人地位的集團公司服務。所以它產生了超越前述空間主體假設的新的會計業務，比如合併報表、分部報告等。

(2) 持續經營假設的延伸與拓展。傳統財務會計是建立在企業持續經營前提之上進行會計核算的。但在市場經濟的激烈競爭中，有些企業將難於持續經營而需要進行重組甚至破產，必然出現企業清算、重組、破產等經濟業務，這些經濟業務的會計處理就應當建立在非持續經營假設的基礎上。而非持續經營假設是持續經營假設的延伸與拓展，所以高級財務會計在研究清算會計、重組會計、破產會計等的理論基礎之一應當是非持續經營假設。

(3) 貨幣計量假設的延伸與拓展。在市場經濟的發展變化中，貨幣的幣值不變也由於持續的物價變動而動搖，因此出現了物價變動會計；而在記帳本位幣制度下的一種貨幣被另一種貨幣所計量已成為現實，以及外幣折算等也超越了貨幣計量假設。

2. 會計公認原則的延伸與拓展

(1) 對傳統計量屬性的延伸與拓展。在中級財務會計中主要是應用歷史成本進行計量，而在現代市場經濟中，從資本市場、證券市場到房地產市場、技術市場等，市場都比較成熟，因此公允價值計量就成其為自然或者必然的選擇。在高級財務會計中將廣泛地應用公允價值理論及其計量；同時物價變動對社會經濟生活帶來的影響也直接衝擊著建立在貨幣計量假設基礎上的歷史成本計量屬性，世界經濟一體化促進了大量的外幣業務發生，因此外幣折算、物價變動等的會計處理已成現實，這些都將是高級財務會計研究的對象。

(2) 實質重於形式原則的廣泛應用。實質重於形式是指企業應當按照交易或者事項的經濟實質進行會計確認、計量和報告，不應僅以交易或者事項的法律形式為依據。一般情況下，企業發生的交易或事項其經濟實質和法律形式是一致的，這些在中級財務會計中已經充分體現了。但在現代市場經濟中，在許多情況下，企業發生的交易或事項其經濟實質和法律形式會出現不一致。例如，為了準確反應企業集團的會計信息，使得投

資者等報表使用者瞭解企業集團的財務狀況、經營成果和現金流量情況，母公司將其子公司合起來編製的合併報表，該合併報表反應的企業集團的經濟實質內容，而沒有反應被合併公司的法律形式。母公司和子公司在法律上是兩個或多個獨立的法人實體，但母公司在編製合併報表時，並非按其法律形式（兩個或多個獨立法人）而按其母、子公司的經濟實質，將母、子公司的個別報表合二為一（當然不是簡單的相加，而是按照會計準則的規範進行）。再如，在融資租賃情況下，租賃資產被承租方確認為資產等都是實質重於形式的應用。這些都是高級財務會計要研究的理論與實務內容。

1.3　高級財務會計的內容及研究方法

1.3.1　高級財務會計的內容

1. 特殊的財務報表

高級財務會計研究的財務報表主要是一般企業不涉及的合併財務報表的理論與編製，以及外幣報表折算、分部報告等內容。

2. 特殊經濟業務或事項的會計處理方法

在市場經濟條件下，企業會根據自己的實際情況隨時調整其策略，就不可避免地發生特殊的經濟業務或事項，實現其目標，比如將自用的房地產用於出租、融資租入機器設備、用非貨幣性資產進行交換、專門借款擴大規模，等等。這些經濟業務就必須按照特殊的會計處理方法進行核算，這些是高級財務會計研究的主要內容。它包括：

（1）投資性房地產核算；
（2）或有事項核算；
（3）借款費用核算；
（4）所得稅會計核算；
（5）資產負債表日後事項核算；
（6）非貨幣性資產交換核算；
（7）租賃會計核算等。

就其本質講，特殊經濟業務或事項與一般經濟業務或事項的會計處理方法是一致的，都是從初始確認、計量到后續計量，從記錄到報告的一般程序。但就其具體的各個環節上的理論基礎與條件是有較大變化的，且更深入和複雜。

3. 特殊狀況下的會計處理方法

在激烈的市場競爭中，企業可能會因調整發展戰略而緊縮或擴張進行合併重組，可能出現債務困境危機，甚至破產。此時，企業的持續經營狀況受到了衝擊，將處於某種特殊狀態，比如，企業合併、債務重組、企業破產與清算、改變企業的會計政策或會計估計、通貨膨脹，等等。這些特殊狀態下的經濟業務或事項將是高級財務會計研究的重點內容。它主要包括：

（1）企業合併核算；

(2) 企業破產和清算；
(3) 債務重組核算；
(4) 會計政策、會計估計變更和差錯更正核算；
(5) 股份支付核算；
(6) 物價變動會計等。

特殊狀況下發生的經濟業務或事項的會計處理應當遵循特殊的會計理論，採用特別的核算方法進行。

1.3.2 高級財務會計的研究方法

1. 遵循會計準則規範

本書是以應用型會計學本科學生為對象，注重其會計理論與方法的應用。《企業會計準則》是中國的會計法規，是會計實務中必須遵循的準繩。所以本教材是對中國的會計準則的講解與應用；同時也將借鑑國際財務報告準則，進行前瞻性研究。

2. 樹立財務會計整體觀念

高級財務會計是財務會計的重要組成部分，因此它應當以中級財務會計為起點，進行更深層次的研究。通過高級財務會計的學習，學生們對財務會計的完整性、系統性有深入的瞭解，全面系統掌握財務會計的理論、方法及技能。

3. 注重各特殊經濟業務核算內部的系統性，而非整體內容的系統性

高級財務會計的特徵之一——非系統性，決定了高級財務會計體系上並沒有嚴密的系統性。但就其各個特殊經濟業務內部即每個專題，其系統性是很強的，每一專題內容符合同一邏輯順序安排，即由特定經濟現象引入會計問題，為解決這一會計問題提出不同會計方法，在諸多會計方法中明確中國會計準則的規範，最後按照中國會計準則的規定進行會計處理。因此在授課中的邏輯聯繫非常強，要提煉出這些特殊業務的邏輯性，並進行專題研究。

4. 堅持理論與實務的緊密結合，重視業務分析和實例演示

高級財務會計與中級財務會計的理論不盡相同，不是集中起來介紹，而是分散在各個專題之中，各個特殊業務都有各自的基礎理論。比如，所得稅會計的基礎理論——資產負債表債務法；合併財務報表的合併理論——所有權理論、主體理論、母公司理論等。所以在學習、研究高級財務會計時，必須將理論與企業的會計實務緊密結合起來進行分析研究，並通過實例進行演練。

思考題

1. 高級財務會計的內涵是什麼？它與中級財務會計的關係如何？
2. 高級財務會計的特徵主要表現在哪些方面？
3. 高級財務會計的理論基礎包括哪些方面？
4. 應當如何學習高級財務會計？

第二篇
企業特殊經濟業務或事項的會計核算

第 2 章　投資性房地產核算

2.1　投資性房地產的內涵及特徵

2.1.1　投資性房地產的含義及內容

投資性房地產，是指為賺取租金或資本增值，或者兩者兼有而持有的房地產，包括已出租的土地使用權、持有並準備增值后轉讓的土地使用權以及已出租的建築物。投資性房地產應當能夠單獨計量和出售。

1. 已出租的土地使用權

已出租的土地使用權，是指企業通過出讓或轉讓方式取得的、以經營租賃方式出租的土地使用權。對於以經營租賃方式租入土地使用權再轉租給其他單位的，不能確認為投資性房地產。

2. 持有並準備增值后轉讓的土地使用權

持有並準備增值后轉讓的土地使用權，是指企業取得的、準備增值后轉讓的土地使用權。這類土地使用權很可能給企業帶來資本增值收益，符合投資性房地產的定義。

按照國家有關規定認定的閒置土地，不屬於持有並準備增值后轉讓的土地使用權，故不屬於投資性房地產。

3. 已出租的建築物

已出租的建築物是指以經營租賃方式出租的企業擁有產權的建築物，包括自行建造或開發活動完成后用於出租的建築物以及正在建造或開發過程中將來用於出租的建築物。

4. 注意問題

（1）某項房地產，部分用於賺取租金或資本增值、部分用於生產商品、提供勞務或經營管理，能夠單獨計量和出售的、用於賺取租金或資本增值的部分，應當確認為投資性房地產；不能夠單獨計量和出售的、用於賺取租金或資本增值的部分，不確認為投資性房地產。

（2）企業將建築物出租，按租賃協議向承租人提供的相關輔助服務在整個協議中不重大的，如企業將辦公樓出租並向承租人提供保安、維修等輔助服務，應當將該建築物確認為投資性房地產。

（3）不屬於投資性房地產的房地產，主要有以下兩種：

① 自用房地產，是指為生產商品、提供勞務或者經營管理而持有的房地產。如企

業生產經營用的廠房和辦公樓屬於固定資產；企業生產經營用的土地使用權屬於無形資產。企業擁有並自行經營的旅館飯店，其經營目的主要是通過提供客房服務賺取服務收入，該旅館飯店不確認為投資性房地產。

② 作為存貨的房地產，通常是指房地產開發企業在正常經營過程中銷售的或為銷售而正在開發的商品房和土地。這部分房地產屬於房地產開發企業的存貨，其生產、銷售構成企業的主營業務活動，產生的現金流量也與企業的其他資產密切相關。因此，具有存貨性質的房地產不屬於投資性房地產。

2.1.2 投資性房地產的特徵

1. 投資性房地產是一種經營性活動

（1）投資性房地產的主要形式是出租建築物、出租土地使用權，實質上屬於讓渡資產使用權的行為。出租房地產的目的是賺取房地產租金，而租金就是企業讓渡資產使用權取得的使用費收入，是企業為完成其經營目標所從事的經營性活動以及與之相關的其他活動形成的經濟利益總流入。

（2）投資性房地產的另一種形式是持有並準備增值后轉讓的土地使用權。儘管其增值收益通常與市場供求、經濟發展等因素相關，但目的是增值后轉讓以賺取增值收益，也是企業為完成其經營目標所從事的經營性活動以及與之相關的其他活動形成的經濟利益總流入。

2. 投資性房地產在用途、狀態、目的等方面區別於作為生產經營場所的房地產和用於銷售的房地產

企業持有的房地產除了用作自身管理、生產經營活動場所和對外銷售之外，出現了將房地產用於賺取租金或增值收益的活動，甚至是個別企業的主營業務。這就需要將投資性房地產單獨作為一項資產核算和反應，與自用的廠房、辦公樓等房地產和作為存貨（已建完工商品房）的房地產加以區別，從而更加清晰地反應企業所持有房地產的構成情況和盈利能力。企業在首次執行投資性房地產準則時，應當根據投資性房地產的定義對資產進行重新分類，凡是符合投資性房地產的定義和確認條件的建築物和土地使用權，應當歸為投資性房地產。

2.2 投資性房地產的確認與會計處理方法

2.2.1 投資性房地產的確認條件及日期

1. 投資性房地產確認條件

資性房地產在符合其定義前提下，必須同時滿足下列兩個條件的，才能予以確認：

（1）該投資性房地產包含的經濟利益很可能流入企業，是對投資性房地產的確認的關鍵條件。如果與某項投資性房地產有關的經濟利益不能流入企業，則不能將其確認為投資性房地產。

（2）該投資性房地產的成本能夠可靠計量。對投資性房地產的確認，除了要判斷與該投資性房地產有關的經濟利益能否流入企業以外，還要判斷該投資性房地產的成本能否可靠地計量。如果該投資性房地產的成本不能可靠地計量，則不能將其確認為投資性房地產。

2. 投資性房地產的確認日期

（1）對已出租的土地使用權、已出租的建築物，其作為投資性房地產的確認時點為租賃期開始日，即土地使用權、建築物進入出租狀態，開始賺取租金的日期。

（2）企業管理當局對企業持有以備經營出租的空置建築物，做出正式書面決議，明確表明將其用於經營出租且持有意圖短期內不再發生變化的，可視為投資性房地產，其作為投資性房地產的時點為企業管理當局就該事項做出正式書面決議的日期。這裡的「空置建築物」是指企業新購入、自行建造或開發完工但尚未使用的建築物，以及不再用於日常生產經營活動且經整理後達到可經營出租狀態的建築物。

（3）持有並準備增值後轉讓的土地使用權，其作為投資性房地產的確認時點為企業將自用土地使用權停止自用，準備增值後轉讓的日期。

2.2.2 投資性房地產會計的核算方法

1. 投資性房地產帳務處理方法

（1）投資性房地產初始計量方法

企業取得的投資性房地產，應當按照取得時的成本進行初始計量。

①外購投資性房地產的成本，包括購買價款和可直接歸屬於該資產的相關稅費。

②自行建造投資性房地產的成本，由建造該項資產達到預定可使用狀態前所發生的必要支出構成。

③以其他方式取得的投資性房地產的成本，適用相關的會計準則規定確認計量。

（2）投資性房地產后續計量模式

企業投資性房地產后續計量有兩種方法：成本模式和公允價值模式。但同一企業只能採用一種模式對所有投資性房地產進行后續計量，不得同時採用兩種計量模式。

企業通常應當採用成本模式對投資性房地產進行后續計量。採用成本模式計量的投資性房地產比照固定資產和無形資產的會計處理方法，進行累計折舊和累計攤銷，而且可以計提資產減值準備。

企業也可採用公允價值模式對投資性房地產進行后續計量，但只有在有確鑿證據表明投資性房地產的公允價值能夠持續可靠取得的情況下，才可以對投資性房地產採用公允價值模式進行后續計量。

採用公允價值模式計量的，應當同時滿足下列條件：

①投資性房地產所在地有活躍的房地產交易市場；

②企業能夠從房地產交易市場上取得同類或類似房地產的市場價格及其他相關信息，從而對投資性房地產的公允價值做出合理的估計。

投資性房地產採用公允價值模式進行后續計量的，不計提折舊或攤銷，應當以資產負債表日投資性房地產的公允價值為基礎調整其帳面價值，公允價值與原帳面價值

的差額計入當期損益。

企業對投資性房地產的計量模式一經確定,不得隨意變更。其中,已採用成本模式計量的投資性房地產,若確需轉為公允價值模式,應當作為會計政策變更,按照《企業會計準則第28號——會計政策、會計估計變更和差錯更正》處理。已採用公允價值模式計量的投資性房地產,一般不得從公允價值模式轉為成本模式。

2. 企業投資性房地產核算帳戶

(1) 在成本模式計量下

①「投資性房地產」帳戶,核算企業投資性房地產的成本,該帳戶可按投資性房地產類別和項目進行明細核算。該帳戶可比照「固定資產」「無形資產」帳戶的規定進行帳務處理。

②「投資性房地產累計折舊(攤銷)」和「投資性房地產減值準備」帳戶,可比照「累計折舊」「累計攤銷」「固定資產減值準備」和「無形資產減值準備」帳戶的規定進行帳務處理。

(2) 在公允價值計量模式下

在公允價值計量模式下,企業也是通過「投資性房地產」帳戶核算投資性房地產的。但該帳戶除按投資性房地產類別和項目進行明細核算外,還應當分別設置「成本」和「公允價值變動」明細帳進行明細核算。

2.3 投資性房地產的初始計量

2.3.1 外購投資性房地產的帳務處理

外購投資性房地產的成本,包括購買價款、相關稅費和可直接歸屬於該資產的其他支出。在採用成本模式計量下,外購的土地使用權和建築物,按照取得時的實際成本進行初始計量,借記「投資性房地產」帳戶,貸記「銀行存款」等帳戶。

在採用公允價值模式計量下,按照外購的土地使用權和建築物發生的實際成本,借記「投資性房地產——成本」帳戶,貸記「銀行存款」等帳戶。

【例2-1】2012年12月30日,大華公司購入一幢辦公樓辦妥了各項手續,購買價及其他支出共計1,200,000元,款項已用銀行存款支付;辦妥各項手續后,大華公司將辦公樓出租給A公司使用。

若大華公司採用成本模式核算,其帳務處理為:

借:投資性房地產——辦公樓　　　　　　　　　　　1,200,000
　　貸:銀行存款　　　　　　　　　　　　　　　　　　1,200,000

假設大華公司採用公允價值模式核算,則其帳務處理為:

借:投資性房地產——成本(辦公樓)　　　　　　　1,200,000
　　貸:銀行存款　　　　　　　　　　　　　　　　　　1,200,000

2.3.2 自行建造投資性房地產的帳務處理

自行建造投資性房地產，其成本由建造該項資產達到預定可使用狀態前發生的必要支出構成，包括土地開發費、建築成本、安裝成本、應予以資本化的借款費用、支付的其他費用和分攤的間接費用等。建造過程中發生的非正常性損失，直接計入當期損益，不計入建造成本。採用成本模式計量的，應按照建造過程中發生的成本，借記「投資性房地產」帳戶，貸記「銀行存款」等帳戶。採用公允價值模式計量的，應按照建造過程中發生的成本，借記「投資性房地產——成本」帳戶，貸記「銀行存款」等帳戶。

【例2-2】2012年5月，大華公司從其他單位以300萬元價格購入一塊土地的使用權，並在這塊土地上開始自行建造A、B、C三棟倉庫，B、C倉庫建成後可以自己使用，又可以單獨出售，A倉庫用於出租。2012年12月1日，大華公司預計倉庫即將完工，與丙公司簽訂了經營租賃合同，將其中的A倉庫租賃給丙公司使用。租賃合同約定，A倉庫於完工時開始起租。2012年12月25日，三棟倉庫同時完工。A、B、C三棟倉庫的實際造價分別為200萬、300萬元、500萬元。A倉庫造價包括工程物資140萬元、工資40萬元、銀行存款支付其他費用20萬元。

B、C倉庫完工后用於自己使用，故完工后按固定資產入帳。

而A倉庫明確為出租而建造，故作為投資性房地產核算，

假設大華公司採用成本計量模式，其投資性房地產的帳務處理如下：

A倉庫分攤的土地使用權 = 300 × [200 ÷ (200 + 300 + 500)] = 60（萬元）

借：投資性房地產——已出租土地使用權　　　600,000
　　貸：無形資產——土地使用權　　　　　　　　　600,000
借：投資性房地產——A倉庫（在建）　　　　1,400,000
　　貸：工程物資　　　　　　　　　　　　　　　1,400,000
借：投資性房地產——A倉庫（在建）　　　　　400,000
　　貸：應付職工薪酬　　　　　　　　　　　　　　400,000
借：投資性房地產——A倉庫（在建）　　　　　200,000
　　貸：銀行存款　　　　　　　　　　　　　　　　200,000

投資性房地產A倉庫帳面價值 = 1,400,000 + 400,000 + 200,000

= 2,000,000（元）

A倉庫完工時結轉成本：

借：投資性房地產——A倉庫　　　　　　　　2,000,000
　　貸：投資性房地產——A倉庫（在建）　　　　2,000,000

2.3.3 投資者投入的投資性房地產的初始計量

投資者投入的投資性房地產，應當按照投資合同或協議約定的價值作為初始投資成本，但合同或協議約定價值不公允的除外。對於投資者投入的投資性房地產，企業

應按投資合同或協議約定的價值，借記「投資性房地產」帳戶，貸記「實收資本」或「股本」帳戶。

【例2-3】2012年12月28日，大華公司與其投資者張華簽訂了一份投資合同，該合同約定：張華以其所有的一棟寫字樓投入大華公司，大華公司隨即將該寫字樓出租給A公司，該寫字樓的合同價格為2,600,000萬元，已辦妥相關手續。

大華公司將其寫字樓作為投資性房地產，其帳務處理為：

借：投資性房地產　　　　　　　　　　　　　　　　2,600,000
　貸：實收資本　　　　　　　　　　　　　　　　　　2,600,000

2.4　投資性房地產的后續計量

2.4.1　採用成本模式計量投資性房地產的帳務處理

1. 投資性房地產的折舊或攤銷

投資性房地產屬於企業的長期資產，能在較長的時間給企業帶來經濟利益，但投資性房地產通常也有一定的使用壽命。因此，在成本模式下，企業應按期（月）將已入帳的投資性房地產，在其使用壽命內計提折舊或進行攤銷。企業按應計提的折舊額或攤銷額，借記「其他業務成本」等帳戶，貸記「投資性房地產累計折舊（攤銷）」帳戶。取得的租金收入，借記「銀行存款」等帳戶，貸記「其他業務收入」等帳戶。

【例2-4】續【例2-1】，大華公司出租給A公司的辦公樓使用壽命為40年，按照直線法計提折舊，預計淨殘值為零。按照經營租賃合同，A公司每月底支付2萬元租金給大華公司。2013年1月底，大華公司的帳務處理如下：

（1）計提折舊

每年計提折舊額 = 1,200,000 ÷ 40 = 30,000（元）

每月計提的折舊額 = 30,000 ÷ 12 = 2,500（元）

借：其他業務成本　　　　　　　　　　　　　　　　　　2,500
　貸：投資性房地產累計折舊　　　　　　　　　　　　　　2,500

（2）月底收到租金

借：銀行存款　　　　　　　　　　　　　　　　　　　　20,000
　貸：其他業務收入　　　　　　　　　　　　　　　　　　20,000

2. 投資性房地產的減值

在成本模式下，若發現投資性房地產存在減值跡象，應當進行減值測試，計算該投資性房地產的可收回金額，以確定其是否已經發生減值。

對於經減值測試后確定發生減值的，應當計提減值準備，借記「資產減值損失」帳戶，貸記「投資性房地產減值準備」帳戶。已經計提減值準備的投資性房地產，其減值損失在以後的會計期間不得轉回。

【例2-5】續【例2-4】2013年12月，由於政府對房地產市場進行調控，這棟辦

公樓發生減值跡象，經減值測試，其可收回金額為1,100,000元，此時辦公樓的帳面價值為1,170,000（1,200,000－30,000）元。

大華公司計提減值準備的帳務處理為：

借：資產減值損失（1,170,000－1,100,000） 70,000
　　貸：投資性房地產減值準備 70,000

2.4.2 採用公允價值模式計量的投資性房地產的帳務處理

按資產負債表日投資性房地產的公允價值高於其帳面餘額的差額，借記「投資性房地產——公允價值變動」帳戶，貸記「公允價值變動損益」帳戶；公允價值低於其帳面餘額的差額作相反的帳務處理。

【例2－6】續【例2－1】，如果大華公司採用公允價值模式核算，2013年12月31日，該辦公樓的市場價格（公允價值）為1,100,000元，假設不考慮其他因素影響。當日，該投資性房地產的帳面價值為120萬元。

甲公司的帳務處理為：

借：公允價值變動損益 100,000
　　貸：投資性房地產——公允價值變動 100,000

2.5 投資性房地產轉換

2.5.1 投資性房地產轉換的條件和轉換日的確定

1. 投資性房地產轉換的條件

企業有確鑿證據表明房地產用途發生改變，滿足下列條件之一的，應當將投資性房地產轉換為其他資產或者將其他資產轉換為投資性房地產：

（1）投資性房地產開始自用；
（2）作為存貨的房地產，改為出租；
（3）自用土地使用權停止自用，用於賺取租金或資本增值；
（4）自用建築物停止自用，改為出租。

滿足上述第一個條件的房地產，應將其由投資性房地產轉換為固定資產或無形資產等。滿足第二至第四個條件的房地產，則應分別將其由存貨、無形資產、固定資產轉換為投資性房地產。

2. 轉換日的確定

轉換日是指房地產的用途發生改變、狀態相應發生改變的日期。轉換日的確定標準主要包括：

（1）投資性房地產開始自用，是指投資性房地產轉為自用房地產。其轉換日為房地產達到自用狀態，企業開始將房地產用於生產商品、提供勞務或者經營管理的日期。

（2）作為存貨的房地產改為出租，或者自用建築物或土地使用權停止自用改為出

租，轉換日應當為租賃期開始日。租賃期開始日是指承租人有權行使其使用租賃資產權利的日期。

（3）自用土地使用權停止自用，改為用於資本增值，轉換日應當為企業停止將該項土地使用權用於生產商品、提供勞務或經營管理且管理當局做出房地產轉換決議的日期。

2.5.2 投資性房地產轉換的帳務處理

1. 在成本模式下投資性房地產轉換的帳務處理

在成本模式下，企業不論是將自用房地產（存貨）轉換為投資性房地產，還是將投資性房地產轉換為自用房地產（存貨），都應將房地產轉換前的帳面價值作為轉換後的帳面價值。

（1）投資性房地產轉為自用房地產。企業將原本用於賺取租金或資本增值的房地產改用於生產商品、提供勞務或者經營管理，投資性房地產相應地轉換為固定資產或無形資產。例如，企業將出租的辦公樓收回，由本企業自行使用。

企業將投資性房地產轉換為自用房地產，應當按該項投資性房地產在轉換日的帳面餘額、累計折舊或攤銷、減值準備等，分別轉入「固定資產」「累計折舊」「固定資產減值準備」等帳戶。具體帳務處理上，應按投資性房地產的帳面餘額，借記「固定資產」或「無形資產」帳戶，貸記「投資性房地產」帳戶；按已計提的折舊或攤銷，借記「投資性房地產累計折舊（攤銷）」帳戶，貸記「累計折舊」或「累計攤銷」帳戶；原已計提減值準備的，借記「投資性房地產減值準備」帳戶，貸記「固定資產減值準備」或「無形資產減值準備」帳戶。

【例2-7】續【例2-2】，2014年3月30日，大華公司將原出租給丙公司的A倉庫收回自用，原採用成本模式計量。

該倉庫帳面原價200萬元、預計使用年限20年，期末無殘值。2013年12月31日該倉庫已提折舊12個月，累計折舊額 = 2,000,000 ÷ 20 = 100,000（元），計提了減值準備200,000元，期末帳面價值為2,000,000 - 100,000 - 200,000 = 1,700,000（元）。

2014年1月、2月、3月共計提折舊額 = (1,700,000 ÷ 19 ÷ 12) × 3 = 22,368.42（元）。

2014年3月30日的作投資性房地產轉換為固定資產的帳務處理為：

借：固定資產——A倉庫　　　　　　　　　　　　　2,000,000
　　投資性房地產累計折舊　　　　　　　　　　　　122,368.42
　　投資性房地產減值準備　　　　　　　　　　　　200,000
　貸：投資性房地產——A倉庫　　　　　　　　　　2,000,000
　　　累計折舊　　　　　　　　　　　　　　　　　122,368.42
　　　固定資產減值準備　　　　　　　　　　　　　200,000

A倉庫分攤的土地使用權帳面原價為60萬元，攤銷年限為40年，已攤銷15個月，累計攤銷額 =（600,000 ÷ 40 ÷ 12）× 15 = 18,750（元）

借：無形資產——土地使用權　　　　　　　　　　　600,000

　　　　投資性房地產累計攤銷　　　　　　　　　　　　　　　18,750
　　　貸：投資性房地產——已出租土地使用權　　　　　　　600,000
　　　　　累計攤銷　　　　　　　　　　　　　　　　　　　18,750

（2）自用房地產轉為投資性房地產。企業將原本用於生產商品、提供勞務或者經營管理的房地產改用於出租，應於租賃期開始日，按照固定資產或無形資產的帳面價值，將固定資產或無形資產相應地轉換為投資性房地產。

　　企業將自用土地使用權或建築物轉換為以成本模式計量的投資性房地產時，應當按該項建築物或土地使用權在轉換日的原價、累計折舊、減值準備等，分別轉入「投資性房地產」「投資性房地產累計折舊（攤銷）」「投資性房地產減值準備」帳戶。具體帳務處理上，應按其帳面餘額，借記「投資性房地產」帳戶，貸記「固定資產」或「無形資產」帳戶；按已計提的折舊或攤銷，借記「累計攤銷」或「累計折舊」帳戶，貸記「投資性房地產累計折舊（攤銷）」帳戶；原已計提減值準備的，借記「固定資產減值準備」或「無形資產減值準備」帳戶，貸記「投資性房地產減值準備」帳戶。

【例2-8】續【例2-7】，假設上例中大華公司的A倉庫是自用的，現將轉為出租。則其帳務處理為：

　　借：投資性房地產——A倉庫　　　　　　　　　　　2,000,000
　　　　累計折舊　　　　　　　　　　　　　　　　　　122,368.42
　　　　固定資產減值準備　　　　　　　　　　　　　　　200,000
　　　貸：固定資產——A倉庫　　　　　　　　　　　　　2,000,000
　　　　　投資性房地產累計折舊　　　　　　　　　　　122,368.42
　　　　　投資性房地產減值準備　　　　　　　　　　　　200,000
　　借：投資性房地產——已出租土地使用權　　　　　　600,000
　　　　累計攤銷　　　　　　　　　　　　　　　　　　　18,750
　　　貸：無形資產——土地使用權　　　　　　　　　　　600,000
　　　　　投資性房地產累計攤銷　　　　　　　　　　　　18,750

（3）作為存貨的房地產轉為投資性房地產。作為存貨的房地產轉換為投資性房地產，通常指房地產開發企業將其持有的開發產品以經營租賃的方式出租，存貨相應地轉換為投資性房地產。

　　企業將作為存貨的房地產轉換為採用成本模式計量的投資性房地產，應當按該項存貨在轉換日的帳面價值，借記「投資性房地產」帳戶，原已計提跌價準備的，借記「存貨跌價準備」帳戶，按其帳面餘額，貸記「開發產品」等帳戶。

【例2-9】ABC房地產開發公司，2012年12月31日，與乙企業簽訂了租賃協議，將其開發的一棟寫字樓出租給乙企業使用，租賃期開始日為2013年1月1日，當日該寫字樓的帳面價值400萬元，未計提存貨跌價準備，轉換後採用成本模式計量。

　　2013年1月1日，ABC房地產開發公司應將該寫字樓由開發產品轉為投資性房地產，其帳務處理為：

　　借：投資性房地產——寫字樓　　　　　　　　　　　4,000,000
　　　貸：開發產品　　　　　　　　　　　　　　　　　4,000,000

2. 在公允價值模式下投資性房地產轉換的帳務處理

在公允價值模式下，不論是將自用房地產（存貨）轉換為投資性房地產，還是將投資性房地產轉換為自用房地產（存貨），企業都應將轉換日該房地產的公允價值作為其入帳價值。對於轉換日該房地產的公允價值與其帳面價值的差額，在不同的轉換業務中，其帳務處理不盡相同。

（1）投資性房地產轉為自用房地產。企業將採用公允價值模式計量的投資性房地產轉換為自用房地產時，應當以其轉換當日的公允價值作為自用房地產的帳面價值，公允價值與原帳面價值的差額計入當期損益。

在轉換日，應按該項投資性房地產的公允價值，借記「固定資產」或「無形資產」帳戶；按該項投資性房地產的成本，貸記「投資性房地產——成本」帳戶；按該項投資性房地產的累計公允價值變動，貸記或借記「投資性房地產——公允價值變動」帳戶；按其差額，貸記或借記「公允價值變動損益」帳戶。

【例2-10】續【例2-6】，2014年7月1日，大華公司由於業務拓展，將出租給A公司的辦公樓收回自用，該辦公樓按公允價值計量，轉換日的公允價值為150萬元。則轉換日的帳務處理為：

借：固定資產——辦公樓　　　　　　　　　　　　　　　1,500,000
　　投資性房地產——公允價值變動　　　　　　　　　　　 100,000
　　貸：投資性房地產——辦公樓（成本）　　　　　　　　 1,200,000
　　　　公允價值變動損益　　　　　　　　　　　　　　　　 400,000

（2）自用房地產轉為投資性房地產。企業將自用房地產轉換為採用公允價值模式計量的投資性房地產，應當按該項土地使用權或建築物在轉換日的公允價值，借記「投資性房地產——成本」帳戶，按已計提的累計攤銷或累計折舊，借記「累計攤銷」或「累計折舊」帳戶；原已計提減值準備的，借記「無形資產減值準備」「固定資產減值準備」帳戶；按其帳面餘額，貸記「固定資產」或「無形資產」帳戶。同時，轉換日的公允價值小於帳面價值的，按其差額，借記「公允價值變動損益」帳戶；轉換日的公允價值大於帳面價值的，按其差額，貸記「其他綜合收益」帳戶。

【例2-11】續【例2-2】，大華公司2014年12月20日將自用的C倉庫轉為出租，該倉庫成本4,000,000元，已計提折舊400,000元，計提減值準備200,000萬元。轉化日該倉庫的公允價值為370萬元。則其帳務處理為：

借：投資性房地產——C倉庫（成本）　　　　　　　　　　 3,700,000
　　累計折舊　　　　　　　　　　　　　　　　　　　　　　 400,000
　　固定資產減值準備　　　　　　　　　　　　　　　　　　 200,000
　　貸：固定資產——C倉庫　　　　　　　　　　　　　　　 4,000,000
　　　　其他綜合收益　　　　　　　　　　　　　　　　　　 300,000

【例2-12】續【例2-11】，假設該倉庫在轉換日的公允價值為3,300,000元。則企業帳務處理為：

借：投資性房地產——A倉庫（成本）　　　　　　　　　　 3,300,000

累計折舊	400,000
固定資產減值準備	200,000
公允價值變動損益	100,000
貸：固定資產——A倉庫	4,000,000

（3）作為存貨的房地產轉為投資性房地產。企業將作為存貨的房地產轉換為採用公允價值模式計量的投資性房地產，應當按該項房地產在轉換日的公允價值入帳，借記「投資性房地產——成本」帳戶，原已計提跌價準備的，借記「存貨跌價準備」帳戶；按其帳面餘額，貸記「開發產品」等帳戶。同時，轉換日的公允價值小於帳面價值的，按其差額，借記「公允價值變動損益」帳戶；轉換日的公允價值大於帳面價值的，按其差額，貸記「其他綜合收益」帳戶。

【例2-13】續【例2-9】，ABC房地產開發公司，2013年1月1日，將該寫字樓由開發產品轉為投資性房地產，按公允價值模式計量，出租日該寫字樓的公允價值為410萬元。則其帳務處理如下：

借：投資性房地產——寫字樓（成本）	4,100,000
貸：開發產品	4,000,000
其他綜合收益	100,000

2.6　投資性房地產的處置

　　企業可以通過對外出售或轉讓的方式處置投資性房地產，對於那些由於使用而不斷磨損直到最終報廢，或者由於遭受自然災害等非正常損失發生毀損的投資性房地產應當及時進行清理。企業出售、轉讓、報廢投資性房地產或者發生投資性房地產毀損，應當將處置收入扣除其帳面價值和相關稅費后的金額計入當期損益。

2.6.1　在成本模式下投資性房地產的處置

　　在成本模式計量下，出售、轉讓投資性房地產時，應當按實際收到的金額，借記「銀行存款」等帳戶，貸記「其他業務收入」帳戶；按該項投資性房地產的帳面價值，借記「其他業務成本」帳戶；按其帳面餘額，貸記「投資性房地產」帳戶；按照已計提的折舊或攤銷，借記「投資性房地產累計折舊（攤銷）」帳戶；原已計提減值準備的，借記「投資性房地產減值準備」帳戶。

【例2-14】續【例2-7】，2014年3月30日，大華公司將原出租給丙公司的A倉庫出售，收到價款2,500,000萬元。該倉庫帳面原價為2,000,000萬元，計提了減值準備200,000元，共計提折舊額122,368.42元；該倉庫分攤土地使用權帳面原價為600,000元，已累計攤銷18,750元，假設不考慮相關稅費。

2014年3月30日出售倉庫的帳務處理為：

| 　　借：銀行存款 | 2,500,000 |
| 　　　貸：其他業務收入 | 2,500,000 |

借：其他業務成本	2,258,881.58
投資性房地產累計折舊	122,368.42
投資性房地產減值準備	200,000
投資性房地產累計攤銷	18,750
貸：投資性房地產——辦公樓	2,000,000
投資性房地產——已出租土地使用權	600,000

2.6.2 在公允價值模式下投資性房地產的處置

在公允價值模式計量下，出售、轉讓投資性房地產，應當按實際收到的金額，借記「銀行存款」等帳戶，貸記「其他業務收入」帳戶；按該項投資性房地產的帳面餘額，借記「其他業務成本」帳戶；按其成本，貸記「投資性房地產——成本」帳戶；按其累計公允價值變動，貸記或借記「投資性房地產——公允價值變動」帳戶；同時結轉投資性房地產累計公允價值變動。若存在原轉換日計入資本公積的金額，也一併結轉。

【例2-15】2012年8月1日，大華公司將其自用的一幢辦公樓出租給C公司使用，採用公允價值模式核算；該辦公樓的帳面原價為150萬元，已計提折舊50萬元，已提減值準備10萬元。當日，市場上該類辦公樓的公允價值為100萬元。2012年10月31日，市場上該類辦公樓的公允價值為110萬元；2013年5月31日大華公司隨即將該辦公樓出售，收到價款120萬元。假設不考慮相關稅費。

大華公司相關帳務處理為：

①2012年8月1日出租時

借：投資性房地產——辦公樓（成本）	1,000,000
累計折舊	500,000
固定資產減值準備	100,000
貸：固定資產	1,500,000
其他綜合收益	100,000

②2012年12月31日調整帳面價值

借：投資性房地產——辦公樓（公允價值變動）	100,000
貸：公允價值變動損益	100,000

③2013年5月31日出售時

借：銀行存款	1,200,000
貸：其他業務收入	1,200,000
借：其他業務成本	900,000
其他綜合收益	100,000
公允價值變動損益	100,000
貸：投資性房地產——辦公樓（成本）	1,000,000
——辦公樓（公允價值變動）	100,000

思考題

1. 什麼是投資性房地產？它具有什麼樣的特徵？
2. 投資性房地產包括哪些內容？
3. 如何確認投資性房地產？其初始價值如何計量？
4. 投資性房地產后續計量模式有哪些？如何進行其后續計量？
5. 投資性房地產在什麼條件下可以轉換為其他資產？轉換日的確定標準是什麼？
6. 如何在公允價值模式下進行投資性房地產處置的帳務處理？

第 3 章 或有事項核算

3.1 或有事項的內涵及特徵

3.1.1 或有事項的含義及常見或有事項

1. 或有事項的含義

或有事項，是指過去的交易或者事項形成的，其結果須由某些未來事項的發生或不發生才能決定的不確定事項。

2. 常見的或有事項

（1）企業常見的或有事項主要包括未決訴訟或仲裁、債務擔保、產品質量保證（含產品安全保證）、承諾、虧損合同、重組義務、環境污染整治等。由於這些不確定事項對企業的財務狀況和經營成果可能會產生較大的影響，因此，對或有事項的確認、計量和披露應當遵循謹慎性原則，按照《企業會計準則第13號——或有事項》的具體規定進行會計處理。

（2）企業由於建造合同、所得稅、企業合併、租賃、原保險合同和再保險合同形成的或有事項，則分別適用《企業會計準則第15號——建造合同》《企業會計準則第18號——所得稅》《企業會計準則第20號——企業合併》《企業會計準則第21號——租賃》《企業會計準則第25號——原保險合同》《企業會計準則第26號——再保險合同》的規定進行會計處理。

3.1.2 或有事項的特徵

（1）或有事項由過去的交易或事項形成，是指或有事項的現存狀況是過去的交易或事項引起的客觀存在。

比如，未決訴訟雖然是正在進行中的訴訟，但該訴訟是企業因過去的經濟行為導致起訴其他單位或被其他單位起訴。這是現存的一種狀況而不是未來將要發生的事項。

未來可能發生的自然災害、交通事故、經營虧損等，不屬於企業會計準則規範的或有事項。

（2）或有事項的結果具有不確定性，是指或有事項的結果是否發生具有不確定性，或者或有事項的結果預計將會發生，但發生的具體時間或金額具有不確定性。

比如，債務擔保事項的擔保方到期是否承擔和履行連帶責任，需要根據債務到期時被擔保方能否按時還款加以確定。這一事項的結果在擔保協議達成時具有不確定性。

再比如，企業因生產排污治理不力並對周圍環境造成污染而被起訴，如無特殊情況，該企業很可能敗訴。但是，在訴訟成立時，該企業因敗訴將支出多少金額，或者何時將發生這些支出，是難以確定的。

（3）或有事項的結果由未來事項決定，是指或有事項的結果只能由未來不確定事項的發生或不發生才能決定。

例如，企業為其他單位提供債務擔保，該擔保事項最終是否會要求企業履行償還債務的連帶責任，一般只能看被擔保方的未來經營情況和償債能力。如果被擔保方經營情況和財務狀況良好且有較好的信用，那麼企業將不需要履行該連帶責任。只有在被擔保方到期無力還款時企業才承擔償還債務的連帶責任。

3.1.3 或有負債

或有負債是指過去的交易或事項形成的潛在義務，其存在須通過未來不確定事項的發生或不發生予以證實；或是指過去的交易或事項形成的現時義務，履行該義務不是很可能導致經濟利益流出企業或該義務金額不能可靠地計量。

或有負債涉及兩類義務：一類是潛在義務，另一類是現時義務。

1. 潛在義務

潛在義務，是指結果取決於不確定未來事項的可能義務。也就是說，潛在義務最終是否轉變為現時義務，由某些未來不確定事項的發生或不發生才能決定。或有事項作為一項潛在義務，其結果如何只能由未來不確定事項的發生或不發生來證實。

例如，2012年12月12日，A公司因故與B銀行發生經濟糾紛，並且被B銀行提起訴訟。直到2012年年末，該起訴訟尚未進行審理。由於案情複雜，相關的法律法規尚不健全，從2012年年末看，訴訟的最後結果如何尚難確定。2012年年末，A公司承擔的義務就屬於潛在義務。

2. 現時義務

現時義務，是指企業在現行條件下已承擔的義務。或有負債作為特殊的現時義務，其特殊之處在於：該現時義務的履行不是很可能導致經濟利益流出企業，或者該現時義務的金額不能可靠地計量。

其中，「不是很可能導致經濟利益流出企業」，是指該現時義務導致經濟利益流出企業的可能性不超過50%（含50%）。例如，2012年10月，A公司與C公司簽訂擔保合同，承諾為C公司的某項目貸款提供擔保。由於擔保合同的簽訂，A公司承擔了一項現時義務。但是，承擔現時義務並不意味著經濟利益將很可能因此而流出A公司。如果2012年度C公司的財務狀況良好，則A公司履行連帶責任的可能性不大。也就是說，從2012年年末看，A公司不是很可能被要求流出經濟利益以履行該義務，該項現時義務應屬於A公司的或有負債。

「金額不能可靠地計量」，是指該現時義務導致經濟利益流出企業的「金額」難以合理預計，現時義務履行的結果具有較大的不確定性。例如，A公司還涉及另一樁訴訟案，根據以往的審判案例推斷，A公司敗訴的可能性很大。但至2012年年末，法院尚未判決，A公司無法根據經驗判斷未來將要承擔多少賠償金額，因此該現時義務的

金額不能可靠地計量，該訴訟案件即形成一項 A 公司的或有負債。

或有負債無論是潛在義務還是現時義務均不符合負債的確認條件，因而不予確認。

3.1.4 或有資產

或有資產是指過去的交易或事項形成的潛在資產，其存在須通過未來不確定事項的發生或不發生予以證實。

或有資產作為一種潛在資產，其結果具有較大的不確定性，只有隨著經濟情況的變化，通過某些未來不確定事項的發生或不發生才能證實其是否會形成企業真正的資產。

例如，某年 12 月 20 日，A 公司狀告 D 公司侵犯了其商標權。至該年 12 月 31 日，法院還沒有對訴訟案進行公開審理，A 公司是否勝訴尚難判斷。對於 A 公司而言，將來可能勝訴而獲得的資產屬於一項或有資產，它是由過去事項（D 公司「可能侵犯」A 公司的專利權並受到起訴）形成的。但這項或有資產能否真的轉化成其真正的資產，要由訴訟案的調解或判決結果確定。如果終審判決結果是 A 公司勝訴，那麼這項或有資產就轉化為 A 公司的一項資產。如果終審判決結果是 A 公司敗訴，那麼或有資產便「消失」了，並需承擔支付訴訟費的義務。

或有資產不符合資產的確認條件，因而不能在會計報表中予以確認。並且根據會計準則的規定，企業一般不應在附註中披露或有資產。但或有資產很可能會給企業帶來經濟利益的，應當披露其形成的原因、預計產生的財務影響等。

由於影響或有負債和或有資產的因素處於不斷變化之中，企業應當持續地對這些因素予以關注。隨著時間推移和事態進展，或有負債可能轉化為企業的負債或預計負債，符合負債（預計負債）的確認條件，此時應當予以確認。類似地，或有資產對應的潛在權利也可能隨著相關因素的改變而發生性質變化，如果某一時點企業基本確定能夠收到這項潛在資產並且其金額能夠可靠計量，則應當將其確認為企業的資產。

3.2 或有事項的確認與計量

3.2.1 或有事項的確認

或有事項的確認通常是指與或有事項相關的義務的確認。根據或有事項準則的規定，如果與或有事項相關的義務同時符合以下三個條件，企業應當確認為負債：

1. 該義務是企業承擔的現時義務

該義務是企業承擔的現時義務，是指與或有事項有關的義務是企業在當前條件下已承擔的義務，企業沒有其他的選擇，只能履行該義務。例如，A 公司在執行合同中違約導致對方發生經濟損失，被告上法庭，將要承擔賠償義務。因為違約的事實已經發生，A 公司承擔的賠償義務就是一項現時義務。

這裡所指的現時義務包括法定義務和推定義務。其中，法定義務是指因合同、法

規或其他司法解釋等產生的義務，通常是企業在經濟管理和經濟協調中，依照經濟法律、法規的規定必須履行的責任。例如，企業與其他企業簽訂購貨合同所產生的義務，就屬於法定義務。推定義務是指因企業的特定行為而產生的義務。所謂「特定行為」，泛指企業以往的習慣做法、已公開的承諾或已公開宣布的經營政策。由於以往的習慣做法，或通過這些承諾和公開的聲明，企業向外界表明了它將承擔特定的責任，從而使受影響的各方形成了企業將履行這些責任的合理預期。

2. 該義務的履行很可能導致經濟利益流出企業

該義務的履行很可能導致經濟利益流出企業，是指履行義務時導致經濟利益流出企業的可能性超過50%但尚未達到基本確定的程度。

在對或有事項加以確認時，通常需要對其發生的概率加以分析和判斷。一般情況下，發生的概率分為以下四個層次：基本確定、很可能、可能、極小可能。其中，「基本確定」是指發生的可能性大於95%但小於100%；「很可能」是指發生的可能性大於50%但小於或等於95%；「可能」是指發生的可能性大於5%但小於或等於50%；「極小可能」是指發生的可能性大於0但小於或等於5%。

企業因或有事項承擔了現時義務，並不說明該現時義務很可能導致經濟利益流出企業。例如，2012年9月12日，A公司與E公司簽訂協議，承諾為E公司的兩年期銀行借款提供全額擔保。對於A公司而言，由於擔保事項而承擔了一項現時義務，但這項義務的履行是否很可能導致經濟利益流出企業，需依據E公司的經營情況和財務狀況等因素來確定。假定2012年年末，E公司的財務狀況良好，此時，如果沒有其他特殊情況，一般可以認定E公司不會違約，從而A公司履行承擔的現時義務不是很可能導致經濟利益流出。假定2012年年末，E公司的財務狀況惡化，且沒有跡象表明可能發生好轉。此時可以認定E公司很可能違約，從而A公司履行承擔的現時義務將很可能導致經濟利益流出企業。

3. 該義務的金額能夠可靠地計量

該義務的金額能夠可靠地計量，是指因或有事項產生的現時義務的金額能夠合理地估計。由於或有事項具有不確定性，因此，因或有事項產生的現時義務的金額也具有不確定性、需要估計。要對或有事項確認一項負債，相關現時義務的金額應能夠可靠估計。

例如，A公司（被告）涉及一樁訴訟案，根據以往的審判案例推斷，A公司很可能要敗訴，相關的賠償金額也可以估算出一個範圍。這種情況下，可以認為A公司因未決訴訟承擔的現時義務的金額能夠可靠地估計，從而應對未決訴訟確認一項負債。但是，如果沒有以往的案例可與A公司涉及的訴訟案作對比，而相關的法律條文又沒有明確解釋，那麼即使A公司很可能敗訴，在判決以前通常也不能推斷現時義務的金額能夠可靠估計。對此，A公司不應對未決訴訟確認一項負債。

3.2.2 或有事項的計量

或有事項的計量通常是指與或有事項相關的義務形成的預計負債的計量，主要涉及兩個方面的問題：一是最佳估計數的確定，二是預期可獲得補償的處理。

1. 最佳估計數的確定

預計負債應當按照履行相關現時義務所需支出的最佳估計數進行初始計量。最佳估計數的確定應當分兩種情況考慮。

（1）所需支出存在一個連續範圍，且該範圍內各種結果發生的可能性相同

在這種情況下，最佳估計數應當按照該範圍內的中間值，即上下限金額的平均數確定。

【例3-1】2012年10月19日，A公司因違約被提起訴訟。根據公司法律顧問的判斷，A公司很可能敗訴。但到當年年底，A公司尚未收到法院的判決，賠償金額無法確定。不過，據專家估計，賠償金額可能在50萬元到80萬元之間，並且在該區間內每個金額發生的可能性大致相同。因此，A公司應在年末確認一項金額為65[(50+80)÷2]萬元的預計負債，其會計處理如下：

借：營業外支出——賠償支出　　　　　　　　　　　　　　　650,000
　　貸：預計負債——未決訴訟　　　　　　　　　　　　　　　650,000

（2）所需支出不存在一個連續範圍，或者雖然存在一個連續範圍，但該範圍內各種結果發生的可能性不相同

在這種情況下，最佳估計數按照如下方法確定：

①或有事項涉及單個項目的，按照最可能發生金額確定。這裡的「單個項目」是指或有事項涉及的項目只有一個，如一項未決訴訟、一項未決仲裁或一項債務擔保等。

【例3-2】2012年9月25日，A公司因侵犯B企業的專利權被B企業起訴，要求賠償100萬元，至當年12月31日法院尚未判決。經專家研究認為，A公司侵權事實成立，敗訴的可能性為80%，如果敗訴，將會判賠50萬元。在這種情況下，A公司應確認的負債金額（最佳估計數）應為最可能發生的金額50萬元，在年末會計處理如下：

借：營業外支出——賠償支出　　　　　　　　　　　　　　　500,000
　　貸：預計負債——未決訴訟　　　　　　　　　　　　　　　500,000

②或有事項涉及多個項目的，按照各種可能結果及相關概率計算確定。這裡的「涉及多個項目」是指或有事項涉及的項目不止一個，如在產品質量保證中，提出保修要求的可能有許多客戶。相應地，企業對這些客戶負有保修義務，應根據發生質量問題的概率和相關的保修費用計算確定應予確認的負債金額。

【例3-3】A公司2012年銷售甲產品1,000萬元，該公司售後服務規定：產品在一年保修期內，出現非人為質量問題，企業將免費修理。根據以往經驗，產品不發生質量問題的可能性為80%，無須支付維修費；發生較小質量問題的可能性為15%，較小質量問題的修理費為銷售收入的2%；發生較大質量問題的可能性為4%，較大質量問題的修理費為銷售收入的10%；發生嚴重質量問題的可能性為1%，嚴重質量問題的修理費為銷售收入的20%。根據上述資料，當年年末A公司應確認的負債金額（最佳估計數）為：

$(1,000 \times 2\%) \times 15\% + (1,000 \times 10\%) \times 4\% + (1,000 \times 20\%) \times 1\% = 3 + 4 + 2 = 9(萬元)$

相應的會計處理如下：
借：銷售費用——產品質量保證　　　　　　　　　　　　90,000
　　貸：預計負債——產品質量保證　　　　　　　　　　　　　90,000

2. 預期可獲得的補償

企業清償預計負債所需支出全部或部分預期由第三方補償的，補償金額只有在基本確定能夠收到時才能作為資產單獨確認。確認的補償金額不應當超過預計負債的帳面價值。

常見的可能獲得補償的情況有：

（1）發生交通事故等情況時，企業通常可以從保險公司獲得合理的補償；

（2）在某些索賠訴訟中，企業可通過反訴的方式對索賠人或第三方另行提出賠償要求；

（3）在債務擔保業務中，企業在履行擔保義務的同時，通常可以向被擔保企業提出追償要求。

企業預期從第三方獲得的補償，是一種潛在資產，其最終是否會轉化為企業真正的資產具有較大的不確定性。因此，在確定補償金額時應注意以下幾點：第一，補償金額只有在「基本確定」能收到時才予以確認，即發生的概率在95%以上時才能做帳，將補償金額計入帳內。第二，確認入帳的金額不能超過相關預計負債的金額。如果確認補償金的金額超過了預計負債的金額，將使利潤出現正數，等於確認了或有資產，這違背了謹慎性原則。第三，根據資產和負債不能隨意抵銷的原則，補償金額應單獨確認為資產，即應計入「其他應收款」帳戶，不能直接衝減「預計負債」。

3. 預計負債計量需要考慮的其他因素

（1）風險和不確定性。企業應當充分考慮與或有事項有關的風險和不確定性，並在低估和高估預計負債金額之間尋找平衡點。

（2）貨幣的時間價值。相關現時義務的金額通常應當等於未來應支付的金額。但是，因貨幣時間價值的影響，使未來應支付金額與其現值相差較大的，如30年后油井或核電站的棄置費用等，應當按照未來應支付金額的現值確定。

（3）未來事項。企業應當考慮可能影響履行現時義務所需金額的相關未來事項，如未來技術進步、相關法規出抬等。當然，這種預計需要得到相當客觀的證據的支持。

3.2.3 對預計負債帳面價值的復核

企業應當在資產負債表日對預計負債的帳面價值進行復核。如有確鑿證據表明該帳面價值不能真實反應當前最佳估計數的，應當按照當前最佳估計數對該帳面價值進行調整。

以未決訴訟為例。企業當期實際發生的訴訟損失金額與已計提的相關預計負債之間的差額，應分別情況處理：

第一，企業在前期資產負債表日，依據當時實際情況和所掌握的證據合理預計了預計負債，應當將當期實際發生的訴訟損失金額與已計提的相關預計負債之間的差額，直接計入或衝減當期營業外支出。

第二，企業在前期資產負債表日，依據當時實際情況和所掌握的證據，原本應當能夠合理估計訴訟損失，但企業所作的估計卻與當時的事實嚴重不符（如未合理預計損失或不恰當地多計或少計損失），應當按照重大會計差錯更正的方法進行處理。

第三，企業在前期資產負債表日，依據當時實際情況和所掌握的證據，確實無法合理預計訴訟損失，因而未確認預計負債，則在該項損失實際發生的當期，直接計入當期營業外支出。

第四，資產負債表日后至財務報告批准報出日之間發生的需要調整或說明的未決訴訟，按照資產負債表日后事項的有關規定進行會計處理。

3.3 或有事項的會計處理

3.3.1 未決訴訟或未決仲裁的會計處理

未決訴訟和未決仲裁是指企業涉及尚未判決的訴訟案件、原告提出有賠償要求的待決事項。在判決結果或仲裁決定公布之前，企業的權利義務是不確定的，可能構成一項潛在義務或現時義務，也可能形成一項或有資產。

【例3-4】2012年11月1日，A公司因合同違約而被乙股份有限公司起訴。截至2012年12月31日，法院尚未判決。乙公司預計，如無特殊情況，很可能在訴訟中獲勝，乙公司估計將來很可能獲得賠償金額1,900,000元。在諮詢了公司的法律顧問後，A公司認為最終的法律判決很可能對公司不利。A公司預計將要支付的賠償金額、訴訟費等費用在1,600,000元至2,000,000元之間，而且這個區間內每個金額的可能性都大致相同，其中訴訟費為30,000元。

此例中，根據《企業會計準則》的規定，乙股份有限公司不應當確認這項或有資產，但因為該或有資產「很可能會給企業帶來經濟利益」，故應當在2012年12月31日的報表附註中披露，說明很可能獲得A公司的賠償1,900,000元。

A公司應在2012年12月31日的資產負債表中確認一項預計負債，金額為：

(1,600,000 + 2,000,000) ÷ 2 = 1,800,000（元）

其中支付的訴訟費為30,000元，同時在報表附註中進行披露。

A公司的有關帳務處理如下：

借：管理費用——訴訟費　　　　　　　　　　　　　　　　30,000
　　營業外支出——賠償支出　　　　　　　　　　　　　1,770,000
　　貸：預計負債——未決訴訟　　　　　　　　　　　　1,800,000

【例3-5】2012年11月20日，A公司因與C公司簽訂了互相擔保協議而成為相關訴訟的第二被告。截至2012年12月31日，訴訟尚未進行判決。但是，由於C公司經營困難，A公司很可能要承擔還款連帶責任。據統計，A公司承擔還款金額1,500萬元責任的可能性為70%，而承擔還款金額1,000萬元責任的可能性為30%。另外A公司需承擔訴訟費20萬元。

此例中，A公司因連帶責任而承擔了現時義務，該義務的履行很可能導致經濟利益流出企業，且該義務的金額能夠可靠地計量。根據或有事項準則的規定，A公司應當在2012年12月31日確認一項負債1,500萬元（最可能發生金額），並在會計報表附註中作相關披露。

A公司的有關帳務處理如下：

借：管理費用——訴訟費　　　　　　　　　　　　　　　200,000
　　營業外支出——賠償支出　　　　　　　　　　　　15,000,000
　　貸：預計負債——未決訴訟　　　　　　　　　　　　15,200,000

同時，會計報表披露如下：

C公司借款逾期未還被某銀行起訴。由於與C公司簽有互相擔保協議，本公司因此負有連帶責任。2012年12月31日，本公司為此確認了一項負債，金額為1,520萬元。目前，相關的訴訟正在審理當中。

3.3.2　債務擔保的會計處理

債務擔保是指企業（擔保方）為其他單位（被擔保方）向銀行或其他金融機構借款提供擔保的業務事項。如果到期日被擔保方償還了借款，企業即解脫了擔保責任；如果被擔保方到期不能清償借款，擔保方就負有償還債務的連帶責任。因此，在企業擔保之日，就形成了擔保企業的一項或有負債。債務擔保在企業中是較為普遍的現象。從保護投資者、債權人的利益出發，客觀、充分地反應企業因擔保義務而承擔的潛在風險是十分必要的。

企業對外提供債務擔保常常會涉及訴訟，這時可以分別根據以下不同情況進行處理：

（1）企業已被判決敗訴的，應當按照法院判決的應承擔的損失金額，確認為負債。

（2）已判決敗訴，但企業正在上訴，或者經上一級法院裁定暫緩執行，或者由上一級法院發回重審等，企業應當在資產負債表日根據已有判決結果合理估計損失金額，確認為預計負債。

（3）法院尚未判決的，企業應當向其律師或法律顧問等諮詢，估計敗訴的可能性以及敗訴后可能發生的損失金額，並取得有關書面意見。如果敗訴的可能性大於勝訴的可能性，並且損失金額能夠合理估計的，應當在資產負債表日將預計損失金額確認為預計負債；相反，如果律師估計企業敗訴的可能性很小，就沒有必要確認這項預計負債。

【例3-6】2010年10月，B公司從銀行貸款2,000萬元，期限2年，年利率7.2%，由A公司全額擔保；2012年2月，C公司從銀行貸款800萬元，期限1年，由A公司擔保50%；2012年4月，E公司通過銀行從F公司借款1,000萬元，期限2年，由A公司全額擔保。截至2012年12月31日的情況如下：

（1）B公司貸款逾期未還，銀行已起訴B公司和A公司。A公司很可能要履行連帶責任，不僅須替B公司償還貸款本金和利息共計2,288萬元，還要支付罰息等費用，罰息估計為40萬~48萬元。

（2）C公司由於受政策和內部管理不善等的影響，經營效益不如以往，可能不能

償還到期債務，A公司可能要履行連帶責任。

（3）E公司經營情況良好，預期不存在還款困難，A公司履行連帶責任的可能性極小。

此例中，對C公司和D公司的債務擔保均形成A公司的或有負債，應在報表附註中予以披露。對B公司的擔保符合預計負債的確認條件，應予確認。確認金額為：

2,288＋（40＋48）÷2＝2,332（萬元）

對C公司和D公司的擔保不符合預計負債的確認條件，不必確認。

A公司的有關帳務處理如下：

借：營業外支出——擔保支出　　　　　　　　　　　23,320,000
　　貸：預計負債——債務擔保　　　　　　　　　　　23,320,000

同時，A公司應在2012年12月31日的會計報表附註中作披露。披露內容如表3-1所示。

表3-1　　　　　　　　A公司在會計報表附註中的披露內容

被擔保單位	擔保金額	財務影響
B公司	擔保金額2,000萬元，2012年10月到期	B公司的銀行借款已逾期。出借行×××銀行已起訴B公司和本公司。由於對B公司債務進行全額保證，預期訴訟結果將給本公司的財務造成重大影響。本公司除要償還本金和利息外，還要支付罰息等費用。由於以上情況，本公司在2012年12月31日確認一項負債2,332萬元
C公司	擔保金額800萬元，2013年2月到期	C公司因受政策影響以及內部管理不善等原因，本年度效益不如以往，可能不能償還到期債務。因此，本公司可能因承擔相應的連帶責任而發生損失
E公司	擔保金額1,000萬元，2014年4月到期	E公司經營情況良好，預期不存在還款困難。因此，對E公司的擔保極小可能給本公司造成不利影響

3.3.3　產品質量保證的會計處理

產品質量保證是指企業在銷售產品或提供勞務后，可能要支付與產品質量有關的費用的業務事項。如果企業在出售產品時做出了包退或保修承諾，在約定期內，若產品發生質量問題，企業將負有更換產品、免費或只收成本價修理等責任。按照權責發生制原則，上述相關支出符合一定的確認條件就應該在銷售成立時予以確認。

【例3-7】A公司為精密儀器生產和銷售企業。2010年四個季度的儀器銷售額分別為160萬元、140萬元、180萬元、250萬元。根據以往的經驗，發生的保修費用一般為銷售額的1%～2%。2010年四個季度實際發生的維修費用分別為3萬元、1萬元、2萬元、4萬元。同時，假定上年年末「預計負債——產品質量保證」帳戶餘額為8萬元。

此例中，A公司因銷售精密儀器而承擔了現時義務；同時該義務履行很可能導致經濟利益流出A公司，且該義務的金額能夠可靠地計量。所以，A公司應根據或有事項準則的規定在每季度末確認一項負債。

會計核算與披露如下：
（1）第一季度
發生產品質量保證費用（維修費）時：
借：預計負債——產品質量保證　　　　　　　　　　　　　　　30,000
　　貸：銀行存款或原材料等　　　　　　　　　　　　　　　　　　30,000
第一季度末應確認的產品質量保證負債金額為：
$160 \times (1\% + 2\%) \div 2 = 2.4$（萬元）
編製會計分錄如下：
借：銷售費用——產品質量保證　　　　　　　　　　　　　　　24,000
　　貸：預計負債——產品質量保證　　　　　　　　　　　　　　　24,000
第一季度末「預計負債——產品質量保證」帳戶的余額為 $8 + 2.4 - 3 = 7.4$（萬元）。

（2）第二季度
發生產品質量保證費用（維修費）時：
借：預計負債——產品質量保證　　　　　　　　　　　　　　　10,000
　　貸：銀行存款或原材料等　　　　　　　　　　　　　　　　　　10,000
第二季度末應確認的產品質量保證負債金額為：
$140 \times (1\% + 2\%) \div 2 = 2.1$（萬元）
編製會計分錄如下：
借：銷售費用——產品質量保證　　　　　　　　　　　　　　　21,000
　　貸：預計負債——產品質量保證　　　　　　　　　　　　　　　21,000
第二季度末「預計負債——產品質量保證」帳戶的余額為 $7.4 + 2.1 - 1 = 8.5$（萬元）。

（3）第三季度
發生產品質量保證費用（維修費）時：
借：預計負債——產品質量保證　　　　　　　　　　　　　　　20,000
　　貸：銀行存款或原材料等　　　　　　　　　　　　　　　　　　20,000
第三季度末應確認的產品質量保證負債金額為：
$180 \times (1\% + 2\%) \div 2 = 2.7$（萬元）
編製會計分錄如下：
借：銷售費用——產品質量保證　　　　　　　　　　　　　　　27,000
　　貸：預計負債——產品質量保證　　　　　　　　　　　　　　　27,000
第三季度末「預計負債——產品質量保證」帳戶的余額為 $8.5 + 2.7 - 2 = 9.2$（萬元）。

（4）第四季度
發生產品質量保證費用（維修費）時：
借：預計負債——產品質量保證　　　　　　　　　　　　　　　40,000
　　貸：銀行存款或原材料等　　　　　　　　　　　　　　　　　　40,000
第四季度末應確認的產品質量保證負債金額為：
$250 \times (1\% + 2\%) \div 2 = 3.75$（萬元）

編製會計分錄如下：

借：銷售費用——產品質量保證　　　　　　　　　　　　　　37,500
　　貸：預計負債——產品質量保證　　　　　　　　　　　　　37,500

第四季度末「預計負債——產品質量保證」帳戶的余額為9＋3.75－4＝8.75（萬元）
為此，A公司應在2012年12月31日將「預計負債——產品質量保證」帳戶余額87,500元列入資產負債表內「預計負債」項目，並在會計報表附註中作相關披露。

在對產品產質量保證確認預計負債時，應注意的問題是：

（1）如果發現保證費用的實際發生額與預計數相差較大，應及時對預計比例進行調整；

（2）如果企業針對特定批次產品計算預計負債，則在保修期結束時，應將「預計負債——產品質量保證」帳戶余額衝銷，不留余額；

（3）已對其確認預計負債的產品，如企業不再生產或者不再銷售了，那麼應在相應的產品質量保證期滿後，將「預計負債——產品質量保證」余額衝銷，不留余額。

3.3.4　虧損合同的會計處理

虧損合同，是指履行合同義務不可避免會發生的成本超過預期經濟利益的合同。這裡的「履行合同義務不可避免會發生的成本」反應了履行該合同的最低淨成本，即履行該合同的成本與未履行該合同而發生的補償或處罰兩者之中的較低者。虧損合同相關義務滿足預計負債確認條件時，應當確認為預計負債。

待執行合同，是指合同各方尚未履行任何合同義務，或部分地履行了同等義務的合同。企業與其他企業簽訂的尚未履行任何合同義務或部分地履行了同等義務的商品買賣合同、勞務合同、租賃合同等，均屬於待執行合同。待執行合同不屬於或有事項準則規範的內容。但是，待執行合同變成虧損合同的，應當作為或有事項準則規範的或有事項。該虧損合同產生的義務滿足預計負債確認條件的，應當確認為預計負債。

企業對虧損合同的處理，需要遵循以下兩點原則：

（1）如果與虧損合同相關的義務不需支付任何補償即可撤銷，企業通常就不存在現實義務，不應確認預計負債；如果與虧損合同相關的義務不可撤銷，企業就存在現實義務，同時滿足該義務很可能導致經濟利益流出企業和金額能夠可靠地計量的，通常應當確認預計負債。

（2）待執行合同變成虧損合同時，合同存在標的資產的，應當對標的資產進行減值測試，並且按規定確認減值損失，此時，企業通常不需要確認預計負債；合同不存在標的資產的，虧損合同相關義務滿足規定條件時，應當確認預計負債。

【例3-8】乙企業2012年9月2日與A公司簽訂了一項產品銷售合同，約定在2012年12月5日以每件產品180元的價格向A公司提供10,000件甲產品，若不能按期交貨，將對乙企業處以450,000元的違約金。由於這批產品為定制產品，簽訂合同時產品尚未開始生產。但企業開始籌備原材料以生產這批產品時，原材料價格突然上升，預計生產每件產品需要花費成本200元。

本例中，由於乙企業產品成本為每件200元，而銷售價格為每件180元，每銷售

1件虧損20元，共計損失200,000元。如果撤銷合同，則需要繳納450,000元的違約金。因此，這項待執行合同變成了一項虧損合同。

（1）由於該合同簽訂時不存在標的資產，乙企業應當按照履行合同所需成本與違約金中的較低者（200,000元）確認一項預計負債。

借：營業外支出　　　　　　　　　　　　　　　　　　200,000
　　貸：預計負債　　　　　　　　　　　　　　　　　　　200,000

（2）待相關產品生產完成後，將已確認的預計負債衝減產品成本。

借：庫存商品（10,000×200）　　　　　　　　　　　2,000,000
　　貸：生產成本　　　　　　　　　　　　　　　　　2,000,000
借：預計負債　　　　　　　　　　　　　　　　　　　200,000
　　貸：庫存商品　　　　　　　　　　　　　　　　　　200,000

（3）企業出售產品時確認收入並結轉成本。

借：銀行存款或應收帳款等　　　　　　　　　　　　2,106,000
　　貸：主營業務收入（10,000×180）　　　　　　　1,800,000
　　　　應交稅費——應交增值稅（銷項稅額）　　　　306,000
借：主營業務成本　　　　　　　　　　　　　　　　1,800,000
　　貸：庫存商品　　　　　　　　　　　　　　　　　1,800,000

【例3-9】因市場變化，丙企業庫存積壓較大，產品成本為每件205元。為了消化庫存、盤活資金，丙企業於2012年3月14日與A公司簽訂了一項產品銷售合同，約定在2012年5月26日以每件產品160元的價格向公司提供10,000件產品，合同不得撤銷。

本例中，由於丙企業產品成本為每件205元，而銷售價格為每件160元，每銷售1件虧損45元，共計損失450,000元。並且，合同不得撤銷。因此，這項銷售合同是一項虧損合同。

由於該合同簽訂時存在標的資產，丙企業應當對A產品進行減值測試，計提減值準備，從而不需要對合同再確認預計負債。

3.3.5　重組義務的會計處理

重組，是指企業制定和控制的，將顯著改變企業組織形式、經營範圍或經營方式的計劃實施行為。屬於重組的事項主要包括：①出售或終止企業的部分業務；②對企業的組織結構進行較大調整；③關閉企業的部分營業場所，或將營業活動由一個國家或地區遷移到其他國家或地區。

企業應當將重組與企業合併、債務重組區別開。因為重組通常是企業內部資源的調整和組合，謀求現有資產效能的最大化；企業合併是在不同企業之間的資本重組和規模擴張；而債務重組是債權人對債務人做出讓步，債務人減輕債務負擔，債權人盡可能減少損失。

1. 重組義務的確認

企業因重組而承擔了重組義務，並且同時滿足或有事項確認條件的，應當確認為

預計負債。

首先，下列情況同時存在時，表明企業承擔了重組義務：一是有詳細、正式的重組計劃，包括重組涉及的業務、主要地點、需要補償的職工人數及其崗位性質、預計重組支出、計劃實施時間等；二是該重組計劃已對外公告。

例如，丁企業決定關閉其生產平面直角彩色電視機的生產車間，改為生產液晶電視機。同時決定辭退原職工 100 人，每人補償 10,000 元，一年內完成。該計劃已與職工和工會達成一致意見，經董事會批准並已對外公告。顯然，這項重組有詳細的重組計劃，涉及的業務、地點、需要補償的職工人數和性質、支出及實施時間都可知，且已對外公告。由此可以判斷，丁企業承擔了重組義務。

其次，需要判斷重組義務是否同時滿足或有事項的三個確認條件。即：判斷其承擔的重組義務是否是現時義務；履行重組義務是否很可能導致經濟利益流出企業；重組義務的金額是否能夠可靠計量。只有同時滿足這三個確認條件，才能將重組義務確認為預計負債。

2. 重組義務的計量

企業應當按照與重組有關的直接支出確定預計負債金額。其中，直接支出是企業重組必須承擔的，並且與主體繼續進行的活動無關的支出，不包括留用職工崗前培訓、市場推廣、新系統和營銷網路投入等支出。因為這些支出與未來經營活動有關，在資產負債表日不是重組義務。

由於企業在計量預計負債時不應當考慮預期處置相關資產的利得，因此，在計量與重組義務相關的預計負債時，不能考慮處置相關資產（廠房、店面，有時是一個事業部整體）可能形成的利得或損失，即使資產的出售構成重組的一部分也是如此。

企業可以參照表 3-2 判斷某項支出是否屬於與重組有關的直接支出。

表 3-2　　　　　　　　　　重組有關的直接支出項目表

支出項目	包括	不包括	不包括的原因
自願遣散	√		
強制遣散（如果自願遣散目標未滿足）	√		
將不再使用的廠房的租賃撤銷費	√		
將職工和設備從擬關閉的工廠轉移到繼續使用的工廠		√	支出與繼續進行的活動相關
剩餘職工的再培訓		√	支出與繼續進行的活動相關
新經理的招募成本		√	支出與繼續進行的活動相關
推廣公司新形象的營銷成本		√	支出與繼續進行的活動相關
對新分銷網路的投資		√	支出與繼續進行的活動相關
重組的未來可辨認經營損失（最新預計值）		√	支出與繼續進行的活動相關

表3-2(續)

支出項目	包括	不包括	不包括的原因
特定不動產、廠場和設備的減值損失		√	資產減值準備應當按照《企業會計準則第8號——資產減值》進行計提，並作為資產的抵減項

3.4 或有事項的披露

企業應當在附註中披露與或有事項有關的下列信息：

1. 預計負債

(1) 預計負債的種類、形成原因以及經濟利益流出不確定性的說明；

(2) 預計負債的期初、期末餘額和本期變動情況；

(3) 與預計負債有關的預期補償金額和本期已確認的預期補償金額。

2. 或有負債（不包括極小可能導致經濟利益流出企業的或有負債）

(1) 或有負債的種類及其形成原因，包括已貼現的商業承兌匯票、未決訴訟、未決仲裁、對外提供債務擔保等形成的或有負債。

(2) 經濟利益流出不確定性的說明。

(3) 或有負債預計產生的財務影響，以及獲得補償的可能性；無法預計的，應當說明原因。

3. 企業可以不披露的情況

(1) 企業通常不應當披露或有資產，但或有資產很可能會給企業帶來經濟利益的，應當披露其形成的原因、預計產生的財務影響等。

(2) 在涉及未決訴訟、未決仲裁的情況下，披露全部或部分信息預期對企業造成重大不利影響的，企業無須披露這些信息。但應當披露該未決訴訟、未決仲裁的性質，以及沒有披露這些信息的事實和原因。

思考題

1. 什麼是企業的或有事項？它具有哪些特徵？
2. 或有負債確認的條件是什麼？如何理解？
3. 最佳估計數的確定方法是什麼？
4. 什麼是虧損合同？如何對其進行會計處理？

第 4 章　借款費用核算

4.1　借款費用的內涵

4.1.1　借款費用的內容及資本化的含義

1. 借款費用的內容

借款費用，是指企業因借款而發生的利息及其相關成本，包括借款利息、折價或者溢價的攤銷、輔助費用以及因外幣借款而發生的匯兌差額等。

（1）因借款而發生的利息，包括企業向銀行或者其他金融機構等借入資金發生的利息、發行公司債券發生的利息以及為購建或者生產符合資本化條件的資產而發生的帶息債務所承擔的利息等。

（2）折價或者溢價的攤銷，主要是指發行債券等所發生的折價或者溢價。發行債券中的折價或者溢價，其實質是對債券票面利息的調整（將債券票面利率調整為實際利率），屬於借款費用的範疇。

（3）輔助費用，是指企業在借款過程中發生的諸如手續費、佣金、印刷費等費用。由於這部分費用是因安排借款而發生的，所以也屬於借入資金的代價，是借款費用的構成部分。

（4）因外幣借款而發生的匯兌差額，是指由於匯率變動導致市場匯率與帳面匯率出現差異，從而對外幣借款本金及其利息的記帳本位幣金額所產生的影響金額。

2. 借款費用資本化與費用化的含義

（1）借款費用資本化，是指企業發生的上述借款費用，可直接歸屬於符合資本化條件的資產的購建或者生產的，計入相關資產成本的事項。

（2）借款費用費用化，則是指不符合資本化條件的其他借款費用應當在發生時根據其發生額確認為費用，計入當期損益的事項。

4.1.2　借款費用應予資本化的借款範圍

借款費用應予資本化的借款範圍包括專門借款和一般借款。

1. 專門借款

專門借款，是指為購建或者生產符合資本化條件的資產而專門借入的款項。專門借款應當有明確的專門用途，即為購建或者生產某項符合資本化條件的資產而專門借入的款項，通常都具有標明該用途的借款合同。

2. 一般借款

一般借款，是指除專門借款之外的借款，一般借款在借入時，通常沒有特指用於符合資本化條件的資產的購建或者生產。對於一般借款，只有在購建或者生產符合資本化條件的資產占用了一般借款時，才能夠將與該部分一般借款相關的借款費用資本化；否則，所發生的借款利息應當計入當期損益。

4.1.3 符合資本化條件的資產

符合資本化條件的資產，是指需要經過相當長時間的購建或者生產活動才能達到可使用或者可銷售狀態的資產，包括固定資產、需要經過相當長時間的購建或者生產活動才能達到可使用或可銷售狀態的存貨、投資性房地產等資產。

建造合同成本、確認為無形資產的開發支出等在符合條件的情況下，也可以認定為符合資本化條件的資產。

符合借款費用資本化條件的存貨，主要包括房地產開發企業開發的用於對外出售的房地產開發產品、企業製造的用於對外出售的大型機械設備等。這類存貨通常需要經過相當長時間的建造或者生產過程，才能達到預定可銷售狀態。其中「相當長時間」，是指為資產的購建或者生產所必需的時間，通常為一年以上（含一年）。

為購建或生產以上資產而借入款項所發生的借款費用，在符合資本化條件的情況下應當予以資本化，直接計入這些資產成本中；反之，即使是為購建或生產以上資產而借入款項而發生的借款費用，不符合資本化條件的，也只能確認為費用，計入當期損益。

4.2 借款費用的確認

4.2.1 借款費用的確認原則

借款費用的確認，是指將每期發生的借款費用分別確認為資本化部分即計入相關資產的成本的借款費用和費用化部分即計入當期損益的借款費用的會計事項。

借款費用確認的基本原則是：企業發生的借款費用，可直接歸屬於符合資本化條件的資產的購建或者生產的，應當予以資本化，計入相關資產成本；其他借款費用，應當在發生時根據其發生額確認為費用，計入當期損益。

4.2.2 借款費用資本化期間的確定

企業只有發生在資本化期間內的有關借款費用，才能夠資本化。所以正確確定借款費用資本化期間是借款費用確認和計量的重要前提。

借款費用資本化期間，是指從借款費用開始資本化時點到停止資本化時點的期間，但不包括之中的暫停資本化時間。

1. 借款費用開始資本化時點的確定

借款費用允許開始資本化必須同時滿足三個條件，即：資產支出已經發生；借款費用已經發生；為使資產達到預定可使用或者可銷售狀態所必要的購建或者生產活動已經開始。

（1）資產支出已經發生，是指企業為購建或者生產符合資本化條件的資產已經發生了支付現金、轉移非現金資產或者承擔帶息債務形式發生的支出。其中：

①支付現金，是指用貨幣資金支付了符合資本化條件的資產的購建或者生產支出。

例如，大華公司利用專門借款建設一棟廠房，已經用現金和銀行存款為修建該廠房購買了所需的材料，支付了有關職工薪酬，向工程承包商支付了工程進度款等。

這些貨幣資金支出均屬於資產支出，可以界定為資產支出已經發生。

②轉移非現金資產，是指企業將自己的非現金資產直接用於符合資本化條件的資產的購建或者生產。

上述大華公司已將自己生產的鋼材等產品或材料直接用於該廠房的建造；大華公司還用自己的產品向其他公司換回水泥、木材、玻璃等建材。

這些產品成本均屬於資產支出，可以界定為資產支出已經發生。

③承擔帶息債務，是指企業為了購建或者生產符合資本化條件的資產所需用物資等而承擔的帶息應付款項（如帶息應付票據）。企業賒購這些物資所產生的債務可能帶息，也可能不帶息。如果企業賒購這些物資承擔的不是帶息債務，則不應當將購買價款計入資產成本，因為該債務在償付前不需要承擔利息，也就沒有占用借款資金。企業只有等到實際償付債務，發生了資源流出時，才能將其作為資產支出；如果企業賒購這些物資承擔的是帶息債務，則企業要為這筆債務付出代價，支付利息，與企業向銀行借入款項用以支付資產支出在性質上是一致的。所以，企業為購建或者生產符合條件的資產而承擔的帶息債務應當作為資產支出。當帶息債務發生時，視同資產支出已經發生。

例如，大華公司2月1日購入修建廠房的工程物資一批，開出一張50萬元的帶息銀行承兌匯票，期限為6個月，票面利率6%。對於該事項，儘管企業沒有直接支付現金，但承擔了帶息債務，所以這50萬元的購工程物資款項應當作為資產支出。自該銀行承兌匯票開出之日起即表明資產支出已經發生。

（2）借款費用已經發生，是指企業已經發生了因購建或者生產符合資本化條件的資產而專門借入款項的借款費用或者所占用的一般借款費用。

例如，2011年1月1日，大華公司向銀行借入購建廠房的專門借款，當日開始計息，該日即應當確認為借款費用已經發生。

（3）為使資產達到預定可使用或者可銷售狀態所必要的購建或者生產活動已經開始，是指符合資本化條件的資產的實體建造或者生產工作已經開始。

例如主體設備的安裝、廠房的實際開工建造等。它不包括僅僅持有資產但沒有發生為改變資產形態而進行的實質上的建造活動或者生產活動。

企業只有在同時滿足以上三個條件的情況下，有關借款費用才可以資本化。

2. 借款費用暫停資本化時點的確定

符合資本化條件的資產在購建或者生產過程中發生的非正常中斷，且中斷時間連續超過3個月的，應當暫停借款費用的資本化；在中斷期間發生的借款費用應當確認為費用，計入當期損益，直至資產的購建或者生產活動重新開始。

正常中斷期間的借款費用應當繼續資本化。

非正常中斷通常是由於企業管理決策上的原因或者其他不可預見方面的原因等所導致的中斷。例如，企業因與施工方發生了質量糾紛，或者工程或生產用料沒有及時供應，或者資金週轉發生了困難，或者施工或生產發生了安全事故，或者發生了與資產購建或者生產有關的勞動糾紛等原因，導致資產購建或者生產活動發生中斷，均屬於非正常中斷。

非正常中斷與正常中斷的區別在於：正常中斷僅限於因購建或者生產符合資本化條件的資產達到預定可使用或者可銷售狀態所必要的程序，或者事先可預見的不可抗力因素導致的中斷。

例如，某些工程建造到一定階段必須暫停下來進行質量或者安全檢查，檢查通過後方可繼續下一步的建造工作。這類中斷是在施工前可以預見的，而且是工程建造必須經過的程序，即屬於正常中斷。

某些地區的工程在建造過程中，由於可預見的不可抗力因素（本地普遍存在的雨季或冰凍季節等原因）導致施工出現停頓，也屬於正常中斷。例如，某企業在北方某地建造某工程期間，正遇冰凍季節，工程施工不得不中斷，待冰凍季節過後才能繼續施工。由於該地區在施工期間出現較長時間的冰凍是正常情況，由此而導致的施工中斷屬於因可預見的不可抗力因素導致的中斷，是正常中斷。借款費用的資本化可繼續進行，不必暫停。

3. 借款費用停止資本化時點的確定

（1）基本規定

①購建或者生產的符合資本化條件的資產達到預定可使用或者可銷售狀態時，借款費用應當停止資本化。

②在符合資本化條件的資產達到預定可使用或可銷售狀態之后所發生的借款費用，應當在發生時根據其發生額確認為費用，計入當期損益。

（2）購建或者生產的符合資本化條件的資產達到預定可使用或者可銷售狀態的判斷標準

購建或者生產的符合資本化條件的資產達到預定可使用或者可銷售狀態，是指資產已經達到購買方或者建造方預定的可使用或者可銷售狀態。它可從以下幾個方面進行判斷：

①符合資本化條件的資產的實體建造（包括安裝）或者生產工作已經全部完成或者實質上已經完成。

②所購建或者生產的符合資本化條件的資產與設計要求、合同規定或者生產要求基本相符，即使有極個別與設計、合同或者生產要求不相符的地方，也不影響其正常使用或銷售。

③繼續發生在所購建或生產的符合資本化條件的資產上支出的金額很少或者幾乎不再發生。

④購建或者生產的符合資本化條件的資產需要試生產或者試運行的，在試生產結果表明資產能夠正常生產出合格產品，或者試運行結果表明資產能夠正常運轉或者營業時，應當認為該資產已經達到預定可使用或者可銷售狀態。

(3) 區分不同情況界定借款費用停止資本化的時點

如果所購建或者生產的符合資本化條件的資產分別建造、分別完工的，企業應當區別情況界定借款費用停止資本化的時點。

①購建或者生產的符合資本化條件的各部分分別完工，且每部分在其他部分繼續建造過程中可供使用或者可對外銷售，且為使該部分資產達到預定可使用或可銷售狀態所必要的購建或者生產活動實質上已經完成的，應當停止與該部分資產相關的借款費用的資本化。因為該部分資產已經達到了預定可使用或者可銷售狀態。

②購建或者生產的資產的各部分分別完成，但必須等到整體完工後才可使用或者可對外銷售的，應當在該資產整體完工時停止借款費用的資本化。

4.3 借款費用的計量

4.3.1 借款利息費用資本化金額的確定

1. 每一會計期間利息費用資本化金額的確定原則

(1) 專門借款利息費用的資本化金額的確定

為購建或者生產符合資本化條件的資產而借入專門借款的，應當以專門借款當期實際發生的利息費用，減去將尚未動用的借款資金存入銀行取得的利息收入或者進行暫時性投資取得的投資收益後的金額，確定為專門借款利息費用的資本化金額，並應當在資本化期間內，將其計入符合資本化條件的資產成本。

(2) 一般借款利息費用的資本化金額的確定

在借款費用資本化期間內，為購建或者生產符合資本化條件的資產占用了一般借款的，企業應當根據累計資產支出超過專門借款部分的資產支出加權平均數乘以所占用一般借款的資本化率，計算確定一般借款利息中應予以資本化的金額。資本化率應當根據一般借款加權平均利率確定。

一般借款應予以資本化的利息金額計算公式如下：

$$一般借款利息費用資本化金額 = \sum \frac{累計資產支出超過專門借款部分}{的資產支出加權平均數} \times 所占用一般借款的資本化率$$

$$所占用一般借款的資本化率 = 所占用一般借款加權平均利率 = \frac{所占用一般借款當期實際發生的利息之和}{所占用一般借款本金加權平均數}$$

$$= \sum 所占用每筆一般借款本金 \times \frac{每筆一般借款在當期所占用的天數}{當期天數}$$

所占用一般借款本金加權平均數

(3) 企業在每一個會計期間的利息資本化金額不得超過當期實際發生的利息金額

(4) 在資本化期間內，屬於借款費用資本化範圍的外幣借款本金及利息的匯兌差額，應當予以資本化，計入符合資本化條件的資產的成本

(5) 借款存在折價或溢價的，應當按照實際利率法確定每一會計期間應攤銷的折價或者溢價金額，調整每期利息金額

2. 借款利息費用資本化金額的帳務處理

(1) 專門借款利息費用的資本化金額的帳務處理

【例 4-1】大華公司於 2012 年 7 月 1 日動工興建一幢廠房，工期為一年半。工程採用出包方式，分別於 2012 年 7 月 1 日、2012 年 10 月 1 日、2013 年 1 月 1 日和 2013 年 7 月 1 日支付工程進度款 200 萬元、300 萬元、150 萬元、110 萬元。該廠房於 2013 年 12 月 31 日完工，達到預定可使用狀態。

大華公司為建造該廠房分別向工商銀行和建設銀行借了兩筆專門借款，其中：

2012 年 7 月 1 日向工商銀行專門借款 300 萬元，借款期限為 5 年，年利率為 6%，利息按年支付；

2013 年 10 月 1 日向建設銀行專門借款 500 萬元，借款期限為 8 年，年利率為 8%，利息按年支付。

該公司閒置專門借款資金均用於購買短期國債，其月收益率為 0.5%。

大華公司為建造該辦公樓支出金額如表 4-1 所示。

表 4-1　　　　　　　　　　　辦公樓支出金額表　　　　　　　　　單位：萬元

日期	每期資產支出金額	累計資產支出金額	閒置借款資金用於購買國債金額
2012 年 7 月 1 日	200	200	100
2012 年 10 月 1 日	300	500	300
2013 年 1 月 1 日	150	650	150
2013 年 7 月 1 日	110	760	40
合計	760		590

大華公司為建造辦公樓的支出總額 760 萬元，沒有超過專門借款總額 800 萬元，因此不涉及一般借款費用資本化的問題。

該項目借款費用資本化金額確定如下：

第一步，確定資本化期間。

2012 年 7 月 1 日至 2013 年 12 月 31 日為該項目的建設期間，即為借款費用資本化期間。

第二步，計算專門借款實際發生利息費用金額。

①2012年專門借款發生的利息金額

工商銀行專門借款300萬元計息期半年，利息金額=300×6%÷2=9（萬元）

建設銀行專門借款500萬元計息期1個季度，利息金額=500×8%÷4=10（萬元）

2012年利息費用合計=9+10=19（萬元）

②2013年專門借款發生的利息金額

工商銀行專門借款300萬元計息期1年，利息金額=300×6%=18（萬元）

建設銀行專門借款5,000萬元計息期1年，利息金額=500×8%=40（萬元）

2013年利息費用合計=18+40=58（萬元）

第三步，計算在資本化期間利用閒置專門借款資金進行投資的收益。

①2012年國債投資收益

2012年第3季度的國債投資收益=100×0.5%×3=1.5（萬元）

2012年第4季度的國債投資收益=300×0.5%×3=4.5（萬元）

2012年國債投資收益合計=1.5+4.5=6（萬元）

②2013年國債投資收益

2013年上半年國債投資收益=150×0.5%×6=4.5（萬元）

2013年下半年國債投資收益=40×0.5%×6=1.2（萬元）

2013年國債投資收益合計=4.5+1.2=5.7（萬元）

第四步，計算資本化金額。

2012年資本化金額=19-6=13（萬元）

2013資本化金額=58-5.7=52.3（萬元）

第五步，編製會計分錄。

2012年12月31日的會計分錄：

借：在建工程　　　　　　　　　　　　　　　　　　　　　130,000
　　應收利息　　　　　　　　　　　　　　　　　　　　　 60,000
　　貸：應付利息　　　　　　　　　　　　　　　　　　　190,000

2013年12月31日的會計分錄：

借：在建工程　　　　　　　　　　　　　　　　　　　　　523,000
　　應收利息　　　　　　　　　　　　　　　　　　　　　 57,000
　　貸：應付利息　　　　　　　　　　　　　　　　　　　580,000

（2）涉及一般借款利息費用的資本化金額的確定實務

【例4-2】大華公司於2012年7月1日動工興建一座辦公樓，工期為一年半。工程採用出包方式，分別於2012年7月1日、2012年10月1日、2013年1月1日和2013年7月1日支付工程進度款200萬元、300萬元、150萬元、110萬元。該辦公樓於2013年12月31日完工，達到預定可使用狀態。

大華公司為建造該辦公樓分別向工商銀行和建設銀行借款了兩筆專門借款，其中：

2012年7月1日向工商銀行專門借款300萬元，借款期限為5年，年利率為6%，利息按年支付；

2012年10月1日向建設銀行專門借款300萬元，借款期限為8年，年利率為8%，利息按年支付。

該公司閒置專門借款資金均用於購買短期國債，其月收益率為0.5%。

大華公司為建造該辦公樓支出金額如表4－2所示。

表4－2　　　　　　　　　　辦公樓支出金額表　　　　　　　　單位：萬元

日期	每期資產支出金額	累計資產支出金額	閒置借款資金用於購買國債金額	占用一般借款金額
2012年7月1日	200	200	100	—
2012年10月1日	300	500	100	—
2013年1月1日	150	650	—	50
2013年7月1日	110	760	—	110
合計	760	—	200	160

大華公司為建造辦公樓的支出總額760萬元，超過了專門借款總額600萬元，因此占用了一般借款160萬元。假定所占用一般借款有兩筆，其中：

2011年1月1日向招商銀行借入3年期借款300萬元，年利率為6%，按年支付利息；

2012年1月1日向成都銀行借入5年期借款500萬元，年利率為8%，按年支付利息。

該項目借款費用資本化金額確定如下：

第一步，確定資本化期間。

2012年7月1日至2013年12月31日為該項目的建設期間，即為借款費用資本化期間。

第二步，計算專門借款實際發生利息費用金額。

①2012年專門借款發生的利息金額

工商銀行專門借款300萬元計息期半年，利息金額＝300×6%÷2＝9（萬元）

建設銀行專門借款300萬元計息期1個季度，利息金額＝300×8%÷4＝6（萬元）

2012年利息費用合計＝9＋6＝15（萬元）

②2013年專門借款發生的利息金額

工商銀行專門借款300萬元計息期1年，利息金額＝300×6%＝18（萬元）

建設銀行專門借款300萬元計息期1年，利息金額＝300×8%＝24（萬元）

2013年利息費用合計＝18＋24＝42（萬元）

第三步，計算在資本化期間利用閒置專門借款資金進行投資的收益。

①2012年國債投資收益

2012年第3季度的國債投資收益＝100×0.5%×3＝1.5（萬元）

2012年第4季度的國債投資收益＝100×0.5%×3＝1.5（萬元）

2012 年國債投資收益合計 = 1.5 + 1.5 = 3（萬元）

②2013 年國債投資收益

2013 年沒有閒置專門資金進行國債投資，其收益 = 0。

第四步，計算專門借款費用資本化金額。

2012 年資本化金額 = 15 - 3 = 12（萬元）

2013 年資本化金額 = 42 - 0 = 42（萬元）

第五步，計算一般借款利息費用資本化金額。

①累計資產支出超過專門借款部分的資產支出加權平均數

$= 50 \times \dfrac{360}{360} + 110 \times \dfrac{180}{360} = 50 + 55 = 105$（萬元）

②一般借款資本化率

$= \dfrac{300 \times 6\% + 500 \times 8\%}{300 + 500} = 7.25\%$

③一般借款利息費用資本化金額

$= 105 \times 7.25\%$

$= 7.612,5$（萬元）

第六步，計算每年的實際利息支出和資本化金額。

2012 年實際利息支出

$= 300 \times 6\% \div 2 + 300 \times 8\% \div 4 + 300 \times 6\% + 5,000 \times 8\% = 73$（萬元）

2013 年實際利息支出

$= 300 \times 6\% + 300 \times 8\% + 300 \times 6\% + 500 \times 8\% = 100$（萬元）

2012 年資本化金額 = 12（萬元）

2013 年資本化金額 = 42 + 7.612,5 = 49.612,5（萬元）

第七步，編製會計分錄。

2012 年 12 月 31 日：

借：在建工程	120,000	
財務費用	580,000	
應收利息	30,000	
貸：應付利息		730,000

2013 年 12 月 31 日：

借：在建工程	496,125	
財務費用	503,875	
貸：應付利息		1,000,000

4.3.2 借款輔助費用資本化金額的確定

專門借款發生的輔助費用，在所購建或者生產的符合資本化條件的資產達到預定可使用或者可銷售狀態之前，應當在發生時根據其發生額予以資本化，計入符合資本

化條件的資產的成本；在所購建或者生產的符合資本化條件的資產達到預定可使用或者可銷售狀態之后，應當在發生時根據其發生額確認為費用，計入當期損益。上述資本化或計入當期損益的輔助費用的發生額，是指根據《企業會計準則第22號——金融工具確認和計量》，按照實際利率法所確定的金融負債交易費用對每期利息費用的調整額。借款實際利率與合同利率差異較小的，也可以採用合同利率計算確定利息費用。

一般借款發生的輔助費用，也應當按照上述原則確定其發生額並進行處理。

思考題

1. 借款費用的內容包括哪些？
2. 何為專門借款和一般借款？它們在借款費用資本化的處理上有什麼區別？
3. 符合資本化條件的資產主要有哪些？
4. 借款費用資本化確認的原則是什麼？
5. 借款費用資本化期間的範圍是什麼？如何確定借款費用資本化期間？
5. 資本化金額的確定原則是什麼？怎樣來確定專門借款的資本化金額？一般借款資本化金額又如何確定？
6. 如何確定借款輔助費用資本化金額？

第 5 章　所得稅會計核算

5.1　所得稅會計概述

5.1.1　所得稅會計的基本概念

1. 所得稅會計的含義

所得稅會計就是研究和處理按照會計準則計算的稅前會計利潤（利潤總額）與按照稅法計算的應納稅所得額之間差異的會計理論和方法。

《企業會計準則》是規範企業在會計核算時確認、計量、記錄和報告等行為的準則。企業在日常生產經營活動中應該按照《企業會計準則》的要求，全面、連續、系統地反應企業某一特定日期的財務狀況和某一會計期間的經營成果及現金流量，目的是為會計信息使用者提供決策有用的財務信息。

稅法是以課稅為直接目的，根據經濟合理、公平稅負、促進競爭的原則，依據有關的稅收法規，確定一定時期內納稅人應繳納的稅額；從所得稅來講，所得稅主要是依據中國發布的《中華人民共和國企業所得稅》和《中華人民共和國企業所得稅法實施條例》來確定企業在一定時期的應納稅所得額，並據以對企業的經營所得及其他所得進行徵稅。

由於《企業會計準則》和所得稅法規範的目的不同，因此企業按照會計準則規定計算出的利潤，與按照所得稅法計算出的應納稅所得額就有可能不一致，從而產生差異。所以，所得稅會計就是研究和處理會計與所得稅法之間差異的會計理論和方法。

2. 所得稅會計的處理方法

目前所得稅會計處理的方法主要有應付稅款法和資產負債表債務法。在中國，執行《小企業會計準則》的企業，應當採用應付稅款法，執行《企業會計準則》的企業，則採用資產負債表債務法。本章主要介紹資產負債表債務法的處理。

資產負債表債務法是從資產負債表出發，通過比較資產負債表中所列示的資產和負債，按照《企業會計準則》確定的帳面價值與按照所得稅法確定的計稅基礎之間的差異，分別確認應納稅暫時性差異與可抵扣暫時性差異，並在符合條件的情況下，將兩種差異分別確認為相關的遞延所得稅負債或遞延所得稅資產，並在此基礎上確認每一會計期間的所得稅費用的方法。

5.1.2 資產負債表債務法的理論基礎

資產負債表債務法的理論基礎是資本維持觀，即只有在原資本已得到維持或成本已經彌補之后，才能確認損益。資產負債表債務法在所得稅的會計核算方面貫徹了資產、負債的界定。從資產負債角度考慮，資產的帳面價值代表的是某項資產在持續持有及最終處置的一定期間內為企業帶來未來經濟利益的總額，而其計稅基礎代表的是該期間內按照稅法規定就該項資產可以稅前扣除的總額。資產的帳面價值小於其計稅基礎的，表明該項資產於未來期間產生的經濟利益流入低於按照稅法規定允許稅前扣除的金額，產生可抵減未來期間應納稅所得額的因素，減少未來期間以所得稅稅款的方式流出企業的經濟利益，應確認為遞延所得稅資產。反之，一項資產的帳面價值大於其計稅基礎的，兩者之間的差額會增加企業於未來期間應納稅所得額及應交所得稅，對企業形成經濟利益流出的義務，應確認為遞延所得稅負債。

5.1.3 所得稅會計的一般程序

在採用資產負債表債務法核算所得稅的情況下，企業一般應於每一資產負債表日進行所得稅的核算。企業合併等特殊交易或事項發生時，在確認因交易或事項取得的資產、負債時即應確認相關的所得稅影響。企業進行所得稅核算一般應遵循以下程序：

（1）按照相關會計準則規定確定資產負債表中除遞延所得稅資產和遞延所得稅負債以外的其他資產和負債項目的帳面價值。資產、負債的帳面價值，是指企業按照相關會計準則的規定進行核算后在資產負債表中列示的金額。對於計提了減值準備的各項資產，是指其帳面余額減去已計提的減值準備后的金額。例如，企業持有的存貨帳面余額為 800 萬元，企業計提了 50 萬元的存貨跌價準備，其帳面價值為 750 萬元。

（2）按照會計準則中對於資產和負債計稅基礎的確定方法，以適用的稅收法規為基礎，確定資產負債表中有關資產、負債項目的計稅基礎。

（3）比較資產、負債的帳面價值與其計稅基礎，對於兩者之間存在差異的，分析其性質，除準則中規定的特殊情況外，分別應納稅暫時性差異與可抵扣暫時性差異，確定資產負債表日遞延所得稅負債和遞延所得稅資產的應有金額，並與期初遞延所得稅資產和遞延所得稅負債的余額相比，確定當期應予以進一步確認的遞延所得稅資產和遞延所得稅負債或應予以轉銷的金額，作為遞延所得稅。

（4）就企業當期發生的交易或事項，按照適用的稅法規定計算確定當期應納稅所得額，將應納稅所得額與適用的所得稅稅率計算的結果確認為當期應交所得稅，作為當期所得稅。

（5）確定利潤表中的所得稅費用。利潤表中的所得稅費用包括當期所得稅（當期應交所得稅）和遞延所得稅兩個組成部分。企業在計算確定了當期所得稅和遞延所得稅后，兩者之和（之差）是利潤表中的所得稅費用。

5.2 資產與負債的計稅基礎

所得稅會計的關鍵在於確定資產和負債的計稅基礎。計稅基礎的確定，是得出暫時性差異的前提，也是資產負債表債務法運行過程中的重點。

5.2.1 資產的計稅基礎

資產的計稅基礎，是指企業收回資產帳面價值過程中，計算應納稅所得額時按照稅法規定可以自應稅經濟利益中抵扣的金額，即某一項資產在未來期間計稅時按照稅法規定可以稅前扣除的金額。

通常情況下，資產在初始確認時，其計稅基礎一般為取得成本，即入帳價值。在後續計量過程中因會計準則規定與稅法規定的不同，可能造成帳面價值與計稅基礎的差異。

1. 固定資產的計稅基礎

以各種方式取得的固定資產，初始確認時的帳面價值一般等於計稅基礎。在後續計量時，由於會計與稅法就折舊方法、折舊年限以及固定資產減值準備的提取等處理的不同，可能造成固定資產的帳面價值與計稅基礎的差異。

(1) 折舊方法、折舊年限的差異。會計準則規定，企業可根據自身實際適合條件選擇合理的固定資產折舊方法，如年限平均法、雙倍餘額遞減法、年數總和法等。而在稅法中規定，除某些按照規定可以加速折舊的情況外，基本使用年限平均法來計提折舊進行稅前扣除。另外，稅法對每一類固定資產的最低折舊年限做出了規定，而會計準則規定固定資產的折舊年限是由企業根據實際使用情況合理確定的。如果兩者所確定的折舊年限不同，也有可能造成帳面價值和計稅基礎的差異。

【例5-1】甲公司在2010年年末購置某項固定資產，原價為800萬元，使用年限為8年，會計上使用雙倍餘額遞減法計提折舊，淨殘值為零；稅法上規定該類固定資產在計稅時按照年限平均法計提折舊，淨殘值為零。2012年年末公司估計該固定資產的可回收金額為500萬元。請確定2012年年末該固定資產的帳面價值和計稅基礎。

2012年12月31日，該固定資產的帳面餘額 = 800 - 800×25% - 600×25% = 450（萬元），小於其可回收金額500萬元。因此不用計提固定資產減值準備，所以帳面價值為450萬元。

固定資產的計稅基礎 = 800 - 100×2 = 600（萬元）

該項固定資產的帳面價值450萬元與其計稅基礎600萬元之間的150萬元差額，即產生的暫時性差異，在未來期間將減少企業的應納稅所得額。

(2) 因計提固定資產減值準備所產生的差異。在持有固定資產的期間內，在對固定資產計提了減值準備以後，因稅法規定企業計提的資產減值準備在發生實質性損失前不允許稅前扣除，也會造成固定資產的帳面價值與計稅基礎的差異。

【例5-2】續【例5-1】，假設2012年年末該固定資產估計的可回收金額為400萬元。

2012年12月31日，該項固定資產的帳面餘額為450萬元，該帳面餘額大於其可回收金額400萬元，兩者之間的差額50萬元應計提為固定資產減值準備。

2012年12月31日，該固定資產的帳面價值＝450－50＝400（萬元）；其計稅基礎為600萬元，兩者之間差額為200萬元，即為暫時性差異。

這一導致帳面價值與計稅基礎的差異的因素不僅僅出現在固定資產中，也適用於其他計提了資產減值準備的各項資產。有關資產計提了減值準備後，其帳面價值會隨之下降，而稅法規定企業計提的資產減值準備在發生實質性損失前不允許稅前扣除，即計稅基礎不會因資產減值準備的提取而變化，造成在計提資產減值準備之後，資產的帳面價值與計稅基礎之間的差異。

如甲公司2012年年末存貨的帳面餘額為100萬元，因某些原因導致存貨可變現淨值下降，提取存貨跌價準備10萬元，則存貨在2012年12月31日的帳面價值為90萬元；而其計稅基礎仍為100萬元，兩者產生的10萬元差額即為產生的暫時性差異。

2. 無形資產

除內部研究開發形成的無形資產以外，其他方式取得的無形資產，初始確認時按照會計準則規定確定的入帳價值與按照稅法規定確定的計稅基礎之間一般不存在差異。無形資產的差異主要產生於內部研究研發形成的無形資產以及使用壽命不確定的無形資產。

（1）內部研發形成的無形資產

根據會計準則，其成本為開發階段符合資本化條件以後至達到預定用途前發生的支出，而研發過程中發生的其他支出應予以費用化計入損益；稅法規定，自行研發的無形資產，以開發過程中該資產符合資本化條件後至達到預定用途前發生的支出為計稅基礎。另外，對於研究開發費用的加計扣除，稅法規定企業為開發新技術、新產品、新工藝發生的研發費用，最後未形成無形資產計入當期損益的，按照研發費用的50%加計扣除；形成無形資產的，按照無形資產成本的150%攤銷。

【例5-3】甲公司當期為開發新產品發生的研發費用總計1,200萬元，其中符合資本化的支出為800萬元，另外400萬元計入當期損益。

按照會計準則規定，該無形資產的帳面價值為800萬元；

按稅法規定，企業為開發新技術、新產品、新工藝發生的研發費用，最後未形成無形資產計入當期損益的，按照研發費用的50%加計扣除；形成無形資產的，按照無形資產成本的150%攤銷。因此，稅法規定中可在當期稅前扣除的金額為400＋400×50%＝600（萬元），所形成無形資產在未來期間可予以稅前扣除的金額＝800×150%＝1,200（萬元），計稅基礎即為1,200萬元。

帳面價值800萬元與計稅基礎1,200萬元所產生的400萬元差額，即為暫時性差異。

（2）使用壽命不確定的無形資產

無形資產在后續計量中，會計與稅法的差異主要產生於是否需要攤銷以及無形資產減值準備的提取。會計準則規定，應根據無形資產的使用壽命情況，分為使用壽命有限的無形資產和使用壽命不確定的無形資產。對使用壽命不確定的無形資產，不要求攤銷，但持有期間每年進行減值測試；而稅法規定，企業取得的無形資產成本應在一定期限內攤銷，對於使用壽命不確定的無形資產，計稅時按照稅法規定確定的攤銷額允許稅前扣除。因此，這會造成該類無形資產帳面價值與計稅基礎的差異。

還有一種情況，在按照會計準則對無形資產計提減值準備時，稅法規定計提的無形資產減值準備在轉變為實質性損失前不允許稅前扣除，因此也會造成無形資產帳面價值和計稅基礎的差異。

【例5－4】乙企業於2012年1月1日取得某項無形資產，入帳價值為2,000萬元。取得該項無形資產后，經實際考察無法合理地預計其使用年限，將其作為使用壽命不確定的無形資產。2012年12月31日，該無形資產未發生減值。企業在計稅時，對該無形資產按照10年的期限採用直線法攤銷。

分析：

因未發生減值，該無形資產在2012年12月31日的帳面價值即入帳價值為2,000萬元；

在2012年12月31日的計稅基礎＝2,000－2,000÷10＝1,800（萬元）；

該項無形資產的帳面價值2,000萬元與其計稅基礎1,800萬元之間的差額200萬元即為暫時性差異，將計入未來期間企業的應納稅所得額。

3. 以公允價值計量且其變動計入當期損益的金融資產

根據會計準則規定，以公允價值計量且其變動計入當期損益的金融資產，期末以公允價值計量，帳面價值即為其公允價值，公允價值的變動則計入當期損益；而稅法規定，企業以公允價值計量的金融資產、投資性房地產等，持有期間公允價值的變動不計入應納稅所得額，在實際處置或結算時，處置所得的價款扣除其歷史成本後的差額應計入處置或結算期間的應納稅所得額，因此，該類資產在持有期間市價的波動在計稅時不予考慮。這就造成了在持有過程中對以公允價值計量的金融資產帳面價值和計稅基礎之間的差異。

【例5－5】2012年9月10日，甲公司在公開市場取得一項權益性投資，支付價款為500萬元，作為交易性金融資產核算。2012年12月31日，該資產的市價為550萬元。

該項交易性金融資產在期末的公允價值為550萬元，即該資產在2012年12月31日的帳面價值為550萬元；

因稅法規定在持有期間公允價值的變動不計入應納稅所得額，因此計稅基礎為500萬元。

該資產的帳面價值550萬元和計稅基礎500萬元產生的50萬元差額即為暫時性差異，在未來期間轉回時會增加未來期間的應納稅所得額。

另外，企業持有的可供出售金融資產計稅基礎的確定，與以公允價值計量且變動計入當期損益的金融資產類似，可比照處理。

5.2.2 負債的計稅基礎

負債的計稅基礎，是指負債的帳面價值減去未來期間計算應納稅所得額時按照稅法規定可予以抵扣的金額。用公式表示為：

負債的計稅基礎＝帳面價值－未來期間按照稅法規定可予以抵扣的金額

負債的確認與償還一般不會影響企業的損益，也不會影響其應納稅所得額。通常情況下，短期借款、應付票據、應付帳款等負債的確認和償還，由於不對當期損益和應納稅所得額產生影響，因此其計稅基礎即為帳面價值。但在某些情況下，負債的確認可能會影響損益，進而影響不同期間的應納稅所得額，使得其計稅基礎與帳面價值之間產生差額。

1. 預計負債

根據或有事項準則確定，企業對於預計提供售後服務將發生的支出在滿足有關確認條件時，銷售當期即應確認為費用，同時確認預計負債。而稅法規定，與預計負債相關的費用，視相關交易事項的具體情況，一般在實際發生時才準予以稅前扣除，所以該預計負債的計稅基礎為零。

【例5－6】甲公司2012年因銷售產品承諾提供2年的保修服務，在當年的利潤表中確認了200萬元的銷售費用，同時確認為預計負債。當年度未發生任何保修支出。

該項預計負債在2012年12月31日的帳面價值為200萬元。

該項預計負債的計稅基礎＝帳面價值－未來期間按照稅法規定可予以抵扣的金額＝200－200＝0

因此該預計負債的帳面價值200萬元與計稅基礎0元之間的200萬元差額即為暫時性差異。

另外，其他交易或事項中確認的預計負債，應按照稅法規定的計稅原則確定其計稅基礎。某些情況下確認的預計負債，稅法規定其支出無論是否實際發生均不允許稅前扣除，即帳面價值等於計稅基礎。

2. 預收帳款

企業在收到客戶預付的款項時，會計上將其確認為負債。稅法對於收入的確認原則一般與會計規定相同，即會計上未確認收入時，計稅時一般也不計入應納稅所得額，計稅基礎與帳面價值相等。

但在某些情況下，因不符合會計準則的收入確認條件，未確認為收入的預收款項，按稅法規定應計入應納稅所得額時，有關預收帳款的計稅基礎為零。

【例5－7】甲公司於2012年12月24日收到一筆合同預付款，金額為1,000萬元，作為預收帳款核算。12月31日由於貨品仍未交出，因此該預收帳款不確認為收入，但按稅法規定其款項應計入當期應納稅所得額，繳納所得稅。

該預收帳款的帳面價值即為1,000萬元。

該預收帳款的計稅基礎＝帳面價值－未來期間按照稅法規定可予以抵扣的金額＝1,000－1,000＝0

該項預收帳款的帳面價值1,000萬元與計稅基礎0元之間的1,000萬元差額即為暫時性差異。

3. 應付職工薪酬

會計準則規定，企業為獲得職工提供的服務給予各種形式的報酬以及其他相關支出均因作為企業的成本費用，在未支付之前確認為負債。稅法中對於合理的職工薪酬基本允許稅前扣除，但稅法中如果規定了稅前扣除標準的，按會計準則確認的應付職工薪酬超過規定標準部分的，應進行納稅調整。超過部分在發生當期不允許稅前扣除，在以後期間也不允許稅前扣除，即該部分差額對未來期間計稅不產生影響，因此所產生應付職工薪酬負債的帳面價值等於計稅基礎。

【例5－8】甲公司2012年12月計入成本費用的職工工資總額為4,000萬元，公司至12月31日尚未支付。按稅法規定，在當期的4,000萬元工資支出中，可予以稅前扣除的合理部分為3,000萬元。

2012年12月31日，該項應付職工薪酬負債的帳面價值為4,000萬元。

該項應付職工薪酬負債的計稅基礎＝帳面價值－未來期間按稅法規定可予以抵扣金額＝4,000－0＝4,000（萬元）

因此，該項負債的帳面價值與計稅基礎相等，不形成暫時性差異。

4. 其他負債

其他負債如企業應交的罰款和滯納金等，在尚未支付之前按照會計規定確認為費用，同時作為負債反應。因為稅法中規定，罰款和滯納金不能稅前扣除，即該部分費用無論當期還是以後期間均不允許稅前扣除，其計稅基礎為帳面價值減去未來期間計稅時可予以抵扣的金額零，即計稅基礎等於帳面價值。

其他交易或事項產生的負債，其計稅基礎的確定應遵從稅法的相關規定。

5.3 暫時性差異

暫時性差異是指資產或負債的帳面價值與其計稅基礎之間的差額。因為資產或負債的帳面價值與其計稅基礎的不同，產生了在未來收回資產或清償負債的期間內，應納稅所得額增加或減少並導致未來期間應交所得稅增加或減少的情況，形成企業的資產和負債。在有關暫時性差異發生當期，符合確認條件的情況下，企業應當確認相關的遞延所得稅負債或者遞延所得稅資產。

根據暫時性差異對未來期間應稅金額影響的不同，暫時性差異一般可分為應納稅暫時性差異和可抵扣暫時性差異。

5.3.1 應納稅暫時性差異

應納稅暫時性差異，是指在確定未來收回資產或清償負債期間的應納稅所得額時，

將導致產生應稅金額的暫時性差異。當資產的帳面價值大於其計稅基礎或負債的帳面價值小於其計稅基礎時，這兩種情況會產生應納稅暫時性差異。

1. 資產的帳面價值大於其計稅基礎

資產的帳面價值代表的是企業在持續使用或最終出售該項資產時將取得的經濟利益的總額，而計稅基礎代表的是資產在未來期間可予以稅前扣除的總金額。資產的帳面價值大於其計稅基礎，意味著該項資產未來期間產生的經濟利益不能全部稅前抵扣，兩者之間的差額需要繳稅。例如一項固定資產的帳面價值為 200 萬元，計稅基礎為 150 萬元，則兩者之間的差額會造成未來期間應納稅所得額和應交所得稅的增加，在其產生當期應確認相關的遞延所得稅負債。

2. 負債的帳面價值小於其計稅基礎

負債的帳面價值為企業預計在未來期間清償該項負債時的經濟利益流出，而其計稅基礎代表的是帳面價值在扣除稅法規定未來期間允許稅前扣除的金額之後的差額。負債的帳面價值小於其計稅基礎，則意味著就該項負債在未來期間可以稅前抵扣的金額為負數，即應在未來期間應納稅所得額的基礎上調增，增加未來期間的應納稅所得額和應交所得稅金額，產生應納稅暫時性差異，應確認相關的遞延所得稅負債。

5.3.2 可抵扣暫時性差異

可抵扣暫時性差異，是指在確定未來收回資產或清償負債期間的應納稅所得額時，將導致產生可抵扣金額的暫時性差異。當資產的帳面價值小於其計稅基礎或負債的帳面價值大於其計稅基礎時，這兩種情況會產生可抵扣暫時性差異。

1. 資產的帳面價值小於其計稅基礎

資產的帳面價值小於其計稅基礎，意味著資產在未來期間產生的經濟利益少，按照稅法規定允許稅前扣除的金額多，兩者之間的差額可以減少企業在未來期間的應納稅所得額並減少應交所得稅，並在符合相關條件時確認相關的遞延所得稅資產。例如一項無形資產的帳面價值為 200 萬元，計稅基礎為 275 萬元，則企業在未來期間就該項資產可以在其自身取得經濟利益的基礎上多扣除 75 萬元，未來期間應納稅所得額和應交所得稅會減少，形成可抵扣暫時性差異。

2. 負債的帳面價值大於其計稅基礎

負債產生的暫時性差異實質上是稅法規定就該項負債可以在未來期間稅前扣除的金額，即：

$$負債產生的暫時性差異$$
$$=帳面價值-計稅基礎$$
$$=帳面價值-(帳面價值-未來期間按稅法規定予以稅前扣除的金額)$$
$$=未來期間按稅法規定可予以稅前扣除的金額$$

負債的帳面價值大於其計稅基礎，意味著未來期間按照稅法規定與負債相關的支出可以自未來應稅利益中扣除，減少未來期間的應納稅所得額和應交所得稅。符合有關條件時，企業應確認相關的遞延所得稅資產。

暫時性差異形成情況如表 5-1 所示。

表 5-1　　　　　　　　　暫時性差異形成情況一覽表

應納稅暫時性差異	資產帳面價值	>	資產計稅基礎
	負債帳面價值	<	負債計稅基礎
可抵扣暫時性差異	資產帳面價值	<	資產計稅基礎
	負債帳面價值	>	負債計稅基礎

5.3.3　特殊項目產生的暫時性差異

需要注意的是，除因資產、負債的帳面價值與其計稅基礎不同產生的暫時性差異外，按照稅法規定可以結轉以後年度的未彌補虧損和稅款遞減，也視同可抵扣暫時性差異處理；另外，某些不符合資產、負債的確認條件，未作為財務會計報告中資產、負債列示的項目，如果可以按照稅法規定可以確定其計稅基礎，該計稅基礎與其帳面價值之間的差額也屬於暫時性差異（此時帳面價值為零）。如企業發生的符合條件的廣告費和業務宣傳費支出，不超過當年銷售收入 15% 的部分允許扣除；超過部分準予在以后納稅年度結轉扣除。該類費用在發生時按會計準則計入當期損益，不形成資產，但按照稅法規定可確定其計稅基礎，因此兩者之間的差異也形成暫時性差異。

【例 5-9】甲公司 2012 年發生了 1,000 萬元的廣告費支出，該廣告費支出作為銷售費用計入當期損益。稅法規定該類支出不超過當年銷售收入的 15% 的部分允許當期稅前扣除，超過部分允許以後年度扣除。甲公司當年實現的銷售收入為 5,000 萬元。

甲公司按稅法規定當年可允許稅前扣除金額 = 5,000 × 15% = 750（萬元）

當期未扣除的廣告費支出 = 1,000 - 750 = 250（萬元），允許以後年度結轉，因此，2012 年該項目的計稅基礎為 250 萬元。

該項資產的帳面價值 0 與計稅基礎 250 萬元之間的 250 萬元差額為暫時性差異。由於該差異在未來期間可減少企業的應納稅所得額，該差異為可抵扣暫時性差異。在符合條件時企業應確認相關的遞延所得稅資產。

5.4　遞延所得稅的確認和計量

遞延所得稅包括遞延所得稅資產和遞延所得稅負債，前者是根據可抵扣暫時性差異確認和計量的，后者則是根據應納稅暫時性差異確認和計量的。

5.4.1　遞延所得稅負債的確認和計量

1. 遞延所得稅負債的確認

除所得稅會計準則明確規定不應確認遞延所得稅負債的情況以外，企業應當確認所有應納稅暫時性差異產生的遞延所得稅負債，並增加利潤表中的所得稅費用。

遞延所得稅負債＝應納稅暫時性差異×所得稅稅率

【例5－10】甲公司於2006年12月底購入一臺機器設備，成本為525,000元，預計使用年限為6年，預計淨殘值為零。會計上按直線法計提折舊，因該設備符合稅法規定的稅收優惠條件，計稅時可採用年數總和法計提折舊。假定稅法規定的使用年限及淨殘值均與會計相同。甲公司在各會計期間均未對固定資產計提減值準備，除該項固定資產產生的會計與稅法之間的差異外，不存在其他會計與稅收的差異。

該公司每年因固定資產帳面價值與計稅基礎不同應予以確認的遞延所得稅情況如表5－2所示。

表5－2　　　　　　　　　遞延所得稅負債的確認過程

時　　間	2007年	2008年	2009年	2010年	2011年	2012年
實際成本（元）	525,000	525,000	525,000	525,000	525,000	525,000
累計會計折舊（元）	87,500	175,000	262,500	350,000	437,500	525,000
帳面價值（元）	437,500	350,000	262,500	175,000	87,500	0
累計計稅折舊（元）	150,000	275,000	375,000	450,000	500,000	525,000
計稅基礎（元）	375,000	250,000	150,000	75,000	25,000	0
暫時性差異（元）	62,500	100,000	112,500	100,000	62,500	0
適用稅率（％）	25	25	25	25	25	25
遞延所得稅負債餘額（元）	15,625	25,000	28,125	25,000	15,625	0

（1）2007年資產負債表日

帳面價值＝實際成本－會計折舊＝525,000－87,500＝437,500（元）

計稅基礎＝實際成本－稅前扣除折舊額＝525,000－150,000＝375,000（元）

帳面價值大於計稅基礎，因此產生的差異為應納稅暫時性差異。應納稅暫時性差異＝437,500－375,000＝62,500（元），相關遞延所得稅負債＝62,500×25％＝15,625（元）。其帳務處理如下：

借：所得稅費用　　　　　　　　　　　　　　　　　　　　　15,625
　　貸：遞延所得稅負債　　　　　　　　　　　　　　　　　　　　15,625

（2）2008年資產負債表日

帳面價值＝525,000－87,500－87,500＝350,000（元）

計稅基礎＝525,000－275,000＝250,000（元）

因為帳面價值比計稅基礎多出100,000元，兩者差異為應納稅暫時性差異，應確認與其相關的遞延所得稅負債25,000（100,000×25％）元，但遞延所得稅負債的期初餘額為15,625元，所以：

當期應進一步確認遞延所得稅負債＝25,000－15,625＝9,375（元）。其帳務處理如下：

借：所得稅費用　　　　　　　　　　　　　　　　　　　　　9,375

贷：递延所得税负债　　　　　　　　　　　　　　　　　　　　　9,375

（3）2009年资产负债表日

帐面价值 = 525,000 - 87,500 × 3 = 262,500（元）

计税基础 = 525,000 - 375,000 = 150,000（元）

因为帐面价值大于计税基础 112,500（262,500 - 150,000）元，两者差异为应纳税暂时性差异，应确认与其相关的递延所得税负债 28,125（112,500 × 25%）元。但递延所得税负债的期初余额为 25,000 元，则当期只需进一步确认递延所得税负债 3,125（28,125 - 25,000）元。其帐务处理如下：

借：所得税费用　　　　　　　　　　　　　　　　　　　　　　3,125
　　贷：递延所得税负债　　　　　　　　　　　　　　　　　　　　3,125

（4）2010年资产负债表日

帐面价值 = 525,000 - 350,000 = 175,000（元）

计税基础 = 525,000 - 450,000 = 75,000（元）

因为帐面价值比计税基础多出 100,000（175,000 - 75,000）元，两者差异为应纳税暂时性差异，并应确认与其相关的递延所得税负债 25,000（100,000 × 25%）元。但递延所得税负债的期初余额为 28,125 元，说明当期应转回原已确认的递延所得税负债 3,125（28,125 - 25,000）元。其帐务处理如下：

借：递延所得税负债　　　　　　　　　　　　　　　　　　　　　3,125
　　贷：所得税费用　　　　　　　　　　　　　　　　　　　　　　3,125

（5）2011年资产负债表日

帐面价值 = 525,000 - 437,500 = 87,500（元）

计税基础 = 525,000 - 500,000 = 25,000（元）

因为帐面价值比计税基础多出 62,500 元，两者差异为应纳税暂时性差异，并应确认与其相关的递延所得税负债 15,625（62,500 × 25%）元。但递延所得税负债的期初余额为 25,000 元，说明当期应转回递延所得税负债 9,375（25,000 - 15,625）元。其帐务处理如下：

借：递延所得税负债　　　　　　　　　　　　　　　　　　　　　9,375
　　贷：所得税费用　　　　　　　　　　　　　　　　　　　　　　9,375

（6）2012年资产负债表日

该固定资产的帐面价值及计税基础均为零，两者之间不存在暂时性差异，原已确认的与该项资产相关的递延所得税负债应予以全额转回。其帐务处理如下：

借：递延所得税负债　　　　　　　　　　　　　　　　　　　　　15,625
　　贷：所得税费用　　　　　　　　　　　　　　　　　　　　　　15,625

2. 不确认递延所得税负债的情况

在某些情况下，虽然资产或负债的帐面价值与其计税基础不同，产生了应纳税暂时性差异，但出于多方考虑，税法规定不确认相应的递延所得税负债。

（1）商誉的初始确认。非同一控制下的企业合并中，因企业合并成本大于合并中

取得的被購買方可辨認淨資產公允價值的份額，按照會計準則規定應確認為商譽，但按照稅法規定不允許確認商譽，即商譽的計稅基礎為零，兩者之間的差額形成應納稅暫時性差異。因確認該遞延所得稅負債會增加商譽的價值，準則規定對於該部分應納稅暫時性差異不確認其所產生的遞延所得稅負債。

(2) 除企業合併以外的交易中，如果交易發生時既不影響會計利潤也不影回應納稅所得額，則交易中產生的資產或負債的入帳價值與其計稅基礎之間的差額形成應納稅暫時性差異的，相應的遞延所得稅負債不予確認。

(3) 企業對與子公司、聯營企業、合營企業等的投資相關的應納稅暫時性差異，在投資企業能夠控制暫時性差異轉回的時間並且預計有關的暫時性差異在可預見的未來很可能不會轉回時，不確認相應的遞延所得稅負債。

(4) 對於採用權益法核算的長期股權投資，如果企業擬長期持有，則因初始投資成本的調整產生的暫時性差異預計未來期間不會轉回，不產生所得稅影響；持有過程中因投資損益產生的暫時性差異，在未來期間逐期分回現金股利或利潤時免稅，也不產生所得稅影響；因享有被投資單位其他權益變動而產生的暫時性差異，預計未來期間也不會轉回。因此，在準備長期持有的情況下，投資企業一般不確認相關所得稅影響。但是，對於採用權益法核算的長期股權投資，如果在投資企業改變持有意圖擬對外銷售的情況下，產生的有關暫時性差異均應確認相關的所得稅影響。

5.4.2 遞延所得稅資產的確認和計量

1. 遞延所得稅資產的確認

遞延所得稅資產產生於可抵扣暫時性差異，常見的可抵扣暫時性差異可以由計提減值準備、預計負債、彌補虧損等形成。形成可抵扣暫時性差異後，期末可抵扣暫時性差異餘額與稅率的乘積，就是遞延所得稅資產餘額；將年初、年末的遞延所得稅資產相減，就得到本期所得稅費用。

$$遞延所得稅資產 = 可抵扣暫時性差異 \times 所得稅稅率$$

需要注意的是，企業對於可抵扣暫時性差異可能產生的未來經濟利益，應該以很可能取得的應納稅所得額為限，確認相關的遞延所得稅資產，並減少所得稅費用。在可抵扣暫時性差異轉回的未來期間內，企業無法產生足夠的應納稅所得額，使得與可抵扣暫時性差異相關的經濟利益無法實現的，不應確認遞延所得稅資產。在估計未來期間可能取得的應納稅所得額時，除正常生產經營所得外，還應考慮將於未來期間轉回的應納稅暫時性差異導致的應稅金額等因素。

【例5-11】乙公司2009年12月購入一臺設備，原值為300萬元。會計上預計使用年限3年，預計淨殘值為零，按直線法計提折舊。假設按稅法規定該類資產採用的折舊方法與會計相同，預計淨殘值也為零。2010年12月31日，根據實際情況計提該固定資產減值準備40萬元。計提減值準備後，原預計使用年限和預計淨殘值不變。2012年年末處理了該設備。假設企業各期均可能產生足夠的應納稅所得額以利用可抵扣暫時性差異。

各年年末固定資產帳面價值和計稅基礎等如表5-3所示。

表 5-3　　　　　　　　　　遞延所得稅資產的確認過程　　　　　　　　單位：萬元

時　間	2009 年	2010 年	2011 年	2012 年
固定資產原值	300	300	300	0
累計會計折舊	0	100	180	0
減值準備	0	40	40	0
帳面價值	300	160	80	0
累計計稅折舊	0	100	200	0
計稅基礎	300	200	100	0
暫時性差異	0	40	20	0
遞延所得稅資產餘額	0	10	5	0

（1）2010 年年末，該資產帳面價值 = 300 - 100 - 40 = 160（萬元）

計稅基礎 = 300 - 100 = 200（萬元）

因計稅基礎比帳面價值多出 40 萬元，兩者差異會減少未來期間的應納稅所得額和應交所得稅，因此為可抵扣暫時性差異，並確認相關的遞延所得稅資產 10（40×25%）萬元。其帳務處理如下：

借：遞延所得稅資產　　　　　　　　　　　　　　　　　　　　100,000
　貸：所得稅費用　　　　　　　　　　　　　　　　　　　　　　　100,000

（2）2011 年年末，該資產帳面價值 = 300 - 100 - 160÷2 - 40 = 80（萬元）

計稅基礎 = 300 - 200 = 100（萬元）

因計稅基礎比帳面價值多出 20 萬元，兩者差異會減少未來期間的應納稅所得額和應交所得稅，因此為可抵扣暫時性差異，並確認相關的遞延所得稅資產 5（20×25%）萬元。但遞延所得稅資產的期初餘額為 10 萬元，說明當期應抵扣遞延所得稅資產 5（10-5）萬元。其帳務處理如下：

借：所得稅費用　　　　　　　　　　　　　　　　　　　　　　　50,000
　貸：遞延所得稅資產　　　　　　　　　　　　　　　　　　　　　50,000

（3）2012 年年末，該項固定資產的帳面價值及計稅基礎均為零，不存在暫時性差異，原已確認的相關的遞延所得稅資產應予以全部抵扣。其帳務處理如下：

借：所得稅費用　　　　　　　　　　　　　　　　　　　　　　　50,000
　貸：遞延所得稅資產　　　　　　　　　　　　　　　　　　　　　50,000

需要特別注意的是，下列交易或事項中產生的可抵扣暫時性差異，應根據交易或事項的不同情況確認相應的遞延所得稅資產。

（1）企業對於能夠結轉以後年度的未彌補虧損，應視同可抵扣暫時性差異，以很可能獲得用來抵扣該部分虧損的未來應納稅所得額為限，確認相關的遞延所得稅資產。

（2）對與子公司、聯營企業、合營企業的投資相關的可抵扣暫時性差異，同時滿足下列條件的，應確認相關的遞延所得稅資產：一是暫時性差異在可預見的未來很可

能轉回，二是未來很可能獲得用來抵扣可抵扣暫時性差異的應納稅暫時性差異。

對於與合營企業、聯營企業等投資相關的可抵扣暫時性差異，通常產生於這些聯營或合營企業發生虧損，投資企業按持股比例確認應予以承擔的部分而減少投資的帳面價值，但稅法規定以投資成本為計稅基礎，從而形成可抵扣暫時性差異，該差異在滿足上述兩個條件時確認相關的遞延所得稅資產。

（3）非同一控制下的企業合併中，按照會計規定確定的各項可辨認資產和負債的公允價值，與其計稅基礎之間形成可抵扣暫時性差異的，應確認相關的遞延所得稅資產，並調整合併中應予以確認的商譽。

（4）與直接計入所有者權益的交易或事項相關的可抵扣暫時性差異，相關的遞延所得稅資產也計入所有者權益。如因可供出售金融資產公允價值下降而應確認的遞延所得稅資產，也應計入資本公積。

2. 不確認遞延所得稅資產的情況

除企業合併以外的交易中，如果交易發生既不影響會計收益也不影回應稅收益，則交易中產生的資產或負債的初始確認金額與計稅基礎之間的差額形成可抵扣暫時性差異的，不確認相關的遞延所得稅資產。如融資租賃中承租人取得的資產，按照會計準則規定，應當將租賃開始日租賃資產公允價值與最低租賃付款現值中的較低值再加上相關的初始直接費用作為租入資產的初始確認金額，而稅法規定，融資租入固定資產應當按租賃協議的價款加上運輸費等的金額作為計稅基礎，兩者之間存在暫時性差異的，並不確認相關的遞延所得稅資產。

3. 其他特殊事項

（1）需要注意的是，遞延所得稅資產也是存在減值損失的可能的。因此，企業在確認了遞延所得稅資產以後，資產負債表日應當對遞延所得稅資產的帳面價值進行復核。如果未來期間很可能無法取得足夠的應納稅所得額用以利用可抵扣暫時性差異帶來的利益，應當減記遞延所得稅資產的帳面價值。減記的遞延所得稅資產，除原已確認時計入所有者權益的，其減記金額也要計入所有者權益外，其他情況均應增加所得稅費用。其帳務處理如下：

借：所得稅費用
　貸：遞延所得稅資產

在未來期間很可能獲得足夠的應納稅所得額時，減記的金額允許轉回。

（2）因稅收法規的變化，導致企業在某一會計期間適用的所得稅稅率發生變化的，企業應對已確認的遞延所得稅資產和遞延所得稅負債按照新的稅率進行重新計量，除直接在所有者權益中確認的交易或事項產生的遞延所得稅資產和遞延所得稅負債以外，應將其調整金額確認為變化當期的所得稅費用。

5.5　所得稅費用的確認和計量

企業在每個資產負債表日，應當確定資產和負債的帳面價值和計稅基礎。兩者之

間存在差異的,在一定條件下,應當根據差異的屬性來確認相關的遞延所得稅資產或遞延所得稅負債,除特殊情況外,進而將其影響數計入變化當期的所得稅費用。整個過程是資產負債表債務法進行核算的過程。所得稅會計的主要目的之一是確定當期應交所得稅以及利潤表中的所得稅費用,而在利潤表中,所得稅費用包括當期所得稅和遞延所得稅兩個部分。

5.5.1 當期所得稅

當期所得稅是指企業按照稅法規定計算確定的針對當期發生的交易和事項,應繳納給稅務部門的所得稅金額,即當期應交所得稅。

$$當期應交所得稅額 = 應納稅所得額 \times 所得稅稅率$$

$$應納稅所得額 = \frac{會計}{利潤} + \frac{按照會計準則規定計入利潤表}{但計稅時不允許稅前扣除的費用}$$

$$\pm \frac{計入利潤表的費用與按照稅法規定}{可予以稅前抵扣的金額之間的差額}$$

$$\pm \frac{計入利潤表的收入與按照稅法規定應}{計入應納稅所得額的收入之間的差額}$$

$$- \frac{稅法規定的}{不徵稅收入} \pm \frac{其他需要}{調整的因素}$$

5.5.2 遞延所得稅

遞延所得稅是指按照稅法規定當期應予以確認的遞延所得稅資產和遞延所得稅負債金額,不包括計入所有者權益的交易或事項的所得稅影響。

$$遞延所得稅 = 遞延所得稅負債的期末余額 - 遞延所得稅負債的期初余額$$
$$- (遞延所得稅資產的期末余額 - 遞延所得稅資產的期初余額)$$

需要說明的是,除計入所有者權益的交易或事項的所得稅影響不計入所得稅費用外,企業合併中取得的資產或負債,如果其帳面價值與計稅基礎不同,應確認相關遞延所得稅的,該遞延所得稅的確認影響合併中產生的商譽或是計入當期損益的金額,但不影響所得稅費用。

企業不應當對遞延所得稅資產和遞延所得稅負債進行折現。

5.5.3 所得稅費用

利潤表中應予以確認的所得稅費用,即為當期應納所得稅與遞延所得稅之和,即:

$$所得稅費用 = 當期所得稅 + 遞延所得稅$$

1. 帳戶設置

在資產負債表債務法下,企業需要設置「所得稅費用」「應交稅費——應交所得稅」「遞延所得稅資產」「遞延所得稅負債」等帳戶。

「所得稅費用」帳戶反應本期計入利潤表的所得稅費用。該帳戶借方反應本期確認

的所得稅費用，貸方反應期末轉入本年利潤的所得稅費用，結轉后該帳戶期末無餘額。本科目可按「當期所得稅費用」「遞延所得稅費用」進行明細核算。

「應交稅費——應交所得稅」帳戶反應按照稅法規定及時的本期應交所得稅。該帳戶貸方反應本期應繳納的所得稅，借方反應本期繳納的所得稅。期末余額在貸方，余額則為應交未交的所得稅；期末余額在借方，則為多交的所得稅。

「遞延所得稅資產」帳戶屬於資產類帳戶，借方登記遞延所得稅資產的增加額，貸方登記遞延所得稅資產的減少額，期末借方余額表示將來可以少交的所得稅金額。

「遞延所得稅負債」帳戶屬於負債類帳戶，貸方登記遞延所得稅負債的增加額，貸方登記遞延所得稅負債的減少額，期末貸方余額表示將來應多交的所得稅金額。

2. 應用舉例

【例5-12】甲公司2012年有關所得稅資料如下：

(1) 甲公司所得稅採用資產負債表債務法核算，所得稅稅率為25%。2012年年初遞延所得稅資產為37.5萬元，其中存貨項目余額為22.5萬元，未彌補虧損項目餘額為15萬元。

(2) 本年實現利潤總額為400萬元，其中取得國債利息收入30萬元，向關聯企業捐贈現金200萬元（稅法規定不允許稅前扣除），因發生違法經營被罰款10萬元，工資及相關附加超過計稅標準60萬元；上述收入或支出已全部用現金結算完畢。

(3) 年末計提固定資產減值準備60萬元（期初減值準備為零），轉回存貨跌價準備70萬元，使存貨可抵扣暫時性差異由年初余額90萬元減少到年末20萬元。

(4) 年末計提產品保修費用40萬元，計入銷售費用，預計負債餘額為40萬元。稅法規定，產品保修費用只能在實際發生時可予以稅前抵扣。

(5) 2011年年末止尚有60萬元虧損沒有彌補，其遞延所得稅資產余額為15萬元。

假設除上述事項外，沒有發生其他納稅調整事項。

本例屬於可抵扣暫時性差異的有：固定資產減值準備、存貨跌價準備、預計負債、尚未彌補虧損。

2012年應納稅所得額
= 利潤總額（400萬元）- 國債利息收入（30萬元）+ 關聯企業捐贈（200萬元）
+ 違法經營罰款（10萬元）+ 工資超標（60萬元）+ 計提固定資產減值（60萬元）
- 轉回存貨跌價準備（70萬元）+ 計提保修費（40萬元）- 彌補虧損（60萬元）
= 610（萬元）

2012年應交所得稅 = 應納稅所得額 × 所得稅稅率
= 610 × 25%
= 152.5（萬元）

2012年年末遞延所得稅資產和遞延所得稅負債餘額：

遞延所得稅資產 = 可抵扣暫時性差異 × 所得稅稅率
= (60 + 20 + 40) × 25%
= 30（萬元）

該年度沒有產生遞延所得稅負債,因此:

2012年遞延所得稅=遞延所得稅負債期末余額－遞延所得稅負債期初余額－(遞延所得稅資產期末余額－遞延所得稅資產期初余額) ＝0－(30－37.5)＝7.5(萬元)

所以:

2012年的所得稅費用＝應交所得稅＋遞延所得稅
$$=152.5＋7.5＝160(萬元)$$

其帳務處理如下:

借:所得稅費用　　　　　　　　　　　　　　　　　　　　　1,600,000
　貸:應交稅費——應交所得稅　　　　　　　　　　　　　　　1,525,000
　　　遞延所得稅資產　　　　　　　　　　　　　　　　　　　　75,000

【例5-13】乙公司所得稅採用資產負債表債務法核算。2012年12月31日資產負債表中部分項目如表5-4所示,並假定年初遞延所得稅余額為零。

表5-4　　　　　　　　　乙公司資產負債表中部分情況　　　　　　　　單位:萬元

項目	帳面價值	計稅基礎	應納稅暫時性差異	可抵扣暫時性差異
交易性金融資產	300	240	60	
存貨	100	150		50
固定資產	500	450	50	
預計負債	100	0		100
合計			110	150

假定乙公司適用所得稅稅率為25%,2012年按照稅法規定確定的應納稅所得額為1,500萬元。預計該企業會持續盈利,能夠獲得足夠的應納稅所得額。企業帳務處理如下:

應確認遞延所得稅負債＝110×25%＝27.5(萬元)

應確認遞延所得稅資產＝150×25%＝37.5(萬元)

由於當期年初余額為零,則遞延所得稅＝(27.5－0)－(37.5－0)＝－10(萬元)。

應交所得稅＝1,500×25%＝375(萬元)

所得稅費用＝375－10＝365(萬元)

其會計分錄如下:

借:所得稅費用　　　　　　　　　　　　　　　　　　　　　3,650,000
　　遞延所得稅資產　　　　　　　　　　　　　　　　　　　　375,000
　貸:應交稅費——應交所得稅　　　　　　　　　　　　　　　3,750,000
　　　遞延所得稅負債　　　　　　　　　　　　　　　　　　　275,000

5.5.4　所得稅的列報與信息披露

所得稅費用應當在利潤表中單獨列示,並應在附註中披露與所得稅相關的信息,

如所得稅費用的主要組成部分、所得稅費用與會計利潤關係的說明、未確認遞延所得稅資產的可抵扣暫時性差異和可抵扣虧損等。遞延所得稅資產與遞延所得稅負債應當分別作為非流動資產和非流動負債在資產負債表中列示。

思考題

1. 什麼是所得稅會計？中國《企業會計準則》規範企業採用的所得稅會計處理方法是什麼？它的理論基礎是什麼？
2. 什麼是資產負債表債務法，其核算程序如何？
3. 什麼是資產的計稅基礎？什麼是負債的計稅基礎？
4. 什麼是暫時性差異？如何區分應納稅暫時性差異和可抵扣暫時性差異？
5. 如何確認遞延所得稅資產和遞延所得稅負債？
6. 什麼是所得稅費用？如何核算所得稅費用？

第 6 章 會計政策、會計估計變更和差錯更正核算

6.1 會計政策及其變更的會計處理

6.1.1 會計政策的內涵

1. 會計政策的含義

會計政策是指企業在會計確認、計量、記錄和報告中所採用的原則、基礎和會計處理方法。

(1) 會計原則包括一般原則和特定原則。會計政策所指的會計原則是指某一類會計業務的核算所應當遵循的特定原則，而不是籠統地指所有的會計原則。比如在基本準則中規範的客觀性、及時性和實質重於形式等屬於會計信息的質量要求，是為了滿足會計信息質量要求而制定的原則，是統一的、不可選擇的，不屬於會計政策中的特定會計原則；而借款費用是費用化還是資本化則屬於特定的會計原則。中國會計準則規定，企業發生的借款費用，可直接歸屬於符合資本化條件的資產的購建或者生產的，應當予以資本化，計入相關資產成本；其他借款費用，應當在發生時根據其發生額確認為費用，計入當期損益。

(2) 會計基礎是指會計確認基礎和計量基礎。從會計實務的角度看，可供選擇的會計確認基礎有權責發生制和收付實現制。而中國會計準則規定企業應當採用權責發生製作為會計確認、計量、記錄和報告的基礎。會計計量基礎主要包括歷史成本、重置成本、可變現淨值、現值和公允價值等。

(3) 會計處理方法是指企業在會計核算中按照會計準則等會計法規規範採用或者選擇適合於本企業的具體會計處理方法。例如《企業會計準則第 4 號——固定資產》允許企業在年限平均法、工作量法、雙倍余額遞減法和年數總和法之間進行固定資產折舊方法的選擇，這些方法就是具體的會計處理方法。

2. 會計政策的特點

(1) 選擇性。企業應當在國家統一的會計法規規定的會計政策範圍內選擇適用的會計政策。由於企業經濟業務的複雜性和多樣化，某些經濟業務在符合會計原則和基礎的要求下，有多種可供選擇的會計處理方法。例如，發出存貨的計價，可以在先進先出法、加權平均法、個別計價法等中進行選擇。

企業選擇會計政策需經股東大會或董事會、經理（廠長）會議或類似機構批准，

並按照法律、行政法規等的規定報送有關各方備案。

（2）強制性。中國的會計準則和會計規章制度屬於行政法規，會計政策所包含的具體會計原則、計量基礎和具體會計處理方法由會計準則或會計規章制度所規定，具有一定的強制性。企業在發生某項經濟業務時，必須從允許的會計原則、基礎和會計處理方法中選擇出適合本企業特點的會計政策。

（3）層次性。會計政策包括會計原則、基礎和會計處理方法三個層次。其中，會計原則是指導企業會計核算的具體原則；會計基礎是為將會計原則體現在會計核算而採用的基礎；會計處理方法是按照會計原則和基礎的要求，由企業在會計核算中採用或者選擇的、適合於本企業的具體會計處理方法。會計原則、基礎和會計處理方法三者之間是一個具有邏輯性、密不可分的整體。通過這個整體，會計政策才能得以應用和落實。

（4）一致性。企業會計政策應當保持前後各期的一致性。會計信息使用者需要比較一個以上會計期間的會計信息以判斷企業財務狀況、經營成果和現金流量的趨勢。

（5）重要性。企業應當披露重要的會計政策，不具有重要性的會計政策可以不予披露。判斷會計政策是否重要的依據是考慮與會計政策相關項目的性質和金額。

3. 企業重要的會計政策舉例

（1）財務報表的編製基礎、計量基礎和會計政策的確定依據。

（2）發出存貨的計價方法可選擇先進先出法、加權平均法和個別計價法。

（3）長期股權投資的后續計量方法可選擇成本法或權益法。

（4）投資性房地產的后續計量模式可在成本模式和公允價值模式中選擇。

（5）固定資產的初始計量在歷史成本和現值計量屬性中選擇。

（6）企業內部研究開發項目開發階段的支出可在資本化和費用化中選擇。

（7）非貨幣性資產交換的計量政策的選擇。非貨幣性資產交換是以換出資產的公允價值作為確定換入資產成本的基礎，還是以換出資產的帳面價值作為確定換入資產成本的基礎。

（8）收入的確認，是指收入確認的原則。例如，建造合同是按完成合同法確認收入，還是按完工百分比法或其他方法確認收入。

（9）壞帳損失的核算方法可在應收帳款百分比法、帳齡分析法中選擇。

（10）借款費用的處理，是指借款費用的會計處理方法，即是採用資本化，還是採用費用化。

（11）合併政策，是指編製合併財務報表所採納的原則。例如母公司與子公司的會計年度不一致的處理原則、合併範圍的確定原則等。

（12）外幣折算的選擇。例如，外幣報表折算是採用現行匯率法，還是採用時態法或其他方法；發生的外幣業務匯兌損益是費用化還是資本化。

6.1.2 會計政策變更的條件

1. 會計政策變更的含義

會計政策變更是指企業對相同的交易或者事項由原來採用的會計政策改用另一會

計政策的行為。

在一般情況下，企業採用的會計政策，在每一會計期間和前後各期應當保持一致，不得隨意變更；否則，勢必削弱會計信息的可比性，降低會計信息的質量。

2. 企業變更會計政策的條件

滿足下述兩種情況之一，企業可以變更會計政策：

（1）法律、行政法規或者國家統一的會計制度等要求變更。這種情況是指按照國家統一的會計法規的要求，企業應當採用新的會計政策，則企業將採用新的會計政策取代原會計政策。例如，按《企業會計準則第8號——資產減值》的規定，企業執行《企業會計準則》後，對固定資產、無形資產等計提的減值準備就不允許轉回。

（2）會計政策變更能夠提供更可靠、更相關的會計信息。由於經濟環境、客觀情況的改變，企業原採用的會計政策所提供的會計信息，已不能恰當地反應企業的財務狀況、經營成果和現金流量等情況。在這種情況下，企業應改變原有會計政策，按變更后新的會計政策進行會計處理，以便對外提供更可靠、更相關的會計信息。這種變更屬於企業自身因素造成的，對企業而言是可控的會計政策變更。

3. 不屬於企業會計政策變更的情況

會計政策變更的認定，直接影響會計處理方法的選擇。因此，在會計實務中，企業應嚴格區分看似屬於會計政策變更但並不屬於會計政策變更的情形。

（1）本期發生的交易或者事項與以前相比具有本質差別而採用新的會計政策。會計政策總是針對特定類型的交易或事項，如果發生的交易或事項與其他交易或事項有本質區別，那麼企業實際上是為新的交易或事項選擇適當的會計政策，並沒有涉及會計政策的變更。例如，企業以往租入的設備均為臨時需要而租入的，因此按經營租賃會計處理方法核算，但自本年度起租入的設備均採用融資租賃方式，則該企業自本年度起對新租賃的設備採用融資租賃會計處理方法核算。由於該企業原租入的設備均為經營性租賃，本年度起租賃的設備均改為融資租賃，經營租賃和融資租賃有著本質差別，因而改變會計政策不屬於會計政策變更。

（2）對初次發生的或不重要的交易或者事項採用新的會計政策。初次發生某類交易或事項，採用適當的會計政策，並沒有改變原有的會計政策。例如，企業以前沒有對外投資業務，當年對外投資則屬於初次發生的交易，企業採用權益法進行核算，並不是會計政策變更。對不重要的交易或事項採用新的會計政策，不按會計政策變更做出會計處理，並不影響會計信息的可比性和會計信息質量，所以，不作為會計政策變更。例如，企業原有生產經營過程中使用少量的低值易耗品，並且價值較低，故企業於領用低值易耗品時一次計入費用；但該企業於近期轉產，生產新產品，所需低值易耗品比較多，且價值較大，企業對領用的低值易耗品處理方法由一次計入費用改為分攤計入費用。該企業改變低值易耗品處理方法后對損益的影響並不大，並且低值易耗品通常在企業生產經營費用中所占的比例並不大，屬於不重要的事項，由此改變會計政策不屬於會計政策變更。

6.1.3　會計政策變更的會計處理

1. 會計政策變更會計處理方法的選擇

(1) 國家統一會計法規要求企業變更會計政策情況下的會計處理方法：

①國家發布了相關會計處理辦法，則按照國家發布的相關會計處理規定進行處理。

②國家沒有發布相關的會計處理辦法，則採用追溯調整法進行會計處理。

(2) 在會計政策變更能夠提供更可靠、更相關的會計信息的情況下，企業應當採用追溯調整法進行會計處理，將會計政策變更累積影響數調整列報前期最早期初留存收益，其他相關項目的期初餘額和列報前期披露的其他比較數據也應當一併調整。

(3) 確定會計政策變更對列報前期影響數不切實可行的，應當從可追溯調整的最早期間期初開始應用變更後的會計政策。

(4) 在當期期初確定會計政策變更對以前各期累積影響數不切實可行的，應當採用未來適用法處理。例如，企業因帳簿、憑證超過法定保存期限而銷毀，或因不可抗力而毀壞、遺失，如火災、水災等，或因人為因素，如盜竊、故意毀壞等，可能使當期期初確定會計政策變更對以前各期累積影響數無法計算，即不切實可行。在這種情況下，會計政策變更應當採用未來適用法進行處理。

2. 追溯調整法

追溯調整法是指對某項交易或事項變更會計政策，視同該項交易或事項初次發生時即採用變更後的會計政策，並以此對財務報表相關項目進行調整的方法。

會計政策變更採用追溯調整法的，應當將會計政策變更的累積影響數調整期初留存收益。留存收益包括當年和以前年度的未分配利潤和按照相關法律規定提取並累積的盈余公積。調整期初留存收益是指對期初未分配利潤和盈余公積兩個項目的調整。

追溯調整法的運用通常由以下四步構成：

第一步，計算會計政策變更的累積影響數。

會計政策變更累積影響數是指按照變更後的會計政策對以前各期追溯計算的列報前期最早期初留存收益應有金額與現有金額之間的差額。會計政策變更累積影響數是假設與會計政策變更相關的交易或事項在初次發生時即採用了新的會計政策，而得出的列報前期最早期初留存收益應有的金額與現有的金額之間的差額。這裡的留存收益，包括當年和以前年度未分配利潤和按規定提取的盈余公積，不包括分配的利潤或股利。

變更會計政策當期期初留存收益金額，即上期資產負債表所反應的留存收益期末數，可以從上期資產負債表項目中獲得；追溯調整后的留存收益金額，指扣除所得稅后的淨額，即按新會計政策及時確定留存收益時，應當考慮由於損益變化所導致的補繳所得稅或減徵所得稅的情況。

會計政策變更的累積影響數通過以下各步計算獲得：

(1) 根據新會計政策重新計算受影響的前期交易或事項。

(2) 計算兩種會計政策下的差異。

(3) 計算差異的所得稅影響金額。

(4) 確定前期中每一期的稅后差異。

(5) 計算會計政策變更的累積影響數。

第二步，編製相關項目的調整分錄。

第三步，調整列報前期最早期初財務報表相關項目及其金額。

企業在採用追溯調整法時，對於比較財務報表期間的會計政策變更，應調整各期間淨損益各項目和財務報表其他相關項目，視同該政策在比較財務報表期間上一直採用。對於比較財務報表可比期間以前的會計政策變更的累積影響數，應調整比較財務報表最早期間的期初留存收益，財務報表其他相關項目的數字也應一併調整。因此，追溯調整法，是將會計政策變更的累積影響數調整列報前期最早期初留存收益，而不計入當期損益。

第四步，報表附註說明。

【例6－1】大華公司公司2010年12月25日用銀行存款2,000萬元購買了一棟寫字樓用於出租。大華公司與N公司簽訂了租賃合同，從2011年1月1日起，租賃期3年，每年租金100萬元，年初一次性收取。大華公司將該寫字樓確認為投資性房地產，採用成本模式計量，改寫字樓使用年限為40年，預計淨殘值為0，採用年限平均法計提折舊。

2013年1月1日，大華公司對該房地產由成本模式改為公允價值模式計量。鑒於該房地產資料齊全，公司將採用追溯調整法進行處理。已知該房地產2011年年末、2012年年末的公允價值分別為2,100萬元和2,180萬元。

假設稅法規定該房地產按成本模式計量發生的損益繳納所得稅，所得稅稅率為25%，所得稅採用資產負債表債務法核算。A公司按10%提取法定盈餘公積。

大華公司對該房地產2010年至2012年採用成本模式進行的相關帳務處理如下：

2010年年末購入寫字樓：

借：投資性房地產　　　　　　　　　　　　　　　　20,000,000
　　貸：銀行存款　　　　　　　　　　　　　　　　　　　　20,000,000

2011年年初收到租金：

借：銀行存款　　　　　　　　　　　　　　　　　　1,000,000
　　貸：預收帳款　　　　　　　　　　　　　　　　　　　　1,000,000

2011年年末確認收入與成本：

借：預收帳款　　　　　　　　　　　　　　　　　　1,000,000
　　貸：其他業務收入　　　　　　　　　　　　　　　　　　1,000,000

2011年計提折舊額＝(20,000,000－0)÷40＝500,000（萬元）

借：其他業務成本　　　　　　　　　　　　　　　　500,000
　　貸：投資性房地產累計折舊　　　　　　　　　　　　　　500,000

2012年該投資性房地產相關業務的帳務處理與2011年相同。

2013年會計政策變更后採用追溯調整法進行會計處理。

第一步，計算會計政策變更的累積影響數。

(1) 根據新會計政策重新計算受影響的前期交易或事項。

① 2011 年帳務處理

2011 年年初收到租金：

借：銀行存款　　　　　　　　　　　　　　　　　　1,000,000
　　貸：預收帳款　　　　　　　　　　　　　　　　　　1,000,000

2011 年年末確認收入和公允價值變動損益：

借：預收帳款　　　　　　　　　　　　　　　　　　1,000,000
　　貸：其他業務收入　　　　　　　　　　　　　　　　1,000,000

借：投資性房地產——公允價值變動損益　　　　　　1,000,000
　　貸：公允價值變動損益　　　　　　　　　　　　　　1,000,000

② 2012 年帳務處理

2012 年年初收到租金：

借：銀行存款　　　　　　　　　　　　　　　　　　1,000,000
　　貸：預收帳款　　　　　　　　　　　　　　　　　　1,000,000

2012 年年末確認收入和公允價值變動損益：

借：預收帳款　　　　　　　　　　　　　　　　　　1,000,000
　　貸：其他業務收入　　　　　　　　　　　　　　　　1,000,000

借：投資性房地產——公允價值變動損益　　　　　　　800,000
　　貸：公允價值變動損益　　　　　　　　　　　　　　　800,000

(2) 計算兩種會計政策下的差異、差異的所得稅影響金額、前期中每一期的稅后差異以及會計政策變更的累積影響數如表 6-1 所示。

表 6-1　　　　　　　　　會計政策變更的累積影響數計算表　　　　　　　　單位：元

時間＼項目	按成本模式計算的損益	按公允價值模式計算的損益	稅前差異	對所得稅費用的影響	稅後差異
2011 年	500,000	2,000,000	1,500,000	375,000	1,125,000
2012 年	500,000	1,800,000	1,300,000	325,000	975,000
合計	1,000,000	3,800,000	2,800,000	700,000	2,100,000

第二步，編製相關項目的調整分錄。

(1) 2012 年年初有關項目的調整分錄：

借：投資性房地產　　　　　　　　　　　　　　　　1,000,000
　　投資性房地產累計折舊　　　　　　　　　　　　　500,000
　　貸：利潤分配——未分配利潤　　　　　　　　　　1,125,000
　　　　遞延所得稅負債　　　　　　　　　　　　　　　375,000

借：利潤分配——未分配利潤（1,125,000×10%）　　112,500
　　貸：盈余公積——法定盈余公積　　　　　　　　　　112,500

所得稅費用影響計算過程：

2011 年年末投資性房地產帳面價值（公允價值）為 21,000,000 元，計稅價格為

19,500,000（20,000,000 - 500,000）元，其暫時性差異為 1,500,000 元，應當確認遞延所得稅負債 375,000 元，及增加所得稅費用 375,000 元。

（2）2013 年年初有關項目的調整分錄：

借：投資性房地產——公允價值變動　　　　　　　　　　　1,000,000
　　投資性房地產累計折舊　　　　　　　　　　　　　　　 500,000
　　貸：利潤分配——未分配利潤　　　　　　　　　　　　　　1,125,000
　　　　遞延所得稅負債　　　　　　　　　　　　　　　　　　 375,000
借：利潤分配——未分配利潤（975,000×10%）　　　　　　　97,500
　　貸：盈余公積——法定盈余公積　　　　　　　　　　　　　　97,500

所得稅費用影響計算過程：

2012 年年末投資性房地產帳面價值（公允價值）為 21,800,000 元，計稅價格為 19,00,000（20,000,000 - 500,000 - 500,000）元，其暫時性差異為 2,800,000 元，應當確認遞延所得稅負債 700,000 元，因年初有遞延所得稅負債 375,000 元，故年末應當增加遞延所得稅負債 325,000 元，即增加所得稅費用 325,000 元。

第三步，對 2013 年年報中涉及會計政策變更的數據進行調整，並填入下列利潤表（表 6 - 2）、資產負債表（表 6 - 3）和所有者權益變動表（表 6 - 4）。

（1）利潤表項目的調整

調整 2013 年度利潤表的上年（2012 年）數：調減營業成本（累計折舊）金額 500,000 元，調增公允價值變動收益 1,800,000 元，從而調增利潤總額 1,300,000 元；調增所得稅費用 325,000 元；調增淨利潤 975,000 元。其調整內容如表 6 - 2 所示。

表 6 - 2　　　　　　　　　　利潤表（部分項目）　　　　　　　　　會企 02 表
編製單位：大華公司　　　　　　　　2013 年度　　　　　　　　　　　單位：元

項目	上年數		
	調整前	調整數	調整后
一、營業收入	（略）		（略）
減：營業成本		- 500,000	
……			
加：公允價值變動收益		800,000	
……			
二、營業利潤		1,300,000	
……			
三、利潤總額		1,300,000	
減：所得稅費用		325,000	
四、淨利潤		975,000	

(2) 資產負債表項目的調整

調整 2013 年的資產負債表年初數。

調增投資性房地產 2,800,000 元及資產總計增加 2,800,000 元；調增遞延所得稅負債 700,000 元；調增盈餘公積 210,000 元；調增未分配利潤 1,890,000 元，調增負債和所有者權益總計 2,800,000 元。其調整內容如表 6-3 所示。

表 6-3 　　　　　　　　　　資產負債表（部分項目）　　　　　　　　　會企 02 表

編製單位：大華公司　　　　　　　　　2013 年 12 月 31 日　　　　　　　　　　　單位：元

資產	年初數			負債和所有者權益	年初數		
	調整前	調整數	調整後		調整前	調整數	調整後
……				……			
投資性房地產		2,800,000		遞延所得稅負債		700,000	
……				盈餘公積		210,000	
……				未分配利潤		1,890,000	
資產總計		2,800,000		負債和所有者權益總計		2,800,000	

(3) 所有者權益變動表的調整

調整 2013 年度所有者權益變動表的上年金額：調整本年年初餘額，調增會計政策變更項目下盈餘公積上年金額 112,500 元，調增未分配利潤上年金額 1,012,500 元；調整本年增減變動金額，其中調增淨利潤 975,000 元，調增利潤分配中提取盈餘公積 97,500 元，調減未分配利潤 97,500 元；調整本年年末餘額，其中調增盈餘公積 210,000 元，調增未分配利潤 1,890,000 元。

調整 2013 年度所有者權益變動表的本年金額：調整本年年初餘額，調增會計政策變更項目下盈餘公積 210,000 元，調增未分配利潤 1,890,000 元。調整本年年末餘額，其中調增盈餘公積 210,000 元，調增未分配利潤 1,890,000 元。所有者權益變動表項目調整內容如表 6-4 所示。

表 6-4 　　　　　　　　　　　　所有者權益變動表（局部）

　　　　　　　　　　　　　　　　　　　　　　　　　　　　　　　　　　　會企 04 表

編製單位：大華公司　　　　　　　　　　2013 年　　　　　　　　　　　　　　單位：元

項目	本年金額						上年金額					
	盈餘公積			未分配利潤			盈餘公積			未分配利潤		
	調整前	調增(減)	調整後	調整前	調增(減)	調整後	調整前	調增(減)	調整後	調整前	調增(減)	調整後
一、上年年末餘額	……	……	……	……	……	……	……	……	……	……	……	……
加：會計政策變更	……	97,500	……	……	827,500	……	……	112,500	……	……	1,012,500	……
前期差錯更正		—			—			—			—	
二、本年年初餘額	……	210,000	……	……	1,890,000	……	……	112,500	……	……	1,012,500	……
三、本年增減變動金額（減少以「-」號填列）	……		……	……		……	……	97,500	……	……	877,500	……
（一）淨利潤	……		……	……		……	……		……	……	975,000	……
（四）利潤分配	……		……	……		……	……	97,500	……	……	-97,500	……

表6-4(續)

項目	本年金額						上年金額					
	盈余公積			未分配利潤			盈余公積			未分配利潤		
	調整前	調增(減)	調整後	調整前	調增(減)	調整後	調整前	調增(減)	調整後	調整前	調增(減)	調整後
1. 提取盈余公積	……	……	……	……	……	……	……	97,500	……	……	−97,500	……
……												
四、本年年末余額	……	210,000	……	……	1,890,000	……	……	210,000	……	……	1,890,000	……

3. 未來適用法

未來適用法，是指將變更后的會計政策應用於變更日及以后發生的交易或者事項，或者在會計估計變更當期和未來期間確認會計估計變更影響數的方法。

在未來適用法下，不需要計算會計政策變更產生的累積影響數，也無須重編以前年度的財務報表。企業會計帳簿記錄及財務報表上反應的金額，變更之日仍保留原有的金額，不因會計政策變更而改變以前年度的既定結果，並在現有金額的基礎上再按新的會計政策進行核算。

例如大華公司原對發出原材料採用先進先出法，由於市場價格變化較大，公司從2013年1月1日起改用加權平均法。公司由於市場環境變化而改變會計政策，假定對其採用未來適用法進行處理，即對原材料採用加權平均法從2013年及以后才適用，不需要按加權平均法計算2013年1月1日以前原材料發出的成本與余額，及對留存收益的影響金額；只需在2012年年末余額的基礎上，2013年直接採用加權平均法核算當年的原材料即可。

6.1.4 會計政策變更的披露

企業應當在附註中披露與會計政策變更有關的下列信息：
(1) 會計政策變更的性質、內容和原因。
(2) 當期和各個列報前期財務報表中受影響的項目名稱和調整金額。
(3) 無法進行追溯調整的，說明該事實和原因以及開始應用變更后的會計政策的時點、具體應用情況。

但是，在以后期間的財務報表中，不需要重複披露在以前期間的附註中已披露的會計政策變更的信息。

6.2 會計估計及其變更的會計處理

6.2.1 會計估計的含義及特點

1. 會計估計的含義

會計估計是指企業對結果不確定的交易或者事項以最近可利用的信息為基礎所作的判斷。由於企業經營活動過程中內在的不確定因素影響，財務報表中的一些項目不

能精確地計量，而只能加以估計判斷。比如企業常常會對以下一些項目進行估計：

（1）壞帳；

（2）存貨遭受毀損，全部或部分陳舊過時；

（3）固定資產的使用年限與淨殘值；

（4）無形資產的受益期；

（5）擔保債務；

（6）收入確認中的估計；

（7）或有事項中的估計等。

2. 會計估計的特點

（1）會計估計的存在是由於經濟活動中內在的不確定性因素的影響。例如，估計固定資產的折舊年限和淨殘值，就需要根據固定資產消耗方式、性能、科技發展等情況進行估計。

（2）進行會計估計時，企業往往以最近可利用的信息或資料為基礎。企業在會計核算中，由於經營活動中內在的不確定性，不得不經常進行估計。一些估計的主要目的是確定資產或負債的帳面價值，例如，壞帳準備、擔保責任引起的負債；另一些估計的主要目的是確定將在某一期間記錄的收益或費用的金額，例如，某一會計期間的折舊、攤銷的金額。企業在進行會計估計時，通常應根據當時的情況和經驗，以一定的信息或資料為基礎。但是，隨著時間的推移、環境的變化，進行會計估計的基礎可能會發生變化，因此，進行會計估計所依據的信息或者資料不得不經常發生變化。由於最新的信息是最接近目標的信息，企業以其為基礎所作的估計最接近實際。所以進行會計估計時，企業應以最近可利用的信息或資料為基礎。

（3）進行會計估計並不會削弱會計確認和計量的可靠性。企業為了定期、及時地提供有用的會計信息，將延續不斷的經營活動人為劃分為一定的會計期間，並在權責發生制的基礎上對企業的財務狀況和經營成果進行定期確認和計量。例如，在會計分期的情況下，許多企業的交易跨越若干會計年度，以至於需要在一定程度上做出決定：某一年度發生的開支，哪些可以合理地預期能夠產生其他年度以收益形式表示的利益，從而全部或部分向后遞延；哪些可以合理地預期在當期能夠得到補償，從而確認為費用。也就是說，需要決定在結算日，哪些開支可以在資產負債表中處理，哪些開支可以在損益表中作為當年費用處理。因此，由於會計分期和貨幣計量的前提，在確認和計量過程中，不得不對許多尚在延續中、其結果尚未確定的交易或事項予以估計入帳。

6.2.2　會計估計變更及會計處理

1. 會計估計變更含義及原因

會計估計變更是指由於資產和負債的當前狀況及預期經濟利益和義務發生了變化，從而對資產或負債的帳面價值或者資產的定期消耗金額進行調整。

通常情況下，企業可能由於以下原因而發生會計估計變更：

（1）企業賴以進行估計的基礎發生了變化。企業進行會計估計，總是依賴於一定的基礎。如果其所依賴的基礎發生了變化，則會計估計也應相應發生變化。例如，某

企業的一項無形資產（專利權）攤銷年限原定為10年，2年后由於科技進步使得該專利技術產生收益的基礎（比如該專利技術生產的產品出現滯銷等）發生了變化，應當重新估計該資產的受益年限，並相應調減攤銷年限。

(2) 企業取得了新的信息，累積了更多的經驗。企業進行會計估計是就現有資料對未來所作的判斷，隨著時間的推移，企業有可能取得新的信息，累積更多的經驗。在這種情況下，企業可能不得不對會計估計進行修訂，即發生會計估計變更。例如，某企業根據新掌握的信息，對某項原來按照15年計提折舊的固定資產，改按10年計提折舊。

2. 會計估計變更的會計處理方法

企業對會計估計變更應當採用未來適用法進行會計處理。

會計估計變更僅影響變更當期的，其影響數應當在變更當期予以確認；既影響變更當期又影響未來期間的，其影響數應當在變更當期和未來期間予以確認。

(1) 會計估計變更僅影響變更當期的，其影響數應當在變更當期予以確認

【例6-2】大華公司2011年年末應收帳款餘額是60,000,000元，壞帳計提比例5%；由於歐洲債務危機的影響，2012年年末應收帳款餘額為120,000,000元，估計不能收回應收帳款的比例已達8%，則企業改按應收帳款餘額的8%提取壞帳準備。

壞帳計提比例的變更屬於會計估計變更，且只影響變更當期的損益，應當採用未來適用法。

2012年按8%計提壞帳準備：

借：資產減值損失　　　　　　　　　　　　　　　　　　　　6,600,000
　　貸：壞帳準備（120,000,000×8%－60,000,000×5%）　　6,600,000

上述會計估計變更使2012年度稅前淨利潤減少

= 6,600,000 － (120,000,000×5% － 60,000,000×5%)

= 3,600,000（元）

附註說明：由於受到經濟危機的影響，本公司所銷產品的貨款面臨不能收回的可能，為此將2012年期末壞帳準備的計提比率由原來的5%提高到8%，該會計估計的變更致使2012年度的稅前淨利潤減少3,600,000元。

(2) 既影響變更當期又影響未來期間的，其影響數應當在變更當期和未來期間予以確認

【例6-3】大華公司於2009年12月20日用1,000,000元購入一臺管理用設備，原估計使用年限為8年，預計淨殘值為50,000元，按年限平均法計提折舊。由於固定資產所含經濟利益預期實現方式的改變和技術因素的原因，大華公司於2012年1月1日將設備的折舊年限由原來的8年改為6年，預計淨殘值為12,500元，折舊方法不變。企業適用的所得稅稅率為25%。

大華公司改變折舊年限屬於會計估計變更，應採用未來適用法進行處理。

按原折舊年限每年該設備計提折舊額 = [(1,000,000 － 50,000) ÷ 8] = 118,750（元）

2011 年年末該設備帳面價值 = 1,000,000 - 118,750 × 2 = 762,500（元）
2012 年 1 月 1 日以后按新估計使用壽命提取折舊。
2012 年計提折舊額 =（762,500 - 12,500）÷ 4 = 187,500（元）
2012 年每月計提折舊額 = 187,500 ÷ 12 = 15,625（元）
2012 年該設備每月計提折舊的會計分錄如下：

借：管理費用　　　　　　　　　　　　　　　　15,625
　　貸：累計折舊　　　　　　　　　　　　　　　　　　15,625

上述會計估計變更使 2012 年淨利潤減少 =（187,500 - 118,750）×（1 - 25%）
= 51,562.5（元）

附註說明：本公司 2009 年 12 月購入一臺原始價值為 1,000,000 元的管理用設備，原估計使用年限為 8 年，預計淨殘值為 50,000 元，按年限平均法計提折舊。由於固定資產所含經濟利益預期實現方式的改變和技術因素的原因，公司已不能繼續按原定的折舊年限計提折舊。公司於 2012 年 1 月 1 日將設備的折舊年限由原來的 8 年改為 6 年，預計淨殘值為 12,500 元，折舊方法不變。此項會計估計變更使 2012 年度淨利潤減少 51,562.5 元。

此項會計估計變更既影響 2012 年度又影響與其相關的以後會計期間的折舊費用，其影回應當在 2012 年度和未來會計期間進行確認，以後期間的會計處理同上。

3. 正確區分會計政策變更和會計估計變更

企業應當正確劃分會計政策變更和會計估計變更，並按相應的方法進行相關會計處理。

當企業通過判斷會計政策變更和會計估計變更劃分基礎仍然難以對某項變更進行區分的，應當將其作為會計估計變更處理。

6.2.3　會計估計變更的披露

企業應當在附註中披露與會計估計變更有關的下列信息：

（1）會計估計變更的內容和原因。它包括變更的內容、變更日期以及會計估計變更的原因。

（2）會計估計變更對當期和未來期間的影響數。它包括會計估計變更對當期和未來期間損益的影響金額，以及對其他各項目的影響金額。

（3）會計估計變更的影響數不能確定的，披露這一事實和原因。

6.3　前期差錯及其更正的會計處理

6.3.1　前期差錯的含義及判斷

1. 前期差錯的含義及類型

（1）前期差錯，是指由於沒有運用或錯誤運用下列兩種信息，而對前期財務報表

造成省略或錯報：

①編報前期財務報表時預期能夠取得並加以考慮的可靠信息；

②前期財務報告批准報出時能夠取得的可靠信息。

（2）前期差錯通常包括計算錯誤、應用會計政策錯誤、疏忽或曲解事實以及舞弊產生的影響以及存貨、固定資產盤盈等。

2. 前期差錯重要性的判斷

重要的前期差錯，是指足以影響財務報表使用者對企業財務狀況、經營成果和現金流量做出正確判斷的前期差錯。

不重要的前期差錯，是指不足以影響財務報表使用者對企業財務狀況、經營成果和現金流量做出正確判斷的前期差錯。

前期差錯的重要性取決於在相關環境下對遺漏或錯誤表述的規模和性質的判斷。前期差錯所影響的財務報表項目的金額或性質，是判斷該前期差錯是否具有重要性的決定性因素。一般來說，前期差錯所影響的財務報表項目的金額越大、性質越嚴重，其重要性水平越高。

3. 正確區分會計估計變更和前期差錯更正

企業應當嚴格區分會計估計變更和前期差錯更正，對於前期根據當時的信息、假設等作了合理估計，在當期按照新的信息、假設等需要對前期估計金額做出變更的，應當作為會計估計變更處理，不應作為前期差錯更正處理。

6.3.2 前期差錯更正的會計處理

1. 本期發現的不重要的前期差錯的會計處理

對於不重要的前期差錯，企業可以採用未來適用法，不需要調整財務報表相關項目的期初數，但應調整發現當期與前期相同的相關項目。屬於影響損益的，應直接計入本期與上期相同的淨損益項目；屬於不影響損益的，應調整本期與前期相同的相關項目。

【例6-4】大華公司於2012年12月31日發現，2009年12月購入的一臺價值5,000元的電腦，直接作為辦公用品計入了當期管理費用。大華公司固定資產折舊採用直線法，該電腦估計使用年限為4年，期末無殘值。

大華公司在2012年12月31日更正此差錯的會計分錄為：

借：固定資產　　　　　　　　　　　　　　　　　　　5,000
　　貸：管理費用　　　　　　　　　　　　　　　　　　2,500
　　　　累計折舊　　　　　　　　　　　　　　　　　　2,500

該漏記的固定資產和漏提的折舊額對固定資產總額和總折舊費用而言，金額不大，為不重要的前期差錯，所以在發現該差錯時直接計入本期有關項目。另外如果該項差錯直到2014年1月後才發現，則不需要做任何分錄，因為該項差錯已經抵銷了。

2. 重要的前期差錯的會計處理

企業應當採用追溯重述法更正重要的前期差錯，但確定前期差錯累積影響數不切實可行的除外。

（1）確定前期差錯影響數不切實可行的，企業可以從可追溯重述的最早期間開始調整留存收益的期初余額，財務報表其他相關項目的期初余額也應當一併調整，也可以採用未來適用法。

（2）追溯重述法，是指在發現前期差錯時，視同該項前期差錯從未發生過，從而對財務報表相關項目進行重新列示和披露的方法。追溯重述法的會計處理與追溯調整法相同。

對於重要的前期差錯，企業應當在其發現當期的財務報表中，調整前期比較數據。

①追溯重述差錯發生期間列報的前期比較金額。

②如果前期差錯發生在列報的最早前期之前，則追溯重述列報的最早前期的資產、負債和所有者權益相關項目的期初余額。

③發生的重要前期差錯如果影響損益，企業應將其對損益的影響數調整發現當期的期初留存收益，財務報表其他相關項目的期初數也應一併調整；如果不影響損益，企業應調整財務報表相關項目的期初數。

④企業在編製比較財務報表時，對於比較財務報表期間的重要的前期差錯，應調整各該期間的淨損益和其他相關項目，視同該差錯在產生的當期已經更正；對於比較財務報表期間以前的重要的前期差錯，應調整比較財務報表最早期間的期初留存收益，財務報表其他相關項目的數字也應一併調整。

【例6-5】大華公司於2012年12月31日發現2011年對無形資產漏進行了攤銷，應當攤銷金額2,000,000元，所得稅申報中也未包括這項費用。大華公司所得稅稅率為25%，按淨利潤的10%提取法定盈餘公積。假定稅法允許2011年少攤銷金額可調整應交所得稅。

由於該項差錯金額較大，對公司的資產、損益、稅收及現金流量影響都較大，所以判斷該差錯屬於重要的前期差錯。

（1）分析前期重要差錯的影響數

2011年少計攤銷費用2,000,000元；多計所得稅費用500,000（2,000,000×25%）元；多計淨利潤1,500,000元；多計應交所得稅500,000元；多計提法定盈餘公積150,000（1,50,000×10%）；未分配利潤多計1,350,000元。

（2）編製更正上述差錯的會計分錄

①調整少攤銷的費用

借：以前年度損益調整　　　　　　　　　　　　　　2,000,000
　　貸：累計攤銷　　　　　　　　　　　　　　　　　　　　2,000,000

②調整應交所得稅

借：應交稅費——應交所得稅　　　　　　　　　　　　500,000
　　貸：以前年度損益調整　　　　　　　　　　　　　　　　500,000

③將「以前年度損益調整」帳戶余額轉入利潤分配

借：利潤分配——未分配利潤　　　　　　　　　　　　1,500,000
　　貸：以前年度損益調整　　　　　　　　　　　　　　　　1,500,000

④調整利潤分配

借：盈余公積　　　　　　　　　　　　　　　　　　　　150,000
　　貸：利潤分配——未分配利潤　　　　　　　　　　　　　　150,000

（3）財務報表調整和重述

大華公司應當在重要的前期差錯發現當期的財務報表中，調整前期比較數據。

①資產負債表項目的調整，如表6-5所示。

調增累計攤銷2,000,000元，即調減無形資產2,000,000元；調減應交稅費50,000元；調減盈余公積150,000元；調減未分配利潤1,350,000元。

表6-5　　　　　　　　　　　　資產負債表（局部）　　　　　　　　　　　會企01表

編製單位：大華公司　　　　　　　2012年12月31日　　　　　　　　　　單位：元

資產	年初余額		
	調整前	調增（減）	調整後
……		—	
無形資產	……	-2,000,000	……
……	……	—	……
資產總計	……	-2,000,000	……

負債和所有者權益	年初余額		
	調整前	調增（減）	調整後
流動負債：			
……	……	……	……
應交稅費	……	-500,000	……
……	……	—	……
負債合計	……	-500,000	……
所有者權益：			
……	……	—	……
盈余公積	……	-150,000	……
未分配利潤	……	-1,350,000	……
所有者權益合計	……	-1,500,000	……
負債和所有者權益總計	……	-2,000,000	……

②利潤表項目的調整，如表6-6所示。

調增管理費用上年金額2,000,000元；調減所得稅費用上年數500,000元。

表6-6　　　　　　　　　　　　　利潤表（局部）　　　　　　　　　　　　會企02表
編製單位：大華公司　　　　　　　　　2012年度　　　　　　　　　　　　單位：元

項目	上年金額		
	調整前	調增（減）	調整後
一、營業收入	……	—	……
……			
減：管理費用	……	2,000,000	……
……		—	
二、營業利潤（虧損以「-」號填列）	……	-2,000,000	……
……		—	……
三、利潤總額（虧損總額以「-」號填列）	……	-2,000,000	……
減：所得稅費用	……	-500,000	……
四、淨利潤（淨虧損以「-」號填列）		-1,500,000	

③所有者權益變動表項目的調整，如表6-7所示。

調整2012年度所有者權益變動表的上年金額：調減淨利潤1,500,000元；調整提取盈余公積，其中盈余公積調減150,000元，未分配利潤調增150,000元；調整利潤分配，其中盈余公積調減150,000元，未分配利潤調增150,000元；調整本年增減變動金額，其中盈余公積調減150,000元，未分配利潤調減1,350,000元；調整本年年末余額，其中盈余公積調減150,000元，未分配利潤調減1,350,000元。

表6-7　　　　　　　　　　　所有者權益變動表（局部）　　　　　　　　　會企04表
編製單位：大華公司　　　　　　　　　2012年度　　　　　　　　　　　　單位：元

項目	本年金額						上年金額					
	盈余公積			未分配利潤			盈余公積			未分配利潤		
	調整前	調增（減）	調整後	調整前	調增（減）	調整後	調整前	調增（減）	調整後	調整前	調增（減）	調整後
一、上年年末余額	……	—	……	……	—	……	……	—	……	……	—	……
加：會計政策變更	……	—	……	……	—	……	……	—	……	……	—	……
前期差錯更正	……	……	……	……	……	……	……	……	……	……	……	……
二、本年年初余額	……	-150,000	……	……	-1,350,000	……						
三、本年增減變動金額（減少以「-」號填列）	……	-150,000	……	……	-1,350,000	……	……	-150,000	……	……	-1,350,000	……
（一）淨利潤	……			……						……	-1,500,000	……
……	……			……								
（四）利潤分配	……			……				-150,000			150,000	
1.提取盈余公積	……			……				-150,000			150,000	
四、本年年末余額	……	-150,000	……	……	-1,350,000	……	……	-150,000	……	……	-1,350,000	……

調整 2012 年度所有者權益變動表的本年金額：調整本年年初余額，其中盈余公積前期差錯更正調減 150,000 元，未分配利潤因前期差錯更正調減 1,350,000 元；調整本年年末余額，其中盈余公積調減 150,000 元，未分配利潤調減 1,350,000 元。

④附註說明：本公司在本年度發現 2011 年漏計了無形資產累計攤銷費用 2,000,000 元，在編製 2011 年和 2012 年度比較財務報表時，已對該項差錯按重要前期差錯更正方法進行了處理。由於此項差錯的影響，2011 年虛增淨利潤和留存收益 1,500,000 元，少計累計攤銷 2,000,000 元，多計提法定盈余公積金 150,000 元，多計未分配利潤 1,350,000 元；調整本年年末余額，其中盈余公積調減 150,000 元，未分配利潤調減 1,350,000 元。

6.3.3　前期差錯更正的披露

企業應當在附註中披露與前期差錯更正有關的下列信息：

（1）前期差錯的性質。

（2）各個列報前期財務報表中受影響的項目名稱和更正金額。

（3）無法進行追溯重述的，說明該事實和原因以及對前期差錯開始進行更正的時點、具體更正情況。

在以后期間的財務報表中，不需要重複披露在以前期間的附註中已披露的前期差錯更正的信息。

思考題

1. 何為會計政策？會計政策有什麼特點？
2. 何為會計政策變更？什麼情況下企業可以變更會計政策？
3. 企業在什麼情況下採用追溯調整法？追溯調整法應如何進行？
4. 什麼是會計估計？會計估計的特點是什麼？
5. 會計估計變更的原因有哪些？如何對會計估計變更進行會計處理？
6. 前期差錯產生的原因主要有哪些？對前期差錯應採用什麼方法進行會計處理？

第 7 章　資產負債表日后事項核算

7.1　資產負債表日后事項的內涵

7.1.1　資產負債表日后事項的概念

1. 資產負債表日后事項的定義

資產負債表日后事項，是指資產負債表日至財務報告批准報出日之間發生的有利或不利事項。

(1) 資產負債表日是指會計年度末和會計中期末。中國會計年度自公歷 1 月 1 日起至 12 月 31 日止，即採用公歷年度。因此，年度資產負債表日，是指每年 12 月 31 日；中期的資產負債表日，是指會計中期末，包括月末、季末和半年末。

(2) 財務報告批准報出日，是指董事會或類似機構批准財務報告報出的日期。

(3) 資產負債日后事項包括有利和不利事項。「有利和不利事項」的含義是指資產負債表日后事項肯定對企業財務狀況和經營成果具有一定的影響（包括有利影響和不利影響）。如果有些事項的發生對企業並無任何影響，那麼，這些事項既不是有利事項，也不是不利事項，當然就不屬於本章所說的資產負債表日后事項。對於資產負債表日后有利或不利事項應採用相同的會計原則進行處理。

(4) 資產負債表日后事項不是特定期間內發生的全部事項，而是與資產負債表日存在狀況有關的事項，或雖與資產負債表日存在狀況無關但對企業財務狀況有重大影響的事項。

2. 資產負債表日后事項涵蓋的期間

資產負債表日后事項涵蓋的期間是指資產負債表日次日起至財務報告批准報出日止的一段時間。這一期間應當包括：

(1) 報告年度次年的 1 月 1 日或報告期間下一期第一天起至董事會或類似機構批准財務報告可以對外公布的日期，即董事會或類似機構批准財務報告可以對外公布的日期為截止日期。

例如，大華公司 2012 年度的財務報告，2012 年 12 月 31 日是資產負債表日，2013 年 4 月 5 日是審計報告日，2013 年 4 月 15 日是董事會批准報出日，2013 年 4 月 20 日是實際報出日，則資產負債表日后事項涵蓋的期間為 2013 年 1 月 1 日至 4 月 15 日。

(2) 董事會批准財務報告可以對外公布的日期與實際對外公布的日期之間發生的與資產負債表日后事項有關的事項，由此影響財務報告對外公布的日期的，應當以董

事會或類似機構再次批准財務報告對外公布的日期為截止日期。

例如，上述大華公司 2012 年 12 月有訴訟事項，將於 2013 年 4 月 18 日判決。2013 年 4 月出審計報告，2013 年 4 月 15 日批准報出。該訴訟事項為重要事項，4 月 19 日董事會再次批准報告對外報出。此時，資產負債表日后期間是 2013 年 1 月 1 日至 4 月 19 日。

7.1.2 資產負債表日后事項分類

按是否調整可將資產負債表日后事項分為資產負債表日后調整事項和資產負債表日后非調整事項。

1. 資產負債表日后調整事項

（1）資產負債表日后調整事項，是指對資產負債表日已經存在的情況提供了新的或進一步證據的事項。如資產負債表日后獲得新的或進一步證據，以表明依據資產負債表日存在狀況編製的財務報告已不再可靠，則企業應依據新的證據對資產負債表日所反應的資產、負債、所有者權益、收入與費用進行調整。

（2）調整事項的特點主要是：

①在資產負債表日或以前已經存在，在資產負債表日后得到進一步證實的事項。

②對按資產負債表日存在狀況編製財務報表產生重大影響的事項。

（3）企業發生的資產負債表日后調整事項，通常包括下列事項：

① 資產負債表日后訴訟案件結案，法院判決證實了企業在資產負債表日已經存在現時義務，需要調整原先確認的與該訴訟案件相關的預計負債，或確認一項新負債。

② 資產負債表日后取得確鑿證據，表明某項資產在資產負債表日發生了減值或者需要調整該項資產原先確認的減值金額。

③ 資產負債表日后進一步確定了資產負債表日前購入資產的成本或售出資產的收入。

④ 資產負債表日后發現了財務報表舞弊或差錯。

2. 資產負債表日后非調整事項

（1）資產負債表日后非調整事項，是指表明資產負債表日后發生的情況的事項。

（2）非調整事項的特點主要是：

①非調整事項的發生不影響資產負債表日財務報表數字，只說明資產負債表日后發生了某些情況。

②非調整事項可能對財務報告使用者利用財務信息產生影響。對於財務報表的使用者而言，非調整事項說明的情況，有的重要，有的不重要。其中重要的非調整事項雖然不影響資產負債表日的財務報表數字，但可能影響資產負債表日后的財務狀況和經營成果，不加以說明將會影響財務報表使用者做出正確估計和決策，因此需要適當披露。

（3）企業發生的資產負債表日后非調整事項，通常包括下列事項：

① 資產負債表日后發生重大訴訟、仲裁、承諾。

② 資產負債表日后資產價格、稅收政策、外匯匯率發生重大變化。

③ 資產負債表日后因自然災害導致資產發生重大損失。
④ 資產負債表日后發行股票和債券以及其他巨額舉債。
⑤ 資產負債表日后資本公積轉增資本。
⑥ 資產負債表日后發生巨額虧損。
⑦ 資產負債表日后發生重大會計政策變更。
⑧ 資產負債表日后發生企業合併或處置子公司。

資產負債表日后，企業利潤分配方案中擬分配的以及經審議批准宣告發放的股利或利潤，不確認為資產負債表日負債，但應當在附註中單獨披露。

3. 調整事項與非調整事項的判斷標準

判斷資產負債表日后至財務報告批准報出日之間發生的事項屬於調整事項還是非調整事項的標準有兩個：

（1）存在標準。如果該事項對資產負債表日已經存在的交易或事項的情況提供了新的或進一步的證據，是原有交易或事項的延續或發展而不是資產負債表日才發生的新的交易或事項，則該事項屬於調整事項；如果該事項與資產負債表日及之前存在的相關交易或事項存在本質上的差異，是新的交易或事項，而不是資產負債表日存在事項的延續或發展，則該事項屬於非調整事項。

（2）價值標準。如果該事項是資產負債表日存在的交易或事項的最新發展情況，有助於對資產負債表日存在狀況有關的金額做出重新估計，並需要做出重新估計才能為財務報告的使用者提供更全面、相關的財務信息，那麼該事項屬於調整事項；反之作為非調整事項。

企業應根據資產負債表日后事項的判斷標準對其進行判斷，以確定是否屬於調整事項或非調整事項。

【例7-1】大華公司應收A企業貨款300,000元，按照合同約定應在2012年12月20日前償還。2012年12月31日結帳時，大華公司尚未收到這筆貨款，並已知A企業的財務狀況不佳，近期內難以償還債務，大華公司對該筆應收帳款提取了30%的壞帳準備。2013年3月15日，大華公司報出財務報告之前正式收到A企業的通知，A企業宣告破產，無法償付大部分欠款。

分析：大華公司於2012年12月31日結帳時已經知道A企業財務狀況不佳，即在2012年12月31日資產負債表日，A企業的財務狀況不佳的狀況已經存在，但未得到A企業破產的確切證據；在2013年3月15日正式收到A企業破產的消息，且A企業無法償付大部分貨款。A企業破產通知是對2012年12月31日存在的A企業財務狀況不佳情況提供了新的證據，表明大華公司2012年12月31日存在情況提供的資產負債表反應的應收A企業貨款中大部分已成為壞帳，依資產負債表日存在狀況編製的財務報表所提供的信息已不能全面、真實反應公司的實際情況。因此，大華公司應據此對財務報表相關項目的數字進行調整。

【例7-2】大華公司2012年度財務報告於2013年3月25日由董事會批准對外公布，該公司於2013年3月1日與B企業及其股東簽訂了收購B企業51%的股權並能控制B企業，2013年3月15日該收購協議經董事會批准。這一收購B企業股權的事項發

生於 2013 年度，且在大華公司 2012 年度財務報告尚未批准對外公布期間內，即該收購 B 企業股權的事項屬於資產負債表日后事項所涵蓋的期間內。由於該收購事項在 2012 年 12 月 31 日資產負債表日尚未發生，即在資產負債表日不存在收購 B 企業的事項，因此，與資產負債表日存在的狀況無關。但是，收購 B 企業股權並將其作為大華公司的子公司，屬於重大事項，將會影響以後期間的財務狀況和經營成果，為此，該事項屬於非調整事項，應當在附註中單獨披露。

7.2 資產負債表日后調整事項的會計處理

7.2.1 資產負債表日后調整事項的會計處理原則

資產負債表日後發生的調整事項，應當如同資產負債表所屬期間發生的事項一樣，做出相關的帳務調整，並調整相應的財務報表。對於年度財務報告而言，由於資產負債表日后事項發生在報告年度的次年，報告年度的有關帳目已經結轉，特別是損益類帳戶在結帳后已無餘額。因此，年度資產負債表日後發生的調整事項，應當具體分以下情況進行帳務處理：

1. 涉及損益的調整事項會計處理原則

涉及損益的調整事項，應當通過「以前年度損益調整」帳戶核算。調整增加以前年度收益或調整減少以前年度虧損的事項，貸記「以前年度損益調整」帳戶；調整減少以前年度收益或調整增加以前年度虧損的事項，借記「以前年度損益調整」帳戶。

涉及損益的調整事項，如果發生在資產負債表日所屬年度（報告年度）所得稅匯算清繳前的，應調整報告年度應納稅所得額，應納所得稅稅額；發生在報告年度所得稅匯算清繳後的，應調整本年度（報告年度的次年）應納所得稅稅額。

調整完成后，將「以前年度損益調整」帳戶的貸方或借方餘額，轉入「利潤分配——未分配利潤」帳戶。

2. 涉及利潤分配的調整事項會計處理原則

涉及利潤分配的調整事項直接通過「利潤分配——未分配利潤」帳戶核算。調整增加以前年度未分配利潤或調整減少以前年度利潤分配的事項，貸記「利潤分配——未分配利潤」帳戶；調整減少以前年度未分配利潤或調整增加以前年度利潤分配的事項，借記「利潤分配——未分配利潤」帳戶。

3. 不涉及損益以及利潤分配的調整事項會計處理原則

對資產負債表日後事項中不涉及損益與利潤分配的調整事項，應根據其所涉及的有關帳戶，直接予以調整。

4. 調整財務報表的相關項目

企業對前述調整事項進行相應的帳務處理后，還應同時調整財務報表的相關項目；調整財務報表的相關項目主要包括：

（1）資產負債表日編製的財務報表相關項目的期末數和本年的發生數；

（2）當期編製的財務報表相關項目的年初數和上年數；

（3）涉及財務報表附註內容的，企業還應當調整報表附註相關項目的數字。

5. 對貨幣資金項目的處理原則

如果資產負債表日後事項中有涉及貨幣資金收支項目的，則在按上述原則進行處理時，不調整報告年度資產負債表的貨幣資金項目和現金流量表各項目的數字。

7.2.2 資產負債表日日後調整事項的具體會計處理方法

下列所有例子均以大華公司為例，該公司財務報告批准報出日為次年的4月15日，所得稅稅率為25%，公司按淨利潤的10%提取法定盈餘公積，提取法定盈餘公積後，不再作其他分配；調整事項按稅法規定均可調整應繳納的所得稅；涉及遞延所得稅資產的，均假定未來期間很可能取得用來抵扣暫時性差異的應納稅所得額；不考慮報表附註中有關現金流量表項目的數字。

1. 資產負債表日後發生銷售退回事項的會計處理

資產負債表所屬期間或以前期間所售商品在資產負債表日後退回的，應作為資產負債表日後調整事項處理。資產負債表日至財務報告批准報出日之間的銷售退回事項，可能發生於年度所得稅匯算清繳之前，也可能發生在年度所得稅匯算清繳之後，其會計處理分別為：

（1）涉及報告年度所屬期間的銷售退回發生於報告年度所得稅匯算清繳之前，企業應調整報告年度利潤表中的收入、成本等，並相應調整報告年度的應納稅所得額以及報告年度應繳的所得稅等。

【例7-3】大華公司2012年11月15日銷售給Q公司一批產品，開出增值稅專用發票，售價為3,000萬元，增值稅額510萬元，銷售成本為2,500萬元。當年12月15日接到Q公司通知，該批產品存在嚴重質量問題，要求退貨，12月31日尚未收到貨款。大華公司於12月31日按應收帳款的年末餘額的10%提取壞帳準備（稅法允許扣除的壞帳準備比例為5‰），所以在資產負債表上列示該應收帳款金額為3,159萬元。2013年1月25日雙方協商未成，大華公司收到Q公司退回的該批產品以及稅務機關開具的進貨退回相關證明，當日大華公司開具了紅字增值稅專用發票。

本例中，銷售退回業務發生在資產負債表日後事項涵蓋期間內，屬於資產負債表日後調整事項。由於銷售退回發生在報告年度所得稅匯算清繳之前，因此，在所得稅匯算清繳時，大華公司應扣除該部分銷售退回所實現的應納稅所得額。

大華公司的帳務處理如下：

① 2013年1月25日，調整銷售收入

借：以前年度損益調整	30,000,000
應交稅費——應交增值稅（銷項稅額）	5,100,000
貸：應收帳款	35,100,000

② 調整壞帳準備的餘額

借：壞帳準備（35,100,000×10%）	3,510,000
貸：以前年度損益調整	3,510,000

③調整銷售成本

借：庫存商品　　　　　　　　　　　　　　　　　　25,000,000
　　貸：以前年度損益調整　　　　　　　　　　　　　　　　25,000,000

④調整繳納的所得稅

調整所得稅費用 =（30,000,000 - 25,000,000 - 35,100,000 × 5‰）× 25%
　　　　　　　 = 1,206,125（元）

借：應交稅費——應交所得稅　　　　　　　　　　　　1,206,125
　　貸：以前年度損益調整　　　　　　　　　　　　　　　　1,206,125

⑤調整已確認的遞延所得稅資產

遞延所得稅資產 =（3,510,000 - 35,100,000 × 5‰）× 25% = 833,625（元）

借：以前年度損益調整　　　　　　　　　　　　　　　833,625
　　貸：遞延所得稅資產　　　　　　　　　　　　　　　　　833,625

⑥結轉「以前年度損益調整」帳戶餘額

未分配利潤 =（30,000,000 + 833,625）-（25,000,000 + 3,510,000 + 1,206,125）
　　　　　 = 1,117,500（元）

借：利潤分配——未分配利潤　　　　　　　　　　　　1,117,500
　　貸：以前年度損益調整　　　　　　　　　　　　　　　　1,117,500

⑦調整盈余公積

借：盈余公積　　　　　　　　　　　111,750（1,117,500 × 10%）
　　貸：利潤分配——未分配利潤　　　　　　　　　　　　　111,750

⑧調整報告年度財務報表相關項目（略）

（2）涉及報告年度所屬期間的銷售退回發生於報告年度所得稅匯算清繳之後，企業應調整報告年度利潤表的收入、成本等，但按照稅法規定，在此期間的銷售退回所涉及的應交所得稅，應作為本年的納稅調整事項。

【例7-4】續【例7-3】，假定銷售退回發生在報告年度所得稅匯算清繳之後，甲公司的帳務處理如下：

①~③步的會計處理與【例7-1】相同。

④調整繳納所得稅

調整所得稅費用 =（30,000,000 - 25,000,000 - 35,100,000 × 5%）× 25%
　　　　　　　 = 1,206,125（元）

借：應交稅費——應交所得稅　　　　　　　　　　　　1,206,125
　　貸：所得稅費用　　　　　　　　　　　　　　　　　　　1,206,125

⑤調整已確認的遞延所得稅資產

遞延所得稅資產 =（3,510,000 - 35,100,000 × 5%）× 25% = 833,625（元）

借：以前年度損益調整　　　　　　　　　　　　　　　833,625
　　貸：遞延所得稅資產　　　　　　　　　　　　　　　　　833,625

⑥結轉「以前年度損益調整」帳戶余額

未分配利潤 =（30,000,000 + 833,625）-（25,000,000 + 3,510,000）

＝1,842,750（元）

借：利潤分配——未分配利潤　　　　　　　　　　　　1,842,750
　　貸：以前年度損益調整　　　　　　　　　　　　　　　　　1,842,750

⑦調整盈余公積

借：盈余公積（1,842,750×10%）　　　　　　　　　　184,275
　　貸：利潤分配——未分配利潤　　　　　　　　　　　　　　184,275

⑧調整報告年度財務報表相關項目（略）

2. 對未決訴訟（仲裁）引起的預計負債事項調整的會計處理

因未決訴訟（仲裁）的判決（裁決）結果表明因資產負債表日存在的某項現實義務予以確認，或已對某項義務——預計負債確認的負債需要調整。資產負債表日至財務報告批准報出日之間的未決訴訟（仲裁）的判決（仲裁）事項，判決結果可能於原預計負債確認的金額一致，也可能不一致，企業應根據具體情況進行相應的處理。

例如，A公司2012年10月24日發生訴訟事項，2012年12月31日法院未判決。2013年1月20日法院做出判決。若2013年1月20日法院的判決結果與2012年12月31日預計的數額一致，則不調整損益；若預計的數額和判決的數額不一致，則需要調整。

【例7-5】大華公司2012年11月10日銷售一批物資給K公司。由於該物資的質量問題導致K公司發生重大的經濟損失，K公司提起訴訟要求大華公司賠償經濟損失200萬元。該訴訟案件在2012年12月31日尚未判決，大華公司經過仔細分析與評價，認為本公司敗訴的可能性非常大，因此確認了100萬元的預計負債，並將該賠償款反應在2012年度的財務報表上。2013年1月20日，經法院一審判決，大華公司需要償付K公司經濟損失150萬元，大華公司服從判決，並於1月31日支付了全部賠償款。

假定兩個公司2012年所得稅匯算清繳都在2013年3月30日完成，且該項預計負債產生的損失不允許在稅前扣除。

本例中，2013年1月20日判決證實了大華公司和K公司在資產負債表日（2012年12月31日）分別存在現實賠償義務和獲賠權利，因此，兩公司都應將「法院判決」這一事項作為調整事項處理。大華公司和K公司2012年所得稅匯算清繳都在2013年3月30日完成，均應根據法院判決結果調整報告年度應納稅所得額和應納稅稅額。

（1）大華公司的帳務處理如下：

①確認賠償款

首先，將2012年的「預計負債」確認為現實的負債。

借：預計負債　　　　　　　　　　　　　　　　　　　1,000,000
　　貸：其他應付款　　　　　　　　　　　　　　　　　　　1,000,000

然后補充確認損益及負債。

借：以前年度損益調整　　　　　　　　　　　　　　　　500,000

  貸：其他應付款   500,000
 ②支付賠償款
  借：其他應付款   1,500,000
   貸：銀行存款   1,500,000

  說明：資產負債表日後事項如涉及現金收支項目，均不調整報告年度資產負債表的貨幣資金項目和現金流量表各項目數字。本例中，雖然已支付了賠償款，但不需要調整上述支付賠償款分錄，該筆分錄作為2013年的會計事項處理。

 ③調整應交所得稅
  借：應交稅費——應交所得稅   125,000
   貸：以前年度損益調整（500,000×25%）   125,000
  借：應交稅費——應交所得稅   250,000
   貸：以前年度損益調整（1,000,000×25%）   250,000
  借：以前年度損益調整   250,000
   貸：遞延所得稅資產   250,000
 ④將「以前年度損益調整」帳戶餘額轉入未分配利潤
  借：利潤分配——未分配利潤   375,000
   貸：以前年度損益調整   375,000
 ⑤調整盈余公積
  借：盈余公積（375,000×10%）   37,500
   貸：利潤分配——未分配利潤   37,500

 （2）調整大華公司報告年度財務報表相關項目數字（財務報表略）
 ①資產負債表項目的調整。根據上述調整分錄，調減遞延所得稅資產25萬元；調增其他應付款150萬元；調減應交所得稅37.5萬元；調減預計負債100萬元；調減盈余公積3.75萬元；調減未分配利潤33.75萬元。
 ②利潤表項目調整。根據上述調整分錄，調增營業外支出50萬元；調減所得稅費用12.5萬元；調減淨利潤37.5萬元。
 ③所有者權益變動表相關項目的調整。根據上述調整分錄，調減淨利潤37.5萬元，調減提取法定盈余公積3.75萬元。

 （3）調整2013年1月份的財務報表相關項目的年初數
  大華公司在編製2013年1月份的財務報表時，按照上述調整前的數字作為資產負債表的年初數，由於發生了資產負債表的日後調整事項，因此，大華公司除了調整2012年度財務報表相關項目數字外，還應當調整2013年1月份資產負債表相關項目的年初數，其年初數按照2012年12月31日調整後的數字填列。

 （4）K公司的帳務處理
 ①確認應收帳款
  借：其他應收款   1,500,000
   貸：以前年度損益調整   1,500,000

②調整應交所得稅

借：以前年度損益調整　　　　　　　　　　　　　　　375,000
　　貸：應交稅費——應交所得稅　　　　　　　　　　　　　　375,000

③收到大華公司賠款

借：銀行存款　　　　　　　　　　　　　　　　　　　1,500,000
　　貸：其他應收款　　　　　　　　　　　　　　　　　　1,500,000

④將「以前年度損益調整」帳戶余額轉入未分配利潤

借：以前年度損益調整　　　　　　　　　　　　　　　1,125,000
　　貸：利潤分配——未分配利潤　　　　　　　　　　　　1,125,000

⑤調整盈余公積

借：利潤分配——未分配利潤　　　　　　　　　　　　　112,500
　　貸：盈余公積　　　　　　　　　　　　　　　　　　　112,500

⑥調整 K 公司報告年度財務報表相關項目的數字以及 2013 年 1 月資產負債表年初數（略）

3. 資產負債表日后發生資產減值事項的會計處理

資產負債表日后取得確鑿證據，表明某項資產在資產負債表日發生了減值或者需要調整該項資產原已確認的減值金額。

【例 7-6】 大華公司於 2012 年 10 月 28 日銷售一批產品給 C 公司，價款為 600 萬元，增值稅額 102 萬元，C 公司於 11 月 8 日收到所購貨物並驗收入庫。按合同規定 C 公司應於收到所購貨物后 15 天內付款，但由於 C 公司財務狀況不佳，到 2012 年 12 月 31 日仍未付款。大華公司於 12 月 31 日編製 2012 年財務報表時，為該項應收帳款提取了壞帳準備 42 萬元（稅法只允許稅前扣除在應收帳款余額 5‰ 範圍內計提壞帳準備），該項應收帳款已按 660 萬元列入資產負債表「應收帳款」項目內。大華公司於 2012 年 4 月 25 日收到 C 公司通知，C 公司已經破產清算，無力償還所欠部分貨款，預計大華公司可收回應收帳款的 50%。

根據資產負債表日后事項的判斷標準，大華公司收到 C 公司通知時，判斷該事項屬於資產負債表日后事項中的調整事項。大華公司原對該應收帳款提取了 42 萬元的壞帳準備，但按新的證據應提取準備 351（702×50%）萬元，差額 309 萬元應當調整 2012 年度財務報表相關項目的數字。此外，雖然調整事項發生在大華公司 2012 年度所得稅匯算清繳前，但由於稅法只允許稅前扣除在應收帳款余額 5‰ 範圍內計提壞帳準備，因此，該事項對壞帳準備的調整不影回應納稅所得額的計算。大華公司的帳務處理如下：

（1）補提壞帳準備

補提壞帳準備 = 702×50% - 42 = 309（萬元）

借：以前年度損益調整　　　　　　　　　　　　　　　3,090,000
　　貸：壞帳準備　　　　　　　　　　　　　　　　　　3,090,000

(2) 調整遞延所得稅資產

借：遞延所得稅資產（3,090,000×25%）   772,500
    貸：以前年度損益調整   772,500

(3) 將「以前年度損益調整」帳戶余額轉入未分配利潤

借：利潤分配——未分配利潤   2,317,500
    貸：以前年度損益調整（3,090,000－772,500）   2,317,500

(4) 調整利潤分配有關項目

借：盈余公積——法定盈余公積（2,317,500×10%）   231,750
    貸：利潤分配——未分配利潤   231,750

(5) 調整報告年度財務報表相關項目的數字（財務報表略）

① 資產負債表相關項目的調整。根據上述調整結果，大華公司應對資產負債表的相關項目做出如下調整：調減應收帳款帳面價值309萬元；調增遞延所得稅資產77.25萬元；調減盈余公積23.175萬元；調減未分配利潤208.575（231.75－23.175）萬元。

② 利潤表項目調整。根據上述調整結果，大華公司應對利潤表的相關項目做出如下調整：調增資產減值損失309萬元，調減所得稅費用77.25萬元，調減盈余公積23.175萬元，調減淨利潤23.175萬元。

③ 所有者權益變動相關項目的調整。根據上述調整結果，大華公司應對所有者權益變動表的相關項目做出如下調整：調減法定盈余公積23.175萬元。

4. 對資產負債表日後發現財務報表舞弊或以前期間存在會計差錯的會計處理

無論是發現的財務舞弊還是會計差錯，均應按照規定予以調整（修正）。發現的以前年度會計差錯事項，往往同會計政策、會計估計變更和前期差錯更正準則相聯繫，在處理時，需要判斷前期差錯的發現時間和財務報告批准報出日的先後順序。例如，大華公司於2013年1月28日編製完成的2012年度財務報告已經中國註冊會計師審計，董事會於2013年3月15日批准報出財務報告。如果公司在2013年3月15日以前發現2012年度內的會計差錯，那麼應根據《企業會計準則——資產負債表日後事項》處理，具體處理步驟和方法與前面三種情況類似；如果在2013年3月15日以後發現的2012年度內的會計差錯，那麼應根據《企業會計準則——會計政策、會計估計變更和差錯更正》處理，處理方法請參考第6章有關內容。

7.3 資產負債表日後非調整事項的會計處理

7.3.1 資產負債表日後非調整事項的會計方法

企業發生的資產負債表日後發生的非調整事項，不需要進行具體帳務處理，也不需要調整財務報表。但是，企業應當在財務報表附註中披露每項重要的資產負債表日後非調整事項的性質、內容，及其財務狀況、經營成果的影響；如果無法做出估計的，應當說明其原因。

7.3.2 資產負債表日后非調整事項列舉

1. 發行股票和債券

該類事項是指企業在資產負債表日后至財務報告批准報出日之間經批准發行股票、債券等。企業發行股票、債券是比較重大的事件，雖然這一事項與資產負債表日的存在狀況無關，但企業應對這一事項在附註中做出披露，以便財務報告使用者及時瞭解與此相關的情況及可能帶來的影響。

2. 資本公積轉增資本

該類事項是指企業在資產負債表日后至財務報告批准報出日之間經董事會、股東大會或類似機構批准以資本公積轉增資本的事項。這一事項將會對企業的資本公積和資本（股本）結構產生影響，因此需要在附註中進行披露。

3. 對外巨額投資

該類事項是指企業在資產負債表日后至財務報告批准報出日之間決定對一個企業的巨額投資。這一事項與企業發行股票、債券相同，也屬於企業重大事項，雖然與企業資產負債表日存在狀況無關，但企業應對這一事項在附註中進行披露，以便財務報告使用者及時瞭解對一個企業巨額投資可能會給投資者帶來的影響。

4. 發生巨額虧損

該類事項是指企業在資產負債表日后至財務報告批准報出日之間發生的巨額虧損。該巨額虧損將會導致企業報告期后的財務狀況和經營成果發生重大影響，在附註中及時披露該事項，以便為投資者或其他報表使用者做出正確的決策提供信息。

5. 因自然災害導致資產發生重大損失

該類事項是指企業在資產負債表日后至財務報告批准報出日之間發生的，因自然災害導致資產損失。自然災害導致資產損失，是企業主觀上無法控制的。但這一事項對企業財務狀況產生的影響，如不加以披露，則有可能使財務報告使用者產生誤解，導致錯誤決策。因此，企業應對非調整事項在附註中加以披露。

6. 外匯匯率發生重大變動

該類事項是指企業在資產負債表日后至財務報告批准報出日之間發生的外匯的匯率發生重大變動。由於企業已經在資產負債表日按照當時的匯率對有關帳戶進行調整，因此，無論資產負債表日后的匯率如何變化，均不應影響資產負債表日的匯率折算得出的財務報表的數字。但是，若資產負債表日后匯率發生較大的變化，則企業應對由此產生的影響在附註中進行披露。

7. 稅收政策發生重大變化

該類事項是指企業在資產負債表日后至財務報告批准報出日之間發生的國家稅收政策重大改變。國家稅收政策的重大改變將會影響企業的財務狀況和經營成果，因此，企業應該在附註中披露該信息。

8. 發生企業合併或處置子企業

該類事項是指企業在資產負債表日后至財務報告批准報出日之間發生的企業合併或處置子公司的事項。例如，2013年2月25日，華夏公司與興華公司簽署協議，興華

公司將其持有華興公司60%的股權出售給華夏公司。這一重大事項，華夏公司與興華公司均應在附註中披露該信息。

9. 對外提供重大擔保，對外簽訂重大抵押合同

該類事項是指企業在資產負債表日後至財務報告批准報出日之間發生的企業對外單位提供重大的擔保事項，以及對外簽訂重大資產抵押合同。這些事項需要作為非調整事項在附註中加以披露。

10. 發生重大訴訟、仲裁或承諾事項

該類事項是指企業在資產負債表日後至財務報告批准報出日之間發生的重大訴訟、仲裁或承諾事項。由於這些事項重大，因此，企業應在附註中披露該信息。

11. 資產負債表日後董事會做出債務重組的決定

如大華公司在2013年年初商討進行債務重組，在2013年2月重組完成。此為非調整事項，應在附註中披露。但是，若大華公司在2012年年末批准進行債務重組，2013年重組完成，則為調整事項，應調整財務報表相關項目的信息。

12. 資產負債表日後出現的情況引起固定資產或投資上的減值

如甲企業擁有某外國企業（乙企業）18%的股權，投資成本為500萬元，乙企業股票在國外的某家股票交易所上市交易。根據處理股權投資的會計原則，在編製2012年12月31日的資產負債表時，甲企業對乙企業投資的帳面價值按歷史成本反應。2013年3月，該國的形勢變動造成乙企業股票市價明顯下跌，此外，該國還新增加了防止資產和盈利返還給國外投資者的限制，由此可見，甲企業斷定不可能全部收回乙企業的股權投資。由於股票市場的波動出現在2013年3月，股票市場的波動是資產負債表日後才發生或存在的事項，因此，應作為非調整事項在2012年度附註中進行披露。

13. 資產負債表日後，企業利潤分配方案中擬分配的以及經審議批准宣告發放的股利或利潤

資產負債表日後，企業制訂利潤分配方案，擬分配或經審議批准宣告發放的股利或利潤的行為，並不會導致企業在資產負債表日形成現實義務，雖然該事項的發生可導致企業負有支付股利或利潤的義務，但支付義務資產負債表日並不存在，企業不應調整資產負債表日的財務報告，因此，該事項為非調整事項。不過，該事項對企業資產負債表日後的財務狀況有較大的影響，可能導致現金大規模流出、企業股權變動等，為便於財務報告使用者更充分瞭解相關信息，企業需要在附註中適當單獨披露該信息。

7.3.3 資產負債表日後非調整事項的會計處理

企業發生的非調整事項，依據其概念和特徵，不需要進行帳務處理，也不需要調整財務報告。但是，財務報告應當反應最近期的相關信息，以滿足財務報告及時性的要求；同時，由於這類事項很重大，不披露將可能會影響財務報告使用者對企業財務狀況、經營成果做出正確的估計和決策，因而對於資產負債表日後發生的非調整事項，企業應當在財務報表的附註中予以披露。需要披露的內容包括事項的性質、內容，對財務狀況、經營成果的影響；如果無法做出估計，企業應當披露無法估計的理由。

思考題

1. 如何理解資產負債表日后事項？它包括哪兩類事項？如何區分這兩類事項？
2. 資產負債表日后調整事項的具體內容包括哪些？其會計處理原則是什麼？
3. 資產負債表日后調整事項涉及的現金項目，是否應當調整現金流量表、資產負債表的相關項目？
4. 資產負債表日后非調整事項主要包括哪些內容？其會計處理原則是什麼？

第8章 非貨幣性資產交換核算

8.1 非貨幣性資產交換的認定

8.1.1 貨幣性資產與非貨幣性資產

貨幣性資產,是指企業將以固定或可確定金額的貨幣收取的資產,包括現金、銀行存款、應收帳款和應收票據以及準備持有至到期的債券投資等。貨幣性資產以外的資產為非貨幣性資產。

非貨幣性資產與貨幣性資產最大的區別在於,非貨幣性資產在將來為企業帶來的經濟利益(貨幣金額)是不固定的或不可確定的。如果資產在將來為企業帶來的經濟利益(貨幣金額)是固定的或可確定的,則該資產是貨幣性資產;反之,則該資產是非貨幣性資產。

資產負債表列示的項目中屬於非貨幣性資產的項目通常有存貨(原材料、包裝物、低值易耗品、庫存商品、委託加工物資、委託代銷商品等)、長期股權投資、投資性房地產、固定資產、在建工程、工程物資、無形資產等。

8.1.2 非貨幣資產交換的認定

1. 非貨幣性資產交換的含義

非貨幣性資產交換,是指交易雙方主要以存貨、固定資產、無形資產和長期股權投資等非貨幣性資產進行的交換。該交換不涉及或只涉及少量的貨幣性資產(補價)。

2. 非貨幣性資產交換的認定

當交易雙方完全以非貨幣性資產進行的交換可直接認定為非貨幣性資產交換。

當交易中涉及少量貨幣性資產,即涉及補價的情況下,認定涉及少量貨幣性資產的交換為非貨幣性資產交換,通常以補價占整個資產交換金額的比例低於25%作為參考。這個比例通常表現為兩個:

(1) 支付的貨幣性資產(補價)占換入資產公允價值(占換出資產公允價值與支付的貨幣性資產之和)的比例。

(2) 收到的貨幣性資產(補價)占換出資產公允價值(占換入資產公允價值和收到的貨幣性資產之和)的比例。

如果以上比例低於25%的,視為非貨幣性資產交換,適用《企業會計準則第7號——非貨幣性交換》;如果以上比例高於25%(含25%)的,視為以貨幣性資產取

得非貨幣性資產，適用《企業會計準則第 14 號——收入》。

3. 具體認定標準

在確定涉及補價的交易是否為非貨幣性資產交換時，涉及補價的企業，其具體認定標準如下：

收到補價的企業：

如果「收到的補價÷換出資產公允價值＜25%」或「收到的補價÷（換入資產公允價值＋收到的補價）＜25%」，認定該交易為非貨幣性交換。

支付補價的企業：

如果「支付的補價÷（支付的補價＋換出資產公允價值）＜25%」或「支付的補價÷換入資產公允價值＜25%」，認定該交易為非貨幣性交換。

8.2　非貨幣性資產交換的確認與計量

8.2.1　非貨幣性資產交換的確認和計量基礎

在非貨幣性資產交換中，換入資產成本有兩種計量基礎，即公允價值和帳面價值。

1. 公允價值

非貨幣性資產交換同時滿足下列兩個條件的，應當以公允價值和應支付的相關稅費作為換入資產的成本，公允價值與換出資產帳面價值的差額計入當期損益：

（1）該項交換具有商業實質。

（2）換入資產或換出資產的公允價值能夠可靠地計量。以下三種情形之一的，公允價值視為能夠可靠計量：

① 換入資產或換出資產存在活躍市場。

② 換入資產或換出資產不存在活躍市場，但同類或類似資產存在活躍市場。

③ 換入資產或換出資產不存在同類或類似資產可比市場交易，採用估值技術確定的公允價值滿足一定的條件。採用估值技術確定的公允價值符合以下條件之一，視為能夠可靠計量：

一是採用估值技術確定的公允價值估計數的變動區間很小。

二是在公允價值估計數變動區間內，各種用於確定公允價值估計數的概率能夠合理確定。

換入資產和換出資產公允價值均能夠可靠計量的，應當以換出資產公允價值作為確定換入資產成本的基礎。

2. 帳面價值

不具有商業實質或交換涉及資產的公允價值均不能可靠計量的非貨幣性資產交換，應當按照換出資產的帳面價值和應支付的相關稅費作為換入資產的成本，無論是否支付補價，均不確認損益；收到或支付的補價為確定換入資產成本的調整因素，其中，收到補價方應當以換出資產的帳面價值減去補價加上應支付的相關稅費作為換入資產

的成本；支付補價方應當以換出資產的帳面價值加上補價和應支付的相關稅費作為換入資產的成本。

8.2.2 是否具有商業實質的判斷標準

企業應當遵循實質重於形式的要求判斷非貨幣性資產交換是否具有商業實質。根據換入資產的性質和換入企業經營活動的特徵等，換入資產與換入企業其他現有資產相結合能夠產生更大的效用，從而導致換入企業受該換入資產影響產生的現金流量與換出資產明顯不同，表明該項資產交換具有商業實質。

滿足下列條件之一的非貨幣性資產交換具有商業實質：

1. 換入資產的未來現金流量在風險、時間和金額方面與換出資產顯著不同

這種情況通常包括下列情形：

（1）未來現金流量的風險、金額相同，時間不同。此種情形是指換入資產和換出資產產生的未來現金流量總額相同，獲得這些現金流量的風險相同，但現金流量流入企業的時間明顯不同。

（2）未來現金流量的時間、金額相同，風險不同。此種情形是指換入資產和換出資產產生的未來現金流量時間和金額相同，但企業獲得現金流量的不確定性程度存在明顯差異。

（3）未來現金流量的風險、時間相同，金額不同。此種情形是指換入資產和換出資產產生的未來現金流量總額相同，預計為企業帶來現金流量的時間跨度相同，風險也相同，但各年產生的現金流量金額存在明顯差異。

2. 換入資產與換出資產的預計未來現金流量現值不同，且其差額與換入資產和換出資產的公允價值相比是重大的

這種情況是指換入資產對換入企業的特定價值（預計未來現金流量現值）與換出資產存在明顯差異。本準則所指資產的預計未來現金流量現值，應當按照資產在持續使用過程中和最終處置時所產生的預計稅後未來現金流量，根據企業自身而不是市場參與者對資產特定風險的評價，選擇恰當的折現率對其進行折現後的金額加以確定。

8.3　涉及單項非貨幣性資產交換的會計處理

8.3.1　公允價值計量基礎的帳務處理

1. 公允價值計量基礎的帳務處理的基本規定

非貨幣性資產交換具有商業實質且公允價值能夠可靠計量的，應當以換出資產的公允價值和應支付的相關稅費作為換入資產的成本，除非有確鑿證據表明換入資產的公允價值更加可靠。

非貨幣性資產交換的帳務處理，視換出資產的類別不同而有所區別。

（1）換出資產為存貨的，應當視同銷售處理，按照公允價值確認銷售收入；同時

結轉銷售成本，相當於按照公允價值確認的收入和按帳面價值結轉的成本之間的差額，也即換出資產公允價值和換出資產帳面價值的差額，在利潤表中作為營業利潤的構成部分予以列示。

（2）換出資產為固定資產、無形資產的，換出資產公允價值和換出資產帳面價值的差額計入營業外收入或營業外支出。

（3）換出資產為長期股權投資、可供出售金融資產的，換出資產公允價值和換出資產帳面價值的差額計入投資收益。

換入資產與換出資產涉及相關稅費的，如換出存貨視同銷售計算的銷項稅額、換入資產作為存貨應當確認的可抵扣增值稅進項稅額，以及換出固定資產、無形資產視同轉讓應繳納的營業稅等，按照相關稅收規定計算確定。

2. 不涉及補價情況下非貨幣性交換的帳務處理

【例8-1】2012年8月，大華公司以生產經營過程中使用的一臺設備交換B家具公司生產的一批辦公家具，換入的辦公家具作為固定資產管理。該設備的帳面原價為200,000元，在交換日的累計折舊為50,000元，公允價值為175,000元。辦公家具的帳面價值為170,000元，在交換日的公允價值為175,000元，計稅價格等於公允價值。B公司換入大華公司的設備是生產家具過程中需要使用的設備。

假設大華公司此前沒有為該項設備計提資產減值準備，整個交易過程中，除支付運雜費1,500元外沒有發生其他相關稅費。假設B公司此前也沒有為庫存商品計提存貨跌價準備，其在整個交易過程中沒有發生除增值稅以外的其他稅費。雙方增值稅率均為17%。

分析：整個資產交換過程沒有涉及收付貨幣性資產，因此，該項交換屬於非貨幣性資產交換。本例是以存貨換入固定資產，兩項資產交換後對換入企業的特定價值顯著不同，兩項資產的交換具有商業實質；同時，兩項資產的公允價值都能夠可靠地計量，符合非貨幣性資產交換準則規定以公允價值計量的兩個條件。因此，大華公司和B公司均應當以換出資產的公允價值為基礎確定換入資產的成本，並確認產生的損益。

大華公司的帳務處理如下：

借：固定資產清理	150,000
累計折舊	50,000
貸：固定資產——設備	200,000
借：固定資產清理	1,500
貸：銀行存款	1,500
借：固定資產——辦公家具	175,000
應交稅費——應交增值稅（進項稅額）	29,750
貸：固定資產清理	151,500
營業外收入	23,500
應交稅費——應交增值稅（銷項稅額）	29,750

B公司的帳務處理如下：

根據增值稅的有關規定，企業以庫存商品換入其他資產，視同銷售行為發生，應計算增值稅銷項稅額，繳納增值稅。

換出辦公家具的增值稅銷項稅額 = 175,000 × 17% = 29,750（元）

借：固定資產——設備　　　　　　　　　　　　　　　175,000
　　應交稅費——應交增值稅（進項稅額）　　　　　　29,750
　　貸：主營業務收入　　　　　　　　　　　　　　　175,000
　　　　應交稅費——應交增值稅（銷項稅額）　　　　29,750
借：主營業務成本　　　　　　　　　　　　　　　　　170,000
　　貸：庫存商品——辦公家具　　　　　　　　　　　170,000

【例8-2】2012年11月，為了提高產品質量，大華公司以其持有的對C公司的長期股權投資交換D公司擁有的一項專利技術。在交換日，大華公司持有的長期股權投資帳面餘額為1,670萬元，已計提長期股權投資減值準備餘額為40萬元，在交換日的公允價值為1,650萬元；D公司專利技術的帳面原價為1,800萬元，累計已攤銷金額為120萬元，在交換日的公允價值為1,650萬元，D公司沒有為該項專利技術計提減值準備。D公司原已持有對C公司的長期股權投資，從大華公司換入對C公司的長期股權投資後，使C公司成為D公司的聯營企業。假設整個交易過程中沒有發生其他相關稅費。

分析：該項資產交換沒有涉及收付貨幣性資產，因此屬於非貨幣性資產交換。本例屬於以長期股權投資換入無形資產，兩項資產的交換具有商業實質；同時，兩項資產的公允價值都能夠可靠地計量，符合非貨幣性資產交換準則規定以公允價值計量的條件。大華公司和D公司均應當以公允價值為基礎確定換入資產的成本，並確認產生的損益。

大華公司的帳務處理如下：

借：無形資產——專利權　　　　　　　　　　　　　16,500,000
　　長期股權投資減值準備　　　　　　　　　　　　　400,000
　　貸：長期股權投資　　　　　　　　　　　　　　16,700,000
　　　　投資收益　　　　　　　　　　　　　　　　　200,000

D公司的帳務處理如下：

借：長期股權投資　　　　　　　　　　　　　　　　16,500,000
　　累計攤銷　　　　　　　　　　　　　　　　　　　1,200,000
　　營業外支出　　　　　　　　　　　　　　　　　　300,000
　　貸：無形資產——專利權　　　　　　　　　　　18,000,000

3. 涉及補價情況下非貨幣性交換的帳務處理

在以公允價值確定換入資產成本的情況下，發生補價的，支付補價方和收到補價方應當分情況處理。

(1) 支付補價方：以換出資產的公允價值加上支付的補價（換入資產的公允價值）

和應支付的相關稅費，作為換入資產的成本；換入資產成本與換出資產帳面價值加支付的補價、應支付的相關稅費之和的差額應當計入當期損益。

（2）收到補價方：以換入資產的公允價值（換出資產的公允價值減去補價）和應支付的相關稅費作為換入資產的成本；換入資產成本加收到的補價之和與換出資產帳面價值加應支付的相關稅費之和的差額應當計入當期損益。

在涉及補價的情況下，對於支付補價方而言，作為補價的貨幣性資產構成換入資產所放棄對價的一部分，對於收到補價方而言，作為補價的貨幣性資產構成換入資產的一部分。

【例8-3】大華公司與W公司經協商，大華公司以其擁有的全部用於經營出租目的的一幢寫字樓與W公司持有的交易為目的的股票投資交換。大華公司的寫字樓符合投資性房地產定義，公司未採用公允價值模式計量。在交換日，該棟寫字樓的帳面原價為1,400萬元，已提折舊80萬元，未計提減值準備，在交換日的公允價值和計稅價格均為1,450萬元；W公司持有的交易為目的的股票投資帳面價值為1,300萬元，在交換日該股票的公允價值為1,400萬元。由於大華公司急於處理該棟寫字樓，W公司僅支付了30萬元現金給大華公司。W公司換入寫字樓后仍然繼續用於經營出租，並擬採用公允價值計量模式，大華公司換入股票投資后仍然用於交易目的。假定不考慮該項交易過程中的相關稅費。

分析：該項資產交換涉及收付貨幣性資產，即補價30萬元。

對大華公司而言：收到的補價30萬元÷換入資產的公允價值1,430萬元（換入股票投資公允價值1,400萬元+收到的補價30萬元）=2.1%<25%，該項資產交換屬於非貨幣性資產交換。

對W公司而言：支付的補價30萬元÷換入資產的公允價值1,450萬元=2.07%<25%，該項資產交換屬於非貨幣性資產交換。

大華公司和W公司均應當以公允價值為基礎確定換入資產的成本，並確認產生的損益。

大華公司的帳務處理如下：

借：其他業務成本　　　　　　　　　　　　　　　　　　13,200,000
　　投資性房地產累計折舊　　　　　　　　　　　　　　　　800,000
　貸：投資性房地產　　　　　　　　　　　　　　　　　14,000,000
借：交易性金融資產　　　　　　　　　　　　　　　　　14,000,000
　　銀行存款　　　　　　　　　　　　　　　　　　　　　　300,000
　貸：其他業務收入　　　　　　　　　　　　　　　　　14,300,000

W公司的帳務處理如下：

借：投資性房地產　　　　　　　　　　　　　　　　　　14,500,000
　貸：交易性金融資產　　　　　　　　　　　　　　　　13,000,000
　　　銀行存款　　　　　　　　　　　　　　　　　　　　　300,000
　　　投資收益　　　　　　　　　　　　　　　　　　　　1,200,000

8.3.2 以換出資產帳面價值計量基礎的帳務處理

非貨幣性資產交換不具有商業實質，或者雖然具有商業實質但換入資產和換出資產的公允價值均不能可靠計量的，應當以換出資產帳面價值為基礎確定換入資產成本，無論是否支付補價，企業均不確認損益。

【例8-4】大華公司擁有一幢古建築物，帳面原價500萬元，已計提折舊380萬元，F公司擁有一臺進口設備，該設備帳面原價480萬元，已計提折舊380萬元，兩項資產均未計提減值準備。2012年12月大華公司決定以該棟古建築物交換F公司的進口設備，F公司換入古建築物擬改造為辦公室使用。該建築物和進口設備其公允價值不能可靠計量。雙方商定，F公司以兩項資產帳面價值的差額為基礎，支付大華公司20萬元補價。假定交易中沒有涉及相關稅費。

分析：該項資產交換涉及收付貨幣性資產，即補價20萬元。

對大華公司而言，收到的補價20萬元÷換出資產帳面價值120萬元＝16.67%＜25%，因此，該項交換屬於非貨幣性資產交換；

對F公司而言，支付的補價20萬元÷換出資產帳面價值120萬元＝16.67%＜25%，因此，該項交換屬於非貨幣性資產交換。

由於兩項資產的公允價值不能可靠計量，因此，兩個公司換入資產的成本均應當按照換出資產的帳面價值確定。

大華公司的帳務處理如下：

借：固定資產清理　　　　　　　　　　　　　　　　　1,200,000
　　累計折舊　　　　　　　　　　　　　　　　　　　　3,800,000
　　貸：固定資產——建築物　　　　　　　　　　　　　　5,000,000
借：固定資產——設備　　　　　　　　　　　　　　　　1,000,000
　　銀行存款　　　　　　　　　　　　　　　　　　　　　200,000
　　貸：固定資產清理　　　　　　　　　　　　　　　　　1,200,000

F公司的帳務處理如下：

借：固定資產清理　　　　　　　　　　　　　　　　　1,000,000
　　累計折舊　　　　　　　　　　　　　　　　　　　　3,800,000
　　貸：固定資產——設備　　　　　　　　　　　　　　　4,800,000
借：固定資產——建築物　　　　　　　　　　　　　　　1,200,000
　　貸：固定資產清理　　　　　　　　　　　　　　　　　1,000,000
　　　　銀行存款　　　　　　　　　　　　　　　　　　　　200,000

8.4 涉及多項非貨幣性資產交換的會計處理

8.4.1 涉及多項非貨幣性資產交換的規定

非貨幣性資產交換同時換入多項資產的，在確定各項換入資產的成本時，應當分別按下列情況處理：

（1）非貨幣性資產交換具有商業實質，且換入資產的公允價值能夠可靠計量的，應當按照換入各項資產的公允價值占換入資產公允價值總額的比例，對換入資產的成本總額進行分配，確定各項換入資產的成本。

（2）非貨幣性資產交換不具有商業實質，或者雖具有商業實質，但換入資產的公允價值不能可靠計量的，應當按照換入各項資產的原帳面價值占換入資產原帳面價值總額的比例，對換入資產的成本總額進行分配，確定各項換入資產的成本。

8.4.2 公允價值計量基礎的帳務處理

【例8-5】大華公司和G公司均為增值稅一般納稅人，適用的增值稅稅率均為17%。2012年12月，為適應業務發展的需要，經協商，大華公司決定以生產經營過程中使用的鑽床、銑床以及庫存A商品換入G公司生產經營過程中使用的專利技術、轎車4輛、房屋一套。大華公司鑽床的帳面原價為160萬元，在交換日的累計折舊為40萬元，公允價值為110萬元；銑床的帳面原價為140萬元，在交換日的累計折舊為70萬元，公允價值為80萬元；A商品的帳面餘額為290萬元，公允價值為350萬元，公允價值等於計稅價格。G公司專利技術的帳面原價為180萬元，在交換日的累計攤銷為40萬元，公允價值為150萬元；轎車的帳面原價為180萬元，在交換日的累計折舊為70萬元，公允價值為100萬元；房屋的帳面原價為200萬元，在交換日的累計折舊為60萬元，公允價值為240萬元。F公司另外以銀行存款向大華公司支付補價109.5萬元。

假定大華公司和B公司都沒有為換出資產計提減值準備；整個交易過程中沒有發生除庫存商品增值稅以外的其他相關稅費；大華公司換入F公司的轎車、房屋均作為固定資產使用和管理，專利技術作為無形資產使用和管理；F公司換入大華公司的鑽床、銑床作為固定資產使用和管理，換入的A商品作為原材料使用和管理。大華公司開具了增值稅專用發票。

分析：本例涉及收付貨幣性資產，應當計算收到的貨幣性資產占大華公司換出資產公允價值總額的比例（等於支付的貨幣性資產占G公司換出資產公允價值與支付的補價之和的比例），即：

$50 \div (110 + 80 + 350) \times 100\% = 9.26\% < 25\%$

該項涉及多項資產的非貨幣性資產交換具有商業實質；同時，各單項換入資產和換出資產的公允價值均能可靠計量。因此，大華公司和G公司均應當以公允價值為基

礎確定換入資產的總成本，確認產生的相關損益；同時，按照各單項換入資產的公允價值占換入資產公允價值總額的比例，確定各單項換入資產的成本。

大華公司的帳務處理如下：

（1）換出 A 商品的增值稅銷項稅額

換出 A 商品的增值稅銷項稅額 = 350 × 17% = 59.5（萬元）

（2）計算換入資產、換出資產公允價值總額

換出資產公允價值總額 = 110 + 80 + 350 = 540（萬元）

換入資產公允價值總額 = 150 + 100 + 240 = 490（萬元）

（3）計算換入資產總成本

換入資產總成本 = 換出資產公允價值 − 補價 + 應支付的相關稅費

$\qquad$ = 540 − 109.5 + 59.5

$\qquad$ = 490（萬元）

（4）計算確定換入各項資產的公允價值占換入資產公允價值總額的比例

專利技術公允價值占換入資產公允價值總額的比例：

150 ÷（150 + 100 + 240）× 100% = 30.61%

轎車公允價值占換入資產公允價值總額的比例：

100 ÷（150 + 100 + 240）× 100% = 20.41%

房屋公允價值占換入資產公允價值總額的比例：

240 ÷（150 + 100 + 240）× 100% = 48.98%

（5）計算確定換入各項資產的成本

專利技術的成本 = 490 × 30.61% = 150（萬元）

轎車的成本 = 490 × 20.41% = 100（萬元）

房屋的成本 = 490 × 48.98% = 240（萬元）

（6）會計分錄

借：固定資產清理	1,900,000
累計折舊	1,100,000
貸：固定資產——鑽床	1,600,000
——銑床	1,400,000
借：無形資產——專利技術	1,500,000
固定資產——轎車	1,000,000
——房屋	2,400,000
銀行存款	1,095,000
貸：固定資產清理	1,900,000
主營業務收入	3,500,000
應交稅費——應交增值稅（銷項稅額）	595,000
借：主營業務成本	2,900,000
貸：庫存商品	2,900,000

F 公司的帳務處理如下：

(1) 換入原材料的增值稅進項稅額

換入原材料的增值稅進項稅額 = 350 × 17% = 59.5（萬元）

(2) 計算換入資產、換出資產公允價值總額

換出資產公允價值總額 = 150 + 100 + 240 = 490（萬元）

換入資產公允價值總額 = 110 + 80 + 350 = 540（萬元）

(3) 確定換入資產總成本

換入資產總成本 = 換出資產公允價值 + 支付的補價 – 可抵扣的增值稅進項稅額

　　　　　　　= 490 + 109.5 – 59.5

　　　　　　　= 540（萬元）

(4) 計算確定換入各項資產的公允價值占換入資產公允價值總額的比例

鑽床公允價值占換入資產公允價值總額的比例：

110 ÷ (110 + 80 + 350) = 20.37%

銑床公允價值占換入資產公允價值總額的比例：

80 ÷ (110 + 80 + 350) = 14.82%

原材料公允價值占換入資產公允價值總額的比例：

350 ÷ (110 + 80 + 350) = 64.81%

(5) 計算確定換入各項資產的成本

鑽床的成本 = 540 × 20.37% = 110（萬元）

銑床的成本 = 540 × 14.82% = 80（萬元）

原材料的成本 = 540 × 64.81% = 350（萬元）

(6) 會計分錄

借：	固定資產清理	2,500,000
	累計折舊	1,300,000
貸：	固定資產——轎車	1,800,000
	——房屋	2,000,000
借：	固定資產——鑽床	1,100,000
	——銑床	800,000
	原材料	3,500,000
	應交稅費——應交增值稅（進項稅額）	595,000
	累計攤銷	400,000
貸：	固定資產清理	2,500,000
	無形資產	1,800,000
	銀行存款	1,095,000
	營業外收入	1,000,000

8.4.3　以帳面價值計量基礎的帳務處理

【例 8-6】假如在【例 8-5】中，交換中的各項資產的公允價值均不能可靠計量，

F公司支付補價 50 萬元，大華公司和 F 公司均應當以換出資產帳面價值總額作為換入資產的總成本，各項換入資產的成本，應當按各項換入資產的帳面價值占換入資產帳面價值總額的比例分配后確定。

大華公司的帳務處理如下：

(1) 換出 A 商品的增值稅銷項稅額

換出 A 商品的增值稅銷項稅額 = 290 × 17%

$\qquad\qquad\qquad$ = 49.3（萬元）

(2) 計算換入資產、換出資產帳面價值總額

換入資產帳面價值總額 =（180 - 40）+（180 - 70）+（200 - 60）

$\qquad\qquad\qquad$ = 140 + 110 + 140

$\qquad\qquad\qquad$ = 390（萬元）

換出資產帳面價值總額 =（160 - 40）+（140 - 70）+ 290

$\qquad\qquad\qquad$ = 120 + 70 + 290

$\qquad\qquad\qquad$ = 480（萬元）

(3) 計算換入資產總成本

換入資產總成本 = 換出資產帳面價值總額 - 補價 + 應支付的相關稅費

$\qquad\qquad\qquad$ = 480 - 50 + 49.3

$\qquad\qquad\qquad$ = 479.3（萬元）

(4) 計算確定換入各項資產的帳面價值占換入資產帳面價值總額的比例

專利技術帳面價值占換入資產帳面價值總額的比例：

140 ÷ 390 × 100% = 35.90%

轎車公允價值占換入資產帳面價值總額的比例：

110 ÷ 390 × 100% = 28.20%

房屋公允價值占換入資產帳面價值總額的比例：

140 ÷ 390 × 100% = 35.90%

(5) 計算確定換入各項資產的成本

專利技術的成本 = 479.3 × 35.90% = 172.07（萬元）

轎車的成本 = 479.3 × 28.20% = 135.16（萬元）

房屋的成本 = 479.3 × 35.90% = 172.07（萬元）

(6) 會計分錄

借：固定資產清理	1,900,000
$\quad$累計折舊	1,100,000
$\quad$貸：固定資產——鑽床	1,600,000
$\qquad\qquad$——銑床	1,400,000
借：無形資產——專利技術	1,720,700
$\quad$固定資產——轎車	1,351,600
$\qquad\qquad$——房屋	1,720,700

銀行存款	500,000
貸：固定資產清理	1,900,000
主營業務收入	2,900,000
應交稅費——應交增值稅（銷項稅額）	493,000
借：主營業務成本	2,900,000
貸：庫存商品	2,900,000

F公司的帳務處理如下：
(1) 換入原材料的增值稅進項稅額
換入原材料的增值稅進項稅額 = 290×17% = 49.3（萬元）
(2) 計算換入資產、換出資產帳面價值總額
換出資產帳面價值總額 = (180-40) + (180-70) + (200-60)
　　　　　　　　　　 = 140 + 110 + 140
　　　　　　　　　　 = 390（萬元）
換入資產帳面價值總額 = (160-40) + (140-70) + 290
　　　　　　　　　　 = 120 + 70 + 290
　　　　　　　　　　 = 480（萬元）
(3) 確定換入資產總成本
換入資產總成本 = 換出資產帳面價值 + 支付的補價 - 可抵扣的增值稅進項稅額
　　　　　　　 = 390 + 50 - 49.3
　　　　　　　 = 390.7（萬元）
(4) 計算確定換入各項資產的帳面價值占換入資產帳面價值總額的比例
鑽床帳面價值占換入資產帳面價值總額的比例：
120÷480×100% = 25.00%
銑床帳面價值占換入資產帳面價值總額的比例：
70÷480×100% = 14.58%
原材料帳面價值占換入資產帳面價值總額的比例：
290÷480×100% = 60.42%
(5) 計算確定換入各項資產的成本
鑽床的成本 = 390.7×25.00% = 97.68（萬元）
銑床的成本 = 390.7×14.58% = 56.96（萬元）
原材料的成本 = 390.7×60.42% = 236.06（萬元）
(6) 會計分錄

借：固定資產清理	2,500,000
累計折舊	1,300,000
貸：固定資產——轎車	1,800,000
——房屋	2,000,000
借：固定資產——鑽床	976,800

——銑床	569,600
原材料	2,360,600
應交稅費——應交增值稅（進項稅額）	493,000
累計攤銷	400,000
貸：固定資產清理	2,500,000
無形資產	1,800,000
銀行存款	500,000

思考題

1. 什麼是貨幣性資產與非貨幣性資產？兩者的區別是什麼？

2. 如何認定非貨幣性資產交換？

3. 在非貨幣性資產交換中，換入資產成本有哪兩種計量基礎？

4. 什麼是商業實質？判斷是否具有商業實質的主要依據有哪些？

5. 具有商業實質且公允價值能夠可靠計量的非貨幣性資產交換，應當如何確定換入資產的入帳價值？

6. 具有商業實質但公允價值不能可靠計量的非貨幣性資產交換，應當如何確定換入資產的入帳價值？

7. 不涉及補價的非貨幣性資產交換會計處理的基本原則是什麼？

8. 涉及補價的非貨幣性資產交換會計處理的基本原則是什麼？

9. 換入多項非貨幣性資產時，企業應當如何確定各項換入資產的入帳價值？

第 9 章　債務重組核算

9.1　債務重組的內涵及方式

9.1.1　債務重組的含義及特徵

1. 債務重組的概念

債務重組，是指在債務人發生財務困難的情況下，債權人按照其與債務人達成的協議或者法院的裁定做出讓步的事項。債務重組同時涉及債權人和債務人，對債權人而言，債務重組應當為「債權重組」，而對於債務人來講，為「債務重組」，但為了統一和便於表述，統稱為「債務重組」，按照《企業會計準則第 12 號——債務重組》的具體規定進行會計處理。

2. 債務重組的特徵

（1）債務人發生財務困難

債務人發生財務困難是債務重組的首要特徵，是構成債務重組的前提條件，也就是說，債務人沒有發生財務困難，是形不成債務重組事項的。

債務人發生財務困難，是指因債務人出現資金週轉困難、經營陷入困境或者其他原因，導致其無法或者沒有能力按原定條件償還債務。

（2）債權人做出讓步

債權人做出讓步是債務重組的重要特徵，是構成債務重組的必要條件，即使債務人發生了財務困難，債權人不做出讓步，也無法形成債務重組事項。

債權人做出讓步，是指債權人同意發生財務困難的債務人現在或者將來以低於重組債務帳面價值的金額或者價值償還債務。債權人做出讓步的情形主要包括：債權人減免債務人部分債務本金或者利息，降低債務人應付債務的利率等。

（3）債務重組的信息質量要求是實質重於形式

在認定債務重組事項時，我們應當綜合考慮債權人和債務人是否在自願基礎上達成重組協議，或是否有法院做出裁定而做出讓步，債權人和債務人是否相互獨立，是否構成關聯方關係或關聯方關係是否對債務重組產生實質性影響等情形下加以判斷。

3. 債務重組會計處理的適用規範

（1）只有當債務人發生了財務困難，債權人又做出讓步的情況下的債務重組才是《企業會計準則第 12 號——債務重組》規定的債務重組，應當按照債務重組具體準則進行會計處理，也才是本章涉及的會計處理事項。

（2）在債務人沒有發生財務困難時發生的債務重組的會計核算問題，或屬於捐贈，使用其他準則；或重組債務未發生帳面價值的變動，不必進行會計處理。

（3）公司清算或改組時的債務重組，屬於非持續經營條件下的債務重組，其會計核算應遵循特殊的會計處理原則。

（4）在債務人發生財務困難時所進行的債務重組，如果債權人沒有讓步，而是採取以物抵帳或訴訟方式解決，沒有直接發生權益或損益變更，不涉及會計的確認和披露，也不必進行會計處理。

9.1.2 債務重組的方式

債務重組主要包括以下四種方式：

1. 以資產清償債務

以資產清償債務，是指債務人轉讓其資產給債權人以清償債務的債務重組方式。債務人用於清償債務的資產包括現金資產和非現金資產。

（1）以現金資產清償債務

在債務重組情況下，以現金（含銀行存款）清償債務是指以低於債務帳面價值的現金清償債務。如果以等量的現金清還所欠債務，不屬於債務重組的範疇。

（2）以非現金資產清償債務

債務重組中用於清償債務的非現金資產主要有非貨幣性金融資產、股權投資、固定資產、無形資產等。這些非現金資產的公允價值應當按照下列規定進行計量：

如果非現金資產屬於公司持有的股票、債券、基金等金融資產的，應當按照《企業會計準則第 22 號——金融工具確認和計量》的規定確定其公允價值。

如果非現金資產屬於存貨、固定資產、無形資產等其他資產且存在活躍市場的，應當以其市場價格為基礎確定其公允價值；不存在活躍市場但與其類似資產存在活躍市場的，應當以類似資產的市場價格為基礎確定其公允價值；採用上述兩種方法仍不能確定非現金資產公允價值的，應當採用估值技術等合理的方法確定其公允價值。

2. 將債務轉為資本

將債務轉為資本是指債務人將其債務轉為資本，同時債權人將其債權轉為股權的債務重組方式。將債務轉為資本時，債務人是將債務轉為註冊資本，對股份有限公司而言是將債務轉為股本；對其他公司則將債務轉為實收資本。債務轉為資本的結果是：債務人因此而增加註冊資本（股本或實收資本），而債權人因此而增加長期股權投資。

需注意，債務人根據轉換協議，將可轉換債券轉為資本，是正常情況下的債務轉為資本，不屬於債務重組的範疇。

3. 修改其他債務條件

修改其他債務條件，是指不包括以上兩種方式在內的修改其他債務條件進行的債務重組方式，如減少債務本金、降低利率、減少或免除債務利息、延長償還期限等。

4. 混合重組方式

混合重組方式，是指同時採用以現金清償債務、非現金資產清償債務、債務轉為資本、修改其他債務條件等方式的組合進行債務重組。例如，債務的一部分以資產清

償，一部分轉為資本，一部分則通過修改債務條件進行清償。

9.1.3 債務重組日

債務重組事項可能發生在債務到期前、到期日或到期後。而債務重組日則是指債務重組完成日，即債務人履行協議或法院裁定，將相關資產轉讓給債權人，將債務轉為資本或修改后的償還條件已經開始執行的日子。例如，甲公司欠乙公司貨款 600 萬元，到期日為 2012 年 9 月 30 日。因甲公司發生財務困難，不能按時償還貨款，甲公司經與乙公司協商，乙公司同意甲公司用價值 550 萬元的房產抵償該債務，雙方於 2012 年 10 月 10 日辦理完房產所屬產權的轉移，同時解除了有關債權債務關係。在該項債務重組事項中，2009 年 10 月 10 日為債務重組日。

債務重組日是債務重組雙方進行會計處理的基準日。

9.2 債務重組的會計處理

9.2.1 債務重組會計處理的基本原則

1. 債務人的會計處理

（1）債務人應當將重組債務的帳面價值超過清償債務的現金、非現金資產的公允價值、所轉股份的公允價值，或者重組后債務帳面價值之間的差額，在滿足《企業會計準則第 22 號——金融工具確認和計量》所規定的金融負債終止確認條件時，將其終止確認，計入營業外收入——債務重組利得。

（2）非現金資產公允價值與帳面價值的差額，扣除轉讓資產過程中發生的相關稅費，作為資產轉讓損益，企業應當分別按不同情況進行處理。

① 非現金資產為存貨的，應當作為銷售處理，按照《企業會計準則第 14 號——收入》的規定，以其公允價值確認收入，同時結轉相應的成本。

② 非現金資產為固定資產、無形資產的，其公允價值和帳面價值的差額，計入營業外收入或營業外支出。

③ 非現金資產為長期股權投資的，其公允價值和帳面價值的差額，計入投資損益。

（3）非現金資產的公允價值應當按照下列規定進行計量：

① 非現金資產屬於公司持有的股票、債券、基金等金融資產的，應當按照《企業會計準則第 22 號——金融工具確認和計量》的規定確定其公允價值。

② 非現金資產屬於存貨、固定資產、無形資產等其他資產且存在活躍市場的，應當以其市場價格為基礎確定其公允價值；不存在活躍市場但與其類似資產存在活躍市場的，應當以類似資產的市場價格為基礎確定其公允價值；採用上述兩種方法仍不能確定非現金資產公允價值的，應當採用估值技術等合理的方法確定其公允價值。

（4）非現金資產的帳面價值，一般為非現金資產的帳面餘額扣除其資產減值準備后的金額。其中，非現金資產的帳面餘額，是指非現金資產帳戶在期末的實際金額，

即帳戶未扣除資產減值準備之前的余額。未計提減值準備的非現金資產，其帳面價值就是帳面余額。

（5）以修改其他債務條件進行債務重組涉及或有應付金額，且該或有應付金額符合《企業會計準則第13號——或有事項》中有關預計負債確認條件的，債務人應將該或有應付金額確認為預計負債。該或有應付金額在隨后會計期間沒有發生的，公司應當沖銷已確認的預計負債，同時確認營業外收入。

2. 債權人的會計處理

（1）債權人應當將重組債權的帳面余額與受讓資產的公允價值、所轉股份的公允價值，或者重組后債權的帳面價值之間的差額，在滿足金融資產終止確認條件時，將其終止確認，計入營業外支出——債務重組損失等。

（2）重組債權已計提減值準備的，應當先將上述差額沖減已計提的減值準備，沖減后仍有損失的，計入營業外支出——債務重組損失；沖減后減值準備仍有余額的，應予以轉回並抵減當期資產減值損失。

（3）債權人收到存貨、固定資產、無形資產、長期股權投資等非現金資產的，應當以其公允價值入帳。

（4）修改后的債務條款中涉及或有應收金額的，債權人不應當確認或有應收金額，不得將其計入重組后債權的帳面價值。

9.2.2 以資產清償債務方式下的債務重組會計處理

1. 以現金清償債務

債務人以現金清償債務的，債務人應當將重組債務的帳面價值與實際支付現金之間的差額，確認為債務重組利得，計入營業外收入——債務重組利得。

重組債務的帳面價值，一般為債務的面值或本金、原值，如應付帳款；如果有利息的，還應當加上應計未付利息，如長期借款。

債權人應當將重組債權的帳面余額與收到的現金之間的差額，確認為債務重組損失，計入營業外支出——債務重組損失。債權人已對債權計提減值準備的，應當先將該差額沖減減值準備，減值準備不足以沖減的部分，確認為債務重組損失，計入營業外支出——債務重組損失。

【例9-1】A公司於2012年6月5日銷售一批商品給B公司，價稅合計3,510,000元，按照合同規定，B公司應當於2012年12月31日前償付全部價稅款。但是由於B公司發生財務困難，無法按合同規定的期限內償還債務，雙方於2013年1月5日進行債務重組。債務重組協議規定，A公司同意減免B公司510,000元的債務，余額用銀行存款於25日內還清。A公司於1月30日收到B公司剩余款項，存入銀行。A公司已經為該應收帳款計提了20,000元的壞帳準備。兩個公司均為一般納稅人。

債權人（A公司）的帳務處理：

第一步，計算債務重組損失。

債務重組損失 = 應收帳款帳面余額 - 已計提的壞帳準備 - 收到的現金
$$= 3,510,000 - 20,000 - 3,000,000$$

$=490,000$（元）

第二步，編製會計分錄。

借：銀行存款   3,000,000
    營業外支出——債務重組損失   490,000
    壞帳準備   20,000
  貸：應收帳款——B公司   3,510,000

債務人（B公司）的帳務處理：

第一步，計算債務重組利得。

債務重組利得＝應付帳款帳面價值－支付的現金＝3,510,000－3,000,000＝510,000（元）

第二步，編製會計分錄。

借：應付帳款——A公司   3,510,000
  貸：銀行存款   3,000,000
    營業外收入——債務重組利得   510,000

2. 以非現金資產清償債務

債務人以非現金資產清償債務的，債務人應當將重組債務的帳面價值與轉讓的非現金資產公允價值之間的差額，確認為債務重組利得，計入營業外收入。

轉讓的非現金資產公允價值與其帳面價值之間的差額，確認為資產轉讓損益，按上述原則處理，計入當期損益。

債權人應當對接受的非現金資產按其公允價值入帳，重組債權的帳面余額與接受的非現金資產的公允價值之間的差額，確認為債務重組損失，計入營業外支出。

【例9-2】接上例，2013年1月5日雙方達成的債務重組協議規定：A公司同意B公司用其存貨和固定資產抵償該債務。其中，用於抵債的甲機器帳面價值為2,000,000元，累計折舊400,000元，經評估確認的淨值為1,500,000元；用於抵債的產品市場價格為1,000,000元，增值稅稅率為17%，產品成本為800,000元。抵債資產均已轉讓完畢。B公司發生抵債固定資產評估費用5,000元；A公司在安裝抵債設備的安裝成本為20,000元。不考慮其他稅費。

債權人（A公司）的帳務處理：

第一步，計算債務重組損失。

重組債權應收帳款帳面淨額與受讓資產公允價值及增值稅進項稅額之間的差額

$=(3,510,000-20,000)-[1,500,000+1,000,000\times(1+17\%)]$

$=3,490,000-2,670,000$

$=820,000$（元）

該差額作為債務重組損失，計入營業外支出。

第二步，編製會計分錄。

（1）結轉債務重組損失

借：在建工程——在安裝設備   1,500,000

　　　　庫存商品　　　　　　　　　　　　　　　　　　　　　1,000,000
　　　　應交稅費——應交增值稅（進項稅額）　　　　　　　　170,000
　　　　壞帳準備　　　　　　　　　　　　　　　　　　　　　20,000
　　　　營業外支出——債務重組損失　　　　　　　　　　　820,000
　　　貸：應收帳款　　　　　　　　　　　　　　　　　　　3,510,000
　（2）支付安裝成本
　　借：在建工程——在安裝設備　　　　　　　　　　　　　　20,000
　　　貸：銀行存款　　　　　　　　　　　　　　　　　　　　20,000
　（3）設備安裝完畢達到可使用狀態
　　借：固定資產——甲設備　　　　　　　　　　　　　　　1,520,000
　　　貸：在建工程　　　　　　　　　　　　　　　　　　　1,520,000
債務人（B公司）的帳務處理：
第一步，計算債務重組利得和資產轉讓收益。
重組債務應付帳款帳面價值與抵債資產公允價值及增值稅進項稅額之間的差額
= 3,510,000 − [1,500,000 + 1,000,000 × (1 + 17%)]
= 3,510,000 − 2,670,000
= 840,000（元）
該差額作為債務重組利得，計入營業外收入。
抵債資產公允價值與帳面價值之間的差額
= [1,500,000 − (2,000,000 − 400,000)] + (1,000,000 − 800,000)
= −100,000 + 200,000
= 100,000（元）
該差額扣除轉讓過程中發生的相關稅費（本例為資產評估費用）5,000元后的余額95,000元作為資產轉讓收益。由於各類資產的性質不同，該資產轉讓收益分別不同的資產項目進行會計處理。

抵債產品的公允價值1,000,000元與帳面淨額（帳面余額 − 存貨跌價準備）800,000元的差額200,000元，為轉讓存貨收益，體現在當期營業利潤中。

抵債設備公允價值1,500,000元與帳面淨值1,600,000（帳面價值 − 累計折舊 − 計提的減值準備）的差額 −100,000元，扣除評估費用5,000元為 −105,000元，作為轉讓固定資產損失，計入營業外支出。

第二步，編製會計分錄。
（1）將固定資產淨值轉入固定資產清理
　　借：固定資產清理——甲設備　　　　　　　　　　　　　1,600,000
　　　　累計折舊　　　　　　　　　　　　　　　　　　　　　400,000
　　　貸：固定資產——甲設備　　　　　　　　　　　　　　2,000,000
（2）支付清理費（評估費用）
　　借：固定資產清理　　　　　　　　　　　　　　　　　　　5,000

貸：銀行存款　　　　　　　　　　　　　　　　　　　　　　5,000
（3）結轉債務重組利得和資產損益
借：應付帳款　　　　　　　　　　　　　　　　　　　　　　3,510,000
　　　貸：主營業務收入　　　　　　　　　　　　　　　　　　1,000,000
　　　　　應交稅費——應交增值稅（銷項稅額）　　　　　　　　170,000
　　　　　固定資產清理　　　　　　　　　　　　　　　　　　1,500,000
　　　　　營業外收入——債務重組利得　　　　　　　　　　　　840,000
借：主營業務成本　　　　　　　　　　　　　　　　　　　　　800,000
　　　貸：庫存商品　　　　　　　　　　　　　　　　　　　　800,000
借：營業外支出——處置非流動資產損失　　　　　　　　　　　105,000
　　　貸：固定資產清理——甲設備　　　　　　　　　　　　　10,500

9.2.3　以債務轉為資本

　　將債務轉為資本的，債務人應當將債權人放棄債權而享有股份的面值總額（股權份額）確認為股本（實收資本），股份的公允價值總額與股本（實收資本）之間的差額確認為股本溢價（資本溢價）計入資本公積。

　　重組債務的帳面價值與股份的公允價值總額之間的差額，確認為債務重組利得，計入當期營業外收入。

　　對上市公司而言，上市公司應當以股價作為股份的公允價值；對其他公司而言，股份是沒有市價的，那麼其他公司應當採用恰當的估值技術確定其公允價值。

　　在債務轉為資本中，債務人可能會發生一些稅費，其中：與股票發行直接相關的手續費等，可作為資本公積的抵減項目；而其他稅費，如印花稅等可直接計入當期損益。

　　債務重組採用債務轉為資本方式的，債權人應當將因放棄債權而享有股份的公允價值確認為對債務人的投資，重組債權的帳面餘額與股份的公允價值之間的差額，確認為債務重組損失，計入營業外支出。如果債權人已經對該債權計提了減值準備的，應當先將上述差額沖減減值準備，減值準備不足以沖減的部分，確認為債務重組損失，計入營業外支出。

　　債權人在將債務轉為資本中發生的相關稅費，分別按照長期股權投資或者金融工具確認和計量等準則的規定進行會計處理。

　　【例9-3】續【例9-1】，2013年1月5日雙方達成的債務重組協議規定：A公司同意B公司以其股權抵償該債務。假設完成重組后，A公司所占份額為B公司註冊資本10,000,000元的30%，該份額的公允價值為3,200,000元。
債權人（A公司）的帳務處理：
　　重組債權應收帳款帳面淨額與受讓股權公允價值之間的差額
　　=（3,510,000－20,000）－3,200,000
　　=3,490,000－3,200,000

=290,000（元）

該差額作為債務重組損失，計入營業外支出。

編製會計分錄如下：

借：長期股權投資　　　　　　　　　　　　　　　3,200,000
　　營業外支出——債務重組損失　　　　　　　　　 290,000
　　壞帳準備　　　　　　　　　　　　　　　　　　　20,000
　　貸：應收帳款——B公司　　　　　　　　　　　 3,510,000

債務人（B公司）的帳務處理：

重組債務應付帳款帳面價值與所轉讓股權公允價值之間的差額

　　=3,510,000-3,200,000

　　=310,000（元）

該差額作為債務重組利得，計入營業外收入。

編製會計分錄如下：

借：應付帳款——A公司　　　　　　　　　　　　 3,510,000
　　貸：實收資本　　　　　　　　　　　　　　　 3,000,000
　　　　資本公積　　　　　　　　　　　　　　　　 200,000
　　　　營業外收入——債務重組利得　　　　　　　 310,000

9.2.4 以修改債務條件清償債務

1. 不涉及或有條件的債務重組

不涉及或有條件的債務重組是指不涉及或有應付金額和或有應收金額的債務重組。

或有應付金額，是指需要根據未來某種事項出現而發生的應付金額，而且該未來事項的出現具有不確定性。

或有應收金額，是指需要根據未來某種事項出現而發生的應收金額，而且該未來事項的出現具有不確定性。

在不涉及或有條件的債務重組中，債務人應當將修改其他債務條件後債務的公允價值作為重組後債務的入帳價值。重組債務的帳面價值與重組後債務的入帳價值之間的差額，確認為債務重組利得，計入當期營業外收入。

債權人在債務重組日，應當將修改其他債務條件後的債權的公允價值作為重組後債權的帳面價值，重組債權的帳面餘額與重組後債權的帳面價值之間的差額，確認為債務重組損失，計入當期營業外支出。債權人已對債權計提減值準備的，應當先將該差額衝減減值準備，減值準備不足以衝減的部分，確認為債務重組損失，計入當期營業外支出。

【例9-4】續【例9-1】，2013年1月5日雙方達成的債務重組協議規定：A公司同意豁免B公司510,000元的貨款，余款3,000,000元在2013年6月30日全部還清。

債權人（A公司）的帳務處理：

重組債權應收帳款帳面淨額與重組后債權的帳面價值之間的差額

$= (3,510,000 - 20,000) - 3,000,000$

$= 3,490,000 - 3,000,000$

$= 490,000$（元）

該差額作為債務重組損失，計入營業外支出。

編製會計分錄如下：

借：應收帳款——債務重組	3,00,000
營業外支出——債務重組損失	490,000
壞帳準備	20,000
貸：應收帳款——B公司	3,510,000

債務人（B公司）的帳務處理：

重組債務的帳面價值與重組後債務的入帳價值之間的差額

$= 3,510,000 - 3,000,000$

$= 510,000$（元）

該差額作為債務重組利得，計入營業外收入。

編製會計分錄如下：

借：應付帳款——A公司	3,510,000
貸：應付帳款——債務重組	3,000,000
營業外收入——債務重組利得	510,000

2. 附有或有條件的債務重組

在附有或有條件的債務重組中，債務人應當在或有應付金額滿足預計負債確認條件時將該或有應付金額確認為預計負債。重組債務的帳面價值與重組後債務的入帳價值與預計負債金額之和的差額，確認為債務重組利得，計入營業外收入。或有應付金額在隨後會計期間沒有發生的，公司應當衝減已確認的預計負債，同時確認為營業外收入。

對債權人來講，不應當確認或有應收金額，不得將其計入重組後債權的帳面價值。只有在或有應收金額實際發生時，才能計入當期損益。

【例9-5】續【例9-1】，2013年1月5日雙方達成的債務重組協議規定：A公司同意豁免B公司510,000元的貨款，餘款3,000,000元在2014年12月31日全部歸還；同時餘額按年利率5%計息，利息按年支付；若B公司在2014年盈利，利率將提高到8%。

債權人（A公司）的帳務處理：

（1）2010年1月5日債務重組日

重組債權應收帳款帳面淨額與重組後債權的帳面價值（不包括或有應收金額）之間的差額

$= (3,510,000 - 20,000) - 3,000,000$

$= 3,490,000 - 3,000,000$

$= 490,000$（元）

該差額作為債務重組損失，計入營業外支出。

編製會計分錄如下：

借：應收帳款——債務重組　　　　　　　　　　　　　　3,00,000
　　營業外支出——債務重組損失　　　　　　　　　　　490,000
　　壞帳準備　　　　　　　　　　　　　　　　　　　　　20,000
　　貸：應收帳款——B公司　　　　　　　　　　　　　3,510,000

若2014年B公司很可能盈利，則形成或有應收金額，但是A公司債務重組日無須進行會計處理，待實際收到時處理。

(2) 2013年12月31日收到利息

借：銀行存款　　　　　　　　　　　　　　　　　　　　150,000
　　貸：財務費用　　　　　　　　　　　　　　　　　　150,000

(3) 2014年B公司沒有盈利，12月31日收到本金和利息

借：銀行存款　　　　　　　　　　　　　　　　　　　3,150,000
　　貸：應收帳款——債務重組　　　　　　　　　　　3,000,000
　　　　財務費用　　　　　　　　　　　　　　　　　　150,000

(4) 2014年B公司實現盈利，12月31日收到本金和利息

借：銀行存款　　　　　　　　　　　　　　　　　　　3,240,000
　　貸：應收帳款——債務重組　　　　　　　　　　　3,000,000
　　　　財務費用　　　　　　　　　　　　　　　　　　240,000

債務人（B公司）的帳務處理：

(1) 2013年1月5日債務重組日

根據B公司的預測，2008年很可能實現盈利，其可能多付的利息作為或有應付金額符合確認負債的條件，應當確認為預計負債。

預計負債 = 3,000,000 × (8% - 5%) = 90,000（元）

重組債務的帳面價值與重組後債務的入帳價值與預計負債金額之和的差額

= 3,510,000 - 3,000,000 - 90,000

= 420,000（元）

該差額作為債務重組利得，計入營業外收入。

編製會計分錄如下：

借：應付帳款——A公司　　　　　　　　　　　　　　3,510,000
　　貸：應付帳款——債務重組　　　　　　　　　　　3,000,000
　　　　預計負債　　　　　　　　　　　　　　　　　　90,000
　　　　營業外收入——債務重組利得　　　　　　　　 420,000

(2) 2013年12月31日支付利息

借：財務費用　　　　　　　　　　　　　　　　　　　　150,000
　　貸：銀行存款　　　　　　　　　　　　　　　　　　150,000

(3) 2014 年 B 公司沒有盈利，12 月 31 日支付本金和利息
借：應付帳款——債務重組　　　　　　　　　　　　　3,000,000
　　預計負債　　　　　　　　　　　　　　　　　　　　　90,000
　　財務費用　　　　　　　　　　　　　　　　　　　　150,000
　　貸：銀行存款　　　　　　　　　　　　　　　　　　3,150,000
　　　　營業外收入——債務重組利得　　　　　　　　　　90,000

(4) 2014 年 B 公司實現盈利，12 月 31 日支付本金和利息
借：應付帳款——債務重組　　　　　　　　　　　　　3,000,000
　　財務費用　　　　　　　　　　　　　　　　　　　　150,000
　　預計負債　　　　　　　　　　　　　　　　　　　　　90,000
　　貸：銀行存款　　　　　　　　　　　　　　　　　　3,240,000

9.2.5　混合重組方式

採用混合重組方式，債權人應當依次以收到的現金、接受的非現金資產公允價值、債權人享有股份的公允價值衝減重組債權的帳面余額，再按修改其他債務條件的規定進行處理。

【例 9-6】續【例 9-1】，2013 年 1 月 5 日雙方達成的債務重組協議規定：A 公司同意 B 公司現在支付現金 600,000 元；同時以產品抵債，用於抵債的產品市場價格為 1,000,000 元，增值稅稅率為 17%，產品成本為 800,000 元；B 公司以其部分股權抵償該債務。轉讓給 A 公司的股權所占份額為 B 公司註冊資本 10,000,000 元的 10%，該份額的公允價值為 1,200,000 元；剩余的款項全部豁免。

債權人（A 公司）的帳務處理：
借：銀行存款　　　　　　　　　　　　　　　　　　　　600,000
　　長期股權投資　　　　　　　　　　　　　　　　　1,200,000
　　庫存商品　　　　　　　　　　　　　　　　　　　1,000,000
　　應交稅費——應交增值稅（進項稅額）　　　　　　　170,000
　　壞帳準備　　　　　　　　　　　　　　　　　　　　　20,000
　　營業外支出——債務重組損失　　　　　　　　　　　520,000
　　貸：應收帳款——B 公司　　　　　　　　　　　　3,510,000

債務人（B 公司）的帳務處理：
借：應付帳款——A 公司　　　　　　　　　　　　　　3,510,000
　　貸：銀行存款　　　　　　　　　　　　　　　　　　600,000
　　　　主營業務收入　　　　　　　　　　　　　　　1,000,000
　　　　應交稅費——應交增值稅（銷項稅額）　　　　　170,000
　　　　實收資本　　　　　　　　　　　　　　　　　1,000,000
　　　　資本公積　　　　　　　　　　　　　　　　　　200,000
　　　　營業外收入——債務重組利得　　　　　　　　　540,000
借：主營業務成本　　　　　　　　　　　　　　　　　　800,000
　　貸：庫存商品　　　　　　　　　　　　　　　　　　800,000

【例9-7】續【例9-1】，2013年1月5日雙方達成的債務重組協議規定：A公司同意B公司同時以汽車抵債，用於抵債的汽車原值為1,000,000元，已計提折舊300,000元，該汽車的公允價值為600,000元；B公司以其部分股權抵償該債務。轉讓給A公司的股權所占份額為B公司註冊資本10,000,000元的10%，該份額的公允價值為1,200,000元；另外1,200,000元延期在2013年12月31日支付，同時B公司支付6%的利息，其餘款項全部豁免。

債權人（A公司）的帳務處理：
(1) 債務重組日

借：固定資產——汽車　　　　　　　　　　　　　　　600,000
　　長期股權投資　　　　　　　　　　　　　　　　1,200,000
　　應收帳款——債務重組　　　　　　　　　　　　1,200,000
　　壞帳準備　　　　　　　　　　　　　　　　　　　20,000
　　營業外支出——債務重組損失　　　　　　　　　　490,000
　貸：應收帳款——B公司　　　　　　　　　　　　3,510,000

(2) 2013年12月31日收到款項

借：銀行存款　　　　　　　　　　　　　　　　　1,272,000
　貸：應收帳款——債務重組　　　　　　　　　　　1,200,000
　　　財務費用　　　　　　　　　　　　　　　　　　72,000

債務人（B公司）的帳務處理：
債務重組日

借：固定資產清理　　　　　　　　　　　　　　　　700,000
　　累計折舊　　　　　　　　　　　　　　　　　　300,000
　貸：固定資產　　　　　　　　　　　　　　　　1,000,000
借：營業外支出——資產轉讓損失　　　　　　　　　100,000
　貸：固定資產清理　　　　　　　　　　　　　　　100,000
借：應付帳款——A公司　　　　　　　　　　　　3,510,000
　貸：固定資產清理　　　　　　　　　　　　　　　600,000
　　　實收資本　　　　　　　　　　　　　　　　1,000,000
　　　資本公積　　　　　　　　　　　　　　　　　200,000
　　　應付帳款——債務重組　　　　　　　　　　1,200,000
　　　營業外收入——債務重組利得　　　　　　　　510,000

9.3　債務重組的披露

1. 債務人應當在附註中披露與債務重組有關的下列信息：
(1) 債務重組方式；
(2) 確認的債務重組利得總額；

（3）將債務轉為資本所導致的股本（實收資本）增加額；
（4）或有應付金額。
2. 債權人應當在附註中披露有關債務重組的下列信息：
（1）債務重組方式；
（2）確認的債務重組損失總額；
（3）債權轉為股份所導致的投資增加額及該投資占債務人股份總額的比例；
（4）或有應收金額。

思考題

1. 什麼是債務重組？它必須具備什麼條件？
2. 債務重組的方式有哪些？
3. 如何確定債務重組日？
4. 債務重組的會計處理原則有哪些？
5. 債務重組中發生的債務重組損益應當如何處理？
6. 採用混合重組方式，如何確定債務清償順序？

第 10 章 租賃會計核算

10.1 租賃的內涵與分類

10.1.1 租賃的相關概念

1. 租賃

租賃是指在約定的期間內,出租人將資產使用權讓與承租人,以獲取租金的協議。租賃的主要特徵是轉移資產的使用權,而不是轉移資產的所有權,並且這種轉移是有償的,取得使用權是以支付租金為代價,從而使租賃有別於資產購置和不把資產的使用權從合同的一方轉移給另一方的服務性合同,如勞務合同、運輸合同、保管合同、倉儲合同等以及無償提供使用權的借用合同。在某些情況下,企業簽署的協議所包含的交易雖然未採取租賃的法律形式,但該交易或交易的組成部分就經濟實質而言屬於租賃業務。確定一項協議是否屬於或包含租賃業務,應重點考慮以下兩個因素:一是履行該協議是否依賴某特定資產,二是協議是否轉移了資產的使用權。屬於租賃業務的,按租賃準則進行會計處理,其他部分按相關會計準則處理。

採取租賃的法律形式的一系列交易,企業應當判斷其是否相關聯,是否應當作為一項交易進行處理。企業進行判斷時,如果不把這一系列交易作為一個整體就無法理解其總體經濟影響,那麼,該涉及租賃法律形式的一系列交易是相關聯的,應當作為一項交易進行會計處理。

2. 租賃期

租賃期是指租賃協議規定的不可撤銷的租賃期間。如果承租人有權選擇續租該資產,並且在租賃開始日就可以合理確定承租人將會行使這種選擇權,不論是否再支付租金,續租期也包括在租賃期之內。

【例10-1】假設 2007 年 12 月 21 日,四川蓉興公司與成都興業公司簽訂了一份租賃合同。合同規定:

(1) 租賃期開始日:2008 年 1 月 1 日;

(2) 租賃期:2008 年 1 月 1 日~2010 年 12 月 31 日,共 3 年;

(3) 租金支付:於每年年末支付 200,000 元;

(4) 租賃期屆滿后承租人可以每年 40,000 元的租金續租 2 年,即續租期為 2011 年 1 月 1 日~2012 年 12 月 31 日,估計租賃期屆滿時該項租賃資產每年的正常租金為 160,000 元。

根據上述資料，分析如下：

（1）合同規定的租賃期為3年；

（2）續租租金40,000÷正常租金160,000×100%＝25%，我們可以合理確定承租人將來會續租。

因此，本例中的租賃期應為5年（3年＋2年），即2008年1月1日~2012年12月31日。

3. 租賃開始日

租賃開始日是指租賃協議日與租賃各方就主要條款做出承諾日中的較早者。在租賃開始日，承租人和出租人應當將租賃認定為融資租賃或經營租賃，並確定在租賃期開始日應確認的金額。

4. 租賃期開始日

租賃期開始日是指承租人有權行使其使用租賃資產權利的日期，表明租賃行為的開始。在租賃期開始日，承租人應當對租入資產、最低租賃付款額和未確認融資費用進行初始確認；出租人應當對應收融資租賃款、未擔保餘值和未實現融資收益進行初始確認。

5. 擔保餘值

擔保餘值，就承租人而言，是指由承租人或與其有關的第三方擔保的資產餘值；就出租人而言，是指就承租人而言的擔保餘值加上獨立於承租人和出租人的第三方擔保的資產餘值。其中，資產餘值是指在租賃開始日估計的租賃期屆滿時租賃資產的公允價值。為了促使承租人謹慎地使用租賃資產，盡量減少出租人自身的風險和損失，租賃協議有時要求承租人或與其有關的第三方對租賃資產的餘值進行擔保，此時的擔保餘值是針對承租人而言的。除此以外，擔保人還可能是獨立於承租人和出租人的第三方，如擔保公司，此時的擔保餘值是針對出租人而言的。

6. 未擔保餘值

未擔保餘值是指租賃資產餘值中扣除就出租人而言的擔保餘值以後的資產餘值。對出租人而言，如果租賃資產餘值中包含未擔保餘值，表明這部分餘值的風險和報酬並沒有轉移，其風險應由出租人承擔，因此，未擔保餘值不能作為應收融資租賃款的一部分。

7. 最低租賃付款額

最低租賃付款額是指在租賃期內，承租人應支付或可能被要求支付的各種款項（不包括或有租金和履約成本），加上由承租人或與其有關的第三方擔保的資產餘值，但是出租人支付但可退還的稅金不包括在內。

承租人有購買租賃資產選擇權，所訂立的購買價款預計將遠低於行使選擇權時租賃資產的公允價值，因而在租賃開始日就可以合理確定承租人將會行使這種選擇權的，購買價款應當計入最低租賃付款額。

或有租金，是指金額不固定，以時間長短以外的其他因素（如銷售量、使用量、物價指數等）為依據計算的租金。

履約成本，是指租賃期內為租賃資產支付的各種使用費用，如技術諮詢和服務費、

人員培訓費、維修費、保險費等。

8. 最低租賃收款額

最低租賃收款額是指最低租賃付款額加上獨立於承租人和出租人的第三方對出租人擔保的資產余值。

10.1.2 租賃的分類

承租人和出租人應當在租賃開始日將租賃分為融資租賃和經營租賃。企業對租賃進行分類時，應當全面考慮租賃期屆滿時租賃資產所有權是否轉移給承租人、承租人是否有購買租賃資產的選擇權、租賃期占租賃資產使用壽命的比例等各種因素。滿足下列標準之一的，應認定為融資租賃；除融資租賃以外的租賃為經營租賃。

(1) 在租賃期屆滿時，租賃資產的所有權轉移給承租人，即如果在租賃協議中已經約定，或者根據其他條件在租賃開始日就可以合理地判斷，租賃期屆滿時出租人會將資產的所有權轉移給承租人，那麼該項租賃應當認定為融資租賃。

(2) 承租人有購買租賃資產的選擇權，所訂立的購買價款預計將遠低於行使選擇權時租賃資產的公允價值，因而在租賃開始日就可合理地確定承租人將會行使這種選擇權。

例如，出租人和承租人簽訂了一項租賃協議，租賃期限為 5 年租賃期屆滿時承租人有權以 20,000 元的價格購買租賃資產，在簽訂租賃協議時估計該租賃資產租賃期屆滿時的公允價值為 80,000 元。由於購買價格僅為公允價值的 25%（遠低於公允價值 80,000元），如果沒有特別的情況，承租人在租賃期屆滿時將會購買該項資產。在這種情況下，在租賃開始日即可判斷該項租賃應當認定為融資租賃。

(3) 即使資產的所有權不轉移，但租賃期占租賃資產使用壽命的大部分。這裡的「大部分」掌握在租賃期占租賃開始日租賃資產使用壽命的 75% 以上（含 75%，下同）。需要說明的是，這裡的量化標準只是指導性標準，企業在具體運用時，必須以準則規定的相關條件進行判斷。這條標準強調的是租賃期占租賃資產使用壽命的比例，而非租賃期占該項資產全部可使用年限的比例。如果租賃資產是舊資產，在租賃前已使用年限超過資產自全新時起算可使用年限的 75% 以上時，則這條判斷標準不適用，不能使用這條標準確定租賃的分類。

例如，某項租賃設備全新時可使用年限為 10 年，已經使用了 4 年，從第 5 年開始租出，租賃期為 5 年，由於租賃開始時該設備使用壽命為 6 年，租賃期占使用壽命 83.33%（5÷6×100%），符合第 3 條標準，因此，該項租賃應當歸類為融資租賃；如果從第 5 年開始，租賃期為 3 年，租賃期占使用壽命的 50%，就不符合第 3 條標準，因此該項租賃不應認定為融資租賃（假定也不符合其他判斷標準）。假如該項設備已經使用了 8 年，從第 9 年開始租賃，租賃期為 2 年，此時，該設備使用壽命為 2 年。雖然租賃期為使用壽命的 100%（2÷2×100%），但由於在租賃前該設備的已使用年限超過了可使用年限（10 年）的 75%（8÷10×100% = 80% > 75%），因此，企業也不能採用這條標準來判斷租賃的分類。

(4) 承租人租賃開始日的最低租賃付款額的現值，幾乎相當於租賃開始日租賃資產公允價值；出租人在租賃開始日最低租賃收款額的現值，幾乎相當於租賃開始日租賃資產公允價值。這裡的「幾乎相當於」，通常掌握在90%以上。需要說明的是，這裡的量化標準只是指導性標準，企業在具體運用時，必須以準則規定的相關條件進行判斷。

(5) 租賃資產性質特殊，如果不作較大改造，只有承租人才能使用。這條標準是指租賃資產是由出租人根據承租人對資產型號、規格等方面的特殊要求專門購買或建造的，具有專購、專用性質。這些租賃資產如果不作較大的重新改制，其他企業通常難以使用。在這種情況下，該項租賃也應當認定為融資租賃。

對於同時涉及土地和建築物的租賃，企業通常應當將土地和建築物分開考慮，將最低租賃付款額根據土地部分的租賃權益和建築物的租賃權益的相對公允價值的比例進行分配。在中國，由於土地的所有權歸國家所有，土地租賃不能歸類為融資租賃。對於建築物的租賃按租賃準則的規定標準進行相應的分類。如果土地和建築物無法分離和不能可靠計量的，應歸類為一項融資租賃，除非兩部分都明顯是經營租賃，在后一種情況下，整個租賃應歸類為經營租賃。

本章著重講解了融資租賃和經營租賃下承租人和出租人的會計處理等問題。承租人以融資租賃方式取得的生物資產的計量，應根據生物資產準則處理。

10.2 經營租賃的會計處理

10.2.1 承租人對經營租賃的會計處理

1. 租金的會計處理

在經營租賃下，與租賃資產所有權有關的風險和報酬並沒有實質上轉移給承租人，承租人不承擔租賃資產的主要風險。承租人對經營租賃的會計處理比較簡單，承租人不須將所取得的租入資產的使用權資本化，相應地也不必將所承擔的付款義務列作負債。其主要問題是解決應支付的租金與計入當期費用的關係。承租人在經營租賃下發生的租金應當在租賃期內的各個期間按直線法確認為費用；如果其他方法更合理，也可以採用其他方法。

某些情況下，出租人可能對經營租賃提供激勵措施，如免租期、承擔承租人某些費用等。在出租人提供了免租期的情況下，承租人應將租金總額在整個租賃期內，而不是在租賃期扣除免租期后的期間內按直線法或其他合理的方法進行分攤，免租期內應確認租金費用；在出租人承擔了承租人的某些費用的情況下，承租人應將該費用從租金總額中扣除，並將租金餘額在租賃期內進行分攤。其會計處理為：確認各期租金費用時，借記「長期待攤費用」等科目，貸記「其他應付款」等科目；實際支付租金時，借記「其他應付款」等科目，貸記「銀行存款」「庫存現金」等科目。

此外，為了保證租賃資產的安全和有效使用，承租人應設置「經營租賃資產」備

查簿作備查登記，以反應和監督租賃資產的使用、歸還和結存情況。承租人還應在財務報告中披露與經營租賃有關的下列事項：

（1）資產負債表日后連續三個會計年度每年將支付的不可撤銷經營租賃的最低租賃付款額；

（2）以后年度將支付的不可撤銷經營租賃最低租賃付款額總額。

【例10－2】2010年1月1日，成都興業公司向四川蓉興公司租入辦公設備一臺，租期為3年。該設備價值為1,500,000元，預計使用年限為10年。租賃合同規定，租賃開始日（2010年1月1日）成都興業公司向四川蓉興公司一次性預付租金200,000元，第一年年末支付租金200,000元，第二年年末支付租金250,000元，第三年年末支付租金250,000元。租賃期屆滿后四川蓉興公司收回設備，三年的租金總額為900,000元。（假定成都興業公司和四川蓉興公司均在年末確認租金費用和租金收入，並且不存在租金逾期支付的情況。）

分析：此項租賃沒有滿足融資租賃的任何一條標準，應作為經營租賃處理。確認租金費用時，承租人不能依據各期實際支付的租金的金額確定，而應採用直線法分攤確認各期的租金費用。此項租賃租金費用總額為900,000元，按直線法計算，每年應分攤的租金費用為300,000元。其帳務處理如下：

2010年1月1日：
借：長期待攤費用　　　　　　　　　　　　　　　　　　　　　200,000
　　貸：銀行存款　　　　　　　　　　　　　　　　　　　　　　200,000

2010年12月31日：
借：管理費用　　　　　　　　　　　　　　　　　　　　　　　300,000
　　貸：長期待攤費用　　　　　　　　　　　　　　　　　　　　100,000
　　　　銀行存款　　　　　　　　　　　　　　　　　　　　　　200,000

2011年12月31日：
借：管理費用　　　　　　　　　　　　　　　　　　　　　　　300,000
　　貸：長期待攤費用　　　　　　　　　　　　　　　　　　　　 50,000
　　　　銀行存款　　　　　　　　　　　　　　　　　　　　　　250,000

2012年12月31日：
借：管理費用　　　　　　　　　　　　　　　　　　　　　　　300,000
　　貸：長期待攤費用　　　　　　　　　　　　　　　　　　　　 50,000
　　　　銀行存款　　　　　　　　　　　　　　　　　　　　　　250,000

2. 初始直接費用的會計處理

對於承租人在經營租賃中發生的初始直接費用，應計入當期損益。其帳務處理為：借記「管理費用」等科目，貸記「銀行存款」等科目。

3. 或有租金的會計處理

在經營租賃下，承租人對或有租金的處理與融資租賃下相同，即在實際發生時計入當期損益。其帳務處理為：借記「銷售費用」等科目，貸記「銀行存款」等科目。

4. 出租人提供激勵措施的會計處理

出租人提供免租期的，承租人應將租金總額在不扣除免租期的整個租賃期內，按直線法或其他合理的方法進行分攤，免租期內應當確認租金費用及相應的負債。出租人承擔了承租人某些費用的，承租人應將該費用從租金費用總額中扣除，按扣除后的租金費用余額在租賃期內進行分攤。

5. 相關信息的披露

承租人對於重大的經營租賃，應當在附註中披露下列信息：

（1）資產負債表日后連續三個會計年度每年將支付的不可撤銷經營租賃的最低租賃付款額。

（2）以后年度將支付的不可撤銷經營租賃的最低租賃付款額總額。

10.2.2 出租人對經營租賃的會計處理

在經營租賃下，與租賃資產所有權有關的風險和報酬並沒有實質上轉移給承租人，出租人對經營租賃的會計處理也比較簡單，主要問題是解決應收的租金與確認為當期收入之間的關係、經營租賃資產折舊的計提。在經營租賃下，租賃資產的所有權始終歸出租人所有，因此出租人仍應按自有資產的處理方法，將租賃資產反應在資產負債表上。如果經營租賃資產屬於固定資產，應當採用出租人對類似應折舊資產通常所採用的折舊政策計提折舊；否則，應當採用合理的方法進行攤銷。

1. 租金的會計處理

在一般情況下，出租人應採用直線法將收到的租金在租賃期內確認為收益，但在某些特殊情況下，則應採用比直線法更系統合理的方法。出租人應當根據應確認的收益，借記「銀行存款」等科目，貸記「租賃收入」「其他業務收入」等科目。

2. 初始直接費用的會計處理

經營租賃中出租人發生的初始直接費用，是指在租賃談判和簽訂租賃合同的過程中發生的可歸屬於租賃項目的手續費、律師費、差旅費、印花稅等，應當計入當期損益。金額較大的應當資本化，在整個經營租賃期內按照與確認租金收入相同的基礎分期計入當期損益。

3. 租賃資產折舊的計提

對於經營租賃資產中的固定資產，應當採用出租人對類似應折舊資產通常所採用的折舊政策計提折舊。

4. 或有租金的會計處理

在經營租賃下，出租人對或有租金的處理與融資租賃下相同，即在實際發生時計入當期收益。

5. 出租人對經營租賃提供激勵措施的會計處理

某些情況下，出租人可能對經營租賃提供激勵措施，如免租期、承擔承租人某些費用等。在出租人提供了免租期的情況下，出租人應將租金總額在整個租賃期內，而不是在租賃期扣除免租期后的期間內按直線法或其他合理的方法進行分配，免租期內應確認租賃收入；在出租人承擔了承租人的某些費用的情況下，出租人應將該費用從

租金總額中扣除，並將租金餘額在租賃期內進行分配。

其會計處理為：確認各期租金收入時，借記「應收帳款」或「其他應收款」等科目，貸記「租賃收入」科目。實際收到租金時，借記「銀行存款」等科目，貸記「應收帳款」或「其他應收款」等科目。

6. 經營租賃資產在財務報表中的會計處理

在經營租賃下，與資產所有權有關的主要風險和報酬仍然留在出租人一方，因此出租人應當將出租資產作為自身擁有的資產在資產負債表中列示。如果出租資產屬於固定資產，則列在資產負債表固定資產項下，如果出租資產屬於流動資產，則列在資產負債表有關流動資產項下。

【例10-3】續【例10-2】。

分析：此項租賃沒有滿足融資租賃的任何一條標準，出租人應作為經營租賃處理。確認租金收入時，出租人（四川蓉興公司）不能依據各期實際收到的租金的金額確定，而應採用直線法分配確認各期的租賃收入。此項租賃租金收入總額為900,000元，按直線法計算，每年應分配的租金收入為300,000元。

四川蓉興公司相應的帳務處理為：

2010年1月1日：

借：銀行存款	200,000
貸：應收帳款	200,000

2010年12月31日：

借：銀行存款	200,000
應收帳款	100,000
貸：租賃收入	300,000

2011年12月31日：

借：銀行存款	250,000
應收帳款	50,000
貸：租賃收入	300,000

2012年12月31日：

借：銀行存款	250,000
應收帳款	50,000
貸：租賃收入	300,000

出租人以經營租賃方式提供的生物資產的計量，按照《企業會計準則第5號——生物資產》的相關規定進行處理。

10.2.3　售后租回交易形成經營租賃

1. 售后租回交易的定義

售后租回交易是一種特殊形式的租賃業務，是指賣主（承租人）將一項自製或外購的資產出售后，又將該項資產從買主（出租人）租回，習慣上稱之為「回租」。通過售后租回交易，資產的原所有者（承租人）在保留對資產的佔有權、使用權和控制

權的前提下，將固定資本轉化為貨幣資本，在出售時可取得全部價款的現金，而租金則是分期支付的，從而獲得了所需的資金；而資產的新所有者（出租人）通過售后租回交易，找到了一個風險小、回報有保障的投資機會。20世紀90年代以來，售后租回交易在中國也得到了充分的發展，大部分租賃公司尤其是中外合資租賃公司最近幾年的租賃業務以售后租回交易為主。

由於在售后租回交易中資產的售價和租金是相互關聯的，是以一攬子方式談判的，是一併計算的，因此，資產的出售和租回實質上是同一項交易。

2. 售后租回交易形成經營租賃

售后租回交易認定為經營租賃的，應當分情況處理：在有確鑿證據表明售后租回交易是按照公允價值達成的，售價和資產帳面價值的差額應當計入當期損益。如果售后租回交易不是按照公允價值達成的，有關損益應於當期確認；但若該損失將由低於市價的未來租賃付款額補償的，應將其遞延，並按與確認租金費用相一致的方法分攤於預計的資產使用期限內；售價高於公允價值的，其高於公允價值的部分應予以遞延，並在預計的使用期限內攤銷。

3. 售后租回交易的會計處理

對於售后租回交易，出租人應按照租賃的分類標準，將售后租回交易認定為融資租賃或經營租賃。對於出租人來講，售后租回交易（無論是融資租賃還是經營租賃的售后租回交易）同其他租賃業務的會計處理沒有什麼區別。因此，本節主要介紹承租人（資產出售方）的會計處理。

（1）出售資產時，按固定資產帳面淨值，借記「固定資產清理」科目，按固定資產已提折舊，借記「累計折舊」科目，按固定資產的帳面原價，貸記「固定資產」科目；如果出售資產已計提減值準備，還應結轉已計提的減值準備。

（2）收到出售資產的價款時，借記「銀行存款」科目，貸記「固定資產清理」科目，借記或貸記「遞延收益——未實現售后租回損益（經營租賃）」科目或「營業外收入」「營業外支出」科目。

（3）租回資產時，承租人（資產出售方）不作帳務處理，僅作備查登記。

（4）各期根據該項租賃資產的租金支付比例分攤未實現售后租回損益時，借記或貸記「遞延收益——未實現售后租回損益（經營租賃）」科目，貸記或借記「製造費用」「銷售費用」「管理費用」等科目。

4. 售后租回交易的披露

承租人和出租人除應當按照有關規定披露售后租回交易外，還應對售后租回合同中的特殊條款做出披露。這裡的「特殊條款」是指售后租回合同中規定的區別於一般租賃交易的條款，比如租賃標的物的售價等。

5. 售后租回交易形成經營租賃的應用實例

（1）第一種情況：售后租回交易形成經營租賃，售價高於資產帳面價值。

【例10-4】續【例10-2】，假定2010年1月1日，成都興業公司將全新市價為950,000元的辦公設備一臺，按照1,000,000元的價格售給四川蓉興公司。該設備2010年1月1日的帳面價值為900,000元，雙方立即簽訂了一份租賃合同，租期為4年，每

年年末支付租金 200,000 元。

①承租人（賣主：成都興業公司）的會計處理。

第一步，判斷租賃類型。

根據【例 10-2】，該項租賃屬於經營租賃。

第二步，計算未實現售后租回損益。

未實現售后租回損益 = 售價 - 資產的帳面價值
$$= 1,000,000 - 900,000$$
$$= 100,000 （元）$$

第三步，在租賃期內按租金支付比例分攤未實現售后租回損益，如表 10-1 所示。

表 10-1　　　　　　　　　未實現售后租回損益分攤表

2010 年 1 月 1 日　　　　　　　　　金額單位：元

日期	售價	固定資產帳面價值	支付的租金	租金支付比例	攤銷額	未實現售后租回損益
2010 年 1 月 1 日	1,000,000	900,000				100,000
2010 年 12 月 31 日			200,000	25%	25,000	75,000
2011 年 12 月 31 日			200,000	25%	25,000	50,000
2012 年 12 月 31 日			200,000	25%	25,000	25,000
2013 年 12 月 31 日			200,000	25%	25,000	0
合計	1,000,000	900,000	800,000	100.0%	100,000	

第四步，帳務處理。

2010 年 1 月 1 日，結轉出售固定資產的成本：

借：固定資產清理　　　　　　　　　　　　　　　　　　　900,000
　　貸：固定資產　　　　　　　　　　　　　　　　　　　　900,000

2010 年 1 月 1 日，向四川蓉興公司出售設備：

借：銀行存款　　　　　　　　　　　　　　　　　　　　1,000,000
　　貸：固定資產清理　　　　　　　　　　　　　　　　　　900,000
　　　　遞延收益——未實現售后租回損益（經營租賃）　　　100,000

2010 年 12 月 31 日，確認本年應分攤的未實現售后租回損益。（在本例中，按年分攤未實現售后租回損益只是為了簡化核算。在實際工作中，承租人一般應在按月確認租金費用的同時合理分攤未實現售后租回損益。）

借：遞延收益——未實現售后租回損益（經營租賃）　　　　25,000
　　貸：管理費用　　　　　　　　　　　　　　　　　　　　25,000

其他有關會計處理（略）。

第五步，財務報告中的列示與披露（略）。

但是，如果公司有確鑿證據表明，售后租回交易是按照公允價值達成的，售價與資產帳面價值之間的差額應當計入當期損益。

在這種情況下，帳務處理為：

2010年1月1日，結轉出售固定資產的成本：
借：固定資產清理　　　　　　　　　　　　　　　　900,000
　　貸：固定資產　　　　　　　　　　　　　　　　　　　　900,000

2010年1月1日，向四川蓉興公司出售設備：
借：銀行存款　　　　　　　　　　　　　　　　　1,000,000
　　貸：固定資產清理　　　　　　　　　　　　　　　　　900,000
　　　　營業外收入　　　　　　　　　　　　　　　　　　100,000

②出租人（買主：四川蓉興公司）的會計處理。

2010年1月1日，向成都興業公司購買設備：
借：固定資產　　　　　　　　　　　　　　　　　1,000,000
　　貸：銀行存款　　　　　　　　　　　　　　　　　　1,000,000

其他相關會計處理與一般經營租賃業務的會計處理相同，此略。

(2) 第二種情況：售後租回交易形成經營租賃，售價低於資產公允價值且損失將由低於市價的未來租賃付款額補償。

【例10-5】續【例10-2】，假定2010年1月1日，成都興業公司將全新市價為1,100,000元的辦公設備一臺，按照1,000,000元的價格售給四川蓉興公司。該設備2010年1月1日的帳面價值為1,100,000元，雙方立即簽訂了一份租賃合同，該合同主要條款與【例10-4】的合同條款內容基本相同。假設未來租賃付款總額低於市價1,000,000元。

①承租人（賣主：成都興業公司）的會計處理：

第一步，判斷租賃類型。

根據【例10-2】，該項租賃屬於經營租賃。

第二步，計算未實現售后租回損益。

未實現售后租回損益 = 售價 - 資產的帳面價值
　　　　　　　　　　= 1,000,000 - 1,100,000
　　　　　　　　　　= -100,000（元）

第三步，在租賃期內按租金支付比例分攤未實現售后租回損益，如表10-2所示。

表10-2　　　　　　　　　未實現售后租回損失分攤表
2010年1月1日　　　　　　　　　　　金額單位：元

日期	售價	固定資產帳面價值	支付的租金	租金支付比例	攤銷額	未實現售后租回損益
2010年1月1日	1,000,000	1,100,000				100,000
2010年12月31日			200,000	25%	25,000	75,000
2011年12月31日			200,000	25%	25,000	50,000
2012年12月31日			200,000	25%	25,000	25,000

表10-2(續)

日期	售價	固定資產帳面價值	支付的租金	租金支付比例	攤銷額	未實現售後租回損益
2013年12月31日			200,000	25%	25,000	0
合計	1,000,000	1,100,000	800,000	100%	100,000	

第四步，會計處理。

2010年1月1日，結轉出售固定資產的成本。

借：固定資產清理　　　　　　　　　　　　　　　　1,100,000
　貸：固定資產　　　　　　　　　　　　　　　　　　　1,100,000

2010年1月1日，向四川蓉興公司出售設備：

借：銀行存款　　　　　　　　　　　　　　　　　　1,000,000
　　遞延收益——未實現售後租回損益（經營租賃）　　100,000
　貸：固定資產清理　　　　　　　　　　　　　　　　　1,100,000

2010年12月31日，確認本年應分攤的未實現售後租回損益。（在本例中，按年分攤未實現售後租回損益只是為了簡化核算。在實際工作中，承租人一般應在按月確認租金費用的同時合理分攤未實現售後租回損益。）

借：管理費用　　　　　　　　　　　　　　　　　　　25,000
　貸：遞延收益——未實現售後租回損益（經營租賃）　　25,000

其他有關會計處理（略）。

第五步，財務報告中的列示與披露（略）。

但是，如果公司有確鑿證據表明，售後租回交易是按照公允價值達成的，售價與資產帳面價值之間的差額應當計入當期損益。

在這種情況下，會計處理為：

借：固定資產清理　　　　　　　　　　　　　　　　1,100,000
　貸：固定資產　　　　　　　　　　　　　　　　　　　1,100,000

2010年1月1日，向四川蓉興公司出售設備：

借：銀行存款　　　　　　　　　　　　　　　　　　1,000,000
　　營業外支出　　　　　　　　　　　　　　　　　　　100,000
　貸：固定資產清理　　　　　　　　　　　　　　　　　1,100,000

②出租人（買主：四川蓉興公司）的會計處理：

2010年1月1日，向成都興業公司購買設備：

借：固定資產　　　　　　　　　　　　　　　　　　1,000,000
　貸：銀行存款　　　　　　　　　　　　　　　　　　　1,000,000

其他相關會計處理與一般經營租賃業務的會計處理相同，此略。

10.3 融資租賃的會計處理

10.3.1 承租人對融資租賃的處理

1. 租賃期開始日

在租賃期開始日，承租人應當將租賃開始日租賃資產公允價值與最低租賃付款額現值兩者中較低者作為租入資產的入帳價值，將最低租賃付款額作為長期應付款的入帳價值，其差額作為未確認融資費用。

承租人在計算最低租賃付款額的現值時，如果知悉出租人的租賃內含利率，應當採用出租人的租賃內含利率作為折現率；否則，應當採用租賃合同規定的利率作為折現率。如果出租人的租賃內含利率和租賃合同規定的利率均無法知悉，承租人應當採用同期銀行貸款利率作為折現率。其中，租賃內含利率，是指在租賃開始日，使最低租賃收款額的現值與未擔保餘值的現值之和等於租賃資產公允價值與出租人的初始直接費用之和的折現率。

初始直接費用是指在租賃談判和簽訂租賃合同的過程中發生的可直接歸屬於租賃項目的費用。承租人發生的初始直接費用，通常有印花稅、佣金、律師費、差旅費、談判費等。承租人發生的初始直接費用，應當計入租入資產價值。

【例10-6】2009年12月31日，成都興業公司與四川蓉興公司簽訂了一份租賃合同，成都興業公司向四川蓉興公司租入塑鋼機一臺。合同主要條款如下：

（1）租賃標的物：塑鋼機。
（2）起租日：2010年1月1日。
（3）租賃期：2010年1月1日～2012年12月31日，共36個月。
（4）租金支付：自2010年1月1日，每隔6個月於月末支付租金150,000元。
（5）該機器的保險、維護等費用均由成都興業公司負擔，估計每年約1,000元。
（6）該機器在2009年12月31日的公允價值為700,000元。
（7）租賃合同規定的利率為7%（6個月利率）（四川蓉興公司租賃內含利率未知）。
（8）成都興業公司發生租賃初始直接費用1,000元。
（9）該機器的估計使用年限為8年，已使用3年，期滿無殘值。承租人採用年限平均法計提折舊。
（10）租賃期屆滿時，成都興業公司享有優惠購買該機器的選擇權，購買價為100元，估計該日租賃資產的公允價值為80,000元。
（11）2011年和2012年兩年，成都興業公司每年按該機器所生產的產品——塑鋼窗戶的年銷售收入的5%向四川蓉興公司支付經營分享收入。

承租人（成都興業公司）的會計處理：
第一步，判斷租賃類型。

本例存在優惠購買選擇權，優惠購買價 100 元遠低於行使選擇權日租賃資產的公允價值 80,000 元，所以在租賃開始日，即 2009 年 12 月 31 日就可合理確定成都興業公司將會行使這種選擇權，符合第 2 條判斷標準；另外，最低租賃付款額的現值為 715,116.6 元（計算過程見后）大於租賃資產公允價值的 90% 即 630,000 元（700,000 元×90%），符合第 4 條判斷標準。所以這項租賃應當認定為融資租賃。

第二步，計算租賃開始日最低租賃付款額的現值，確定租賃資產入帳價值。

最低租賃付款額 = 各期租金之和 + 行使優惠購買選擇權支付的金額
$$= 150,000 \times 6 + 100$$
$$= 900,100 （元）$$

計算現值的過程如下：

每期租金 150,000 元的年金現值 = $150,000 \times PVA_{7\%,6}$

優惠購買選擇權行使價 100 元的複利現值 = $100 \times PV_{7\%,6}$

查表得知：

$PVA_{7\%,6} = 4.767$

$PV_{7\%,6} = 0.666$

現值合計 = $150,000 \times 4.767 + 100 \times 0.666$
$$= 715,050 + 66.6$$
$$= 715,116.6 （元） > 700,000 （元）$$

根據公允價值與最低租賃付款額現值孰低原則，租賃資產的入帳價值應為其公允價值 700,000 元。

第三步，計算未確認融資費用。

未確認融資費用 = 最低租賃付款額 - 租賃開始日租賃資產的公允價值
$$= 900,100 - 700,000$$
$$= 200,100 （元）$$

第四步，將初始直接費用 1,000 元計入資產價值，則成都興業公司融資租入資產的入帳價值 = 700,000 + 1,000 = 701,000（元）。

第五步，編製會計分錄。

2010 年 1 月 1 日

借：固定資產——融資租入固定資產　　　　　　　　　　　701,000
　　未確認融資費用　　　　　　　　　　　　　　　　　　200,100
　　貸：長期應付款——應付融資租賃款　　　　　　　　　900,100
　　　　銀行存款　　　　　　　　　　　　　　　　　　　1,000

2. 未確認融資費用的分攤

在融資租賃下，承租人向出租人支付的租金中，包含了本金和利息兩部分。承租人支付租金時，一方面應減少長期應付款，另一方面應同時將未確認的融資費用按一定的方法確認為當期融資費用。

在分攤未確認的融資費用時，按照租賃準則的規定，承租人應當採用實際利率法。

在採用實際利率法的情況下，根據租賃開始日租賃資產和負債的入帳價值基礎不同，融資費用分攤率的選擇也不同；未確認融資費用的分攤率的確定具體分為下列幾種情況：

（1）以出租人的租賃內含利率為折現率將最低租賃付款額折現，且以該現值作為租賃資產入帳價值的，應當將租賃內含利率作為未確認融資費用的分攤率。

（2）以合同規定利率為折現率將最低租賃付款額折現，且以該現值作為租賃資產入帳價值的，應當將合同規定利率作為未確認融資費用的分攤率。

（3）以銀行同期貸款利率為折現率將最低租賃付款額折現，且以該現值作為租賃資產入帳價值的，應當將銀行同期貸款利率作為未確認融資費用的分攤率。

（4）以租賃資產公允價值為入帳價值的，應當重新計算分攤率。該分攤率是使最低租賃付款額的現值等於租賃資產公允價值的折現率。

存在優惠購買選擇權的，在租賃期屆滿時，未確認融資費用應全部攤銷完畢，並且租賃負債也應當減少為優惠購買金額。在承租人或與其有關的第三方對租賃資產提供了擔保或由於在租賃期屆滿時沒有續租而支付違約金的情況下，在租賃期屆滿時，未確認融資費用應當全部攤銷完畢，租賃負債還應減少至擔保余值。

【例 10-7】續【例 10-6】，以下列示未確認融資費用分攤的處理：

第一步，確定融資費用分攤率。

由於租賃資產入帳價值為其公允價值，因此成都興業公司應重新計算融資費用分攤率。

計算過程如下：

根據下列公式：

租賃開始日最低租賃付款額的現值 = 租賃開始日租賃資產公允價值

可以得出：$150,000 \times PVA_{r,6} + 100 \times PV_{r,6} = 700,000$

可在多次測試的基礎上，用插值法計算融資費用分攤率。

當 r = 7% 時：

$150,000 \times 4.767 + 100 \times 0.666 = 715,050 + 66.6 = 715,116.6 > 700,000$

當 r = 8% 時：

$150,000 \times 4.623 + 100 \times 0.630 = 693,450 + 63 = 693,513 < 700,000$

因此，7% < r < 8%。用插值法計算如表 10-3 所示。

表 10-3　　　　　　　　　　　　插值法

現值	利率
715,116.6	7%
700,000	r
693,513	8%

$(715,116.6 - 700,000) \div (715,116.6 - 693,513) = (7\% - r) \div (7\% - 8\%)$

r = （21,603.6×7% + 15,116.6×1%）÷21,603.6
 =7.70%

即，融資費用分攤率為 7.70%。

第二步，在租賃期內採用實際利率法分攤未確認融資費用，其如表 10-4 所示。

表 10-4　　　　　　　　未確認融資費用分攤表（實際利率法）
2009 年 12 月 31 日　　　　　　　　　　單位：元

日期①	租金②	確認的融資費用③	應付本金減少額④	應付本金額⑤
		③ = 期初⑤ ×7.70%	④ = ② - ③	期末⑤ = 期初⑤ - ④
2009 年 12 月 31 日				700,000.00
2010 年 6 月 30 日	150,000	53,900.00	96,100.00	603,900.00
2010 年 12 月 31 日	150,000	46,500.3	103,499.70	500,400.30
2011 年 6 月 30 日	150,000	38,530.82	111,469.18	388,931.12
2011 年 12 月 31 日	150,000	29,947.70	120,052.30	268,878.82
2012 年 6 月 30 日	150,000	20,703.67	129,296.33	139,582.49
2012 年 12 月 31 日	150,000	10,517.51*	139,482.49*	100.00
2012 年 12 月 31 日	100		100.00	
合計	900,100	200,100	700,000.00	

註：* 做尾數調整；10,517.51 = 150,000 - 139,482.49；139,482.49 = 139,582.49 - 100。

第三步，編製會計分錄。

2010 年 6 月 30 日，支付第一期租金：

借：長期應付款——應付融資租賃款	150,000
貸：銀行存款	150,000
借：財務費用	53,900
貸：未確認融資費用	53,900

2010 年 12 月 31 日，支付第二期租金：

借：長期應付款——應付融資租賃款	150,000
貸：銀行存款	150,000
借：財務費用	46,500.30
貸：未確認融資費用	46,500.30

2011 年 6 月 30 日，支付第三期租金：

借：長期應付款——應付融資租賃款	150,000
貸：銀行存款	150,000
借：財務費用	38,530.82
貸：未確認融資費用	38,530.82

2011 年 12 月 31 日，支付第四期租金：

借：長期應付款——應付融資租賃款　　　　　　　　　150,000
　　貸：銀行存款　　　　　　　　　　　　　　　　　　　150,000
借：財務費用　　　　　　　　　　　　　　　　　　29,947.70
　　貸：未確認融資費用　　　　　　　　　　　　　　29,947.70

2012 年 6 月 30 日，支付第五期租金：

借：長期應付款——應付融資租賃款　　　　　　　　　150,000
　　貸：銀行存款　　　　　　　　　　　　　　　　　　　150,000
借：財務費用　　　　　　　　　　　　　　　　　　20,703.67
　　貸：未確認融資費用　　　　　　　　　　　　　　20,703.67

2012 年 12 月 31 日，支付第六期租金：

借：長期應付款——應付融資租賃款　　　　　　　　　150,000
　　貸：銀行存款　　　　　　　　　　　　　　　　　　　150,000
借：財務費用　　　　　　　　　　　　　　　　　　10,517.51
　　貸：未確認融資費用　　　　　　　　　　　　　　10,517.51

3. 租賃資產折舊的計提

承租人應對融資租入的固定資產計提折舊。

（1）折舊政策

對於融資租入資產，計提租賃資產折舊時，承租人應採用與自有應折舊資產相一致的折舊政策。同自有應折舊資產一樣，租賃資產的折舊方法一般有年限平均法、工作量法、雙倍餘額遞減法、年數總和法等。如果承租人或與其有關的第三方對租賃資產餘值提供了擔保，則應計提折舊總額為租賃期開始日固定資產的入帳價值扣除擔保餘值後的餘額；如果承租人或與其有關的第三方未對租賃資產餘值提供擔保，且無法合理確定租賃屆滿後承租人是否能夠取得租賃資產所有權，應計折舊總額為租賃期開始日固定資產的入帳價值。

（2）折舊期間

確定租賃資產的折舊期間應以租賃合同而定。如果能夠合理確定租賃期屆滿時承租人將會取得租賃資產所有權，即可認為承租人擁有該項資產的全部使用壽命，因此應以租賃期開始日租賃資產的壽命作為折舊期間；如果無法合理確定租賃期屆滿後承租人是否能夠取得租賃資產的所有權，應以租賃期與租賃資產壽命兩者中較短者作為折舊期間。

【例 10-8】續【例 10-6】，下面列示融資租入固定資產折舊的處理。

融資租入固定資產折舊計算如表 10-5 所示。

會計分錄為：

2010 年 12 月 31 日，計提本年折舊（假定按年計提折舊）。

借：製造費用——折舊費　　　　　　　　　　　　　140,200
　　貸：累計折舊　　　　　　　　　　　　　　　　　140,200

表 10-5 融資租入固定資產折舊計算表（年限平均法）

2010 年 1 月 1 日　　　　　　　　　　　　　　　　　　　　　　單位：元

日期	固定資產原價	估計余值	折舊率*	當年折舊費	累計折舊	固定資產淨值
2010 年 1 月 1 日	701,000					701,000
2010 年 12 月 31 日			20%	140,200	140,200	560,800
2011 年 12 月 31 日			20%	140,200	280,400	420,600
2012 年 12 月 31 日			20%	140,200	420,600	280,400
2013 年 12 月 31 日			20%	140,200	560,800	140,200
2014 年 12 月 31 日			20%	140,200	701,000	0
合　計	701,000	0	100%	701,000		

註：*在租賃開始日（2009 年 12 月 31 日）我們可以合理地確定租賃期屆滿後承租人能夠取得該資產的所有權，因此在採用年限平均法計提折舊時，應按租賃期開始日租賃資產壽命 5 年（估計使用年限 8 年減去已使用年限 3 年）計提折舊。本例中租賃資產不存在擔保余值，應全額計提折舊。

2011—2012 年各年分錄同上。

4. 履約成本的處理

履約成本是指租賃期內為租賃資產支付的各種使用費用，如技術諮詢和服務費、人員培訓費、維修費、保險費等。承租人發生的履約成本通常應計入當期損益。

【例10-9】續【例10-6】，假設 2011 年 12 月 31 日，成都興業公司發生該機器保險費、維護費 1,000 元。會計分錄為：

借：管理費用　　　　　　　　　　　　　　　　　　　　　　　1,000
　　貸：銀行存款等　　　　　　　　　　　　　　　　　　　　　　1,000

5. 或有租金的處理

或有租金是指金額不固定，以時間長短以外的其他因素（如銷售量、使用量、物價指數等）為依據計算的租金。由於或有租金的金額不固定，企業無法採用系統合理的方法對其進行分攤，因此或有租金在實際發生時計入當期損益。

【例10-10】續【例10-6】，假設 2011 年、2011 年成都興業公司分別實現塑鋼窗戶銷售收入 100,000 元和 150,000 元，根據租賃合同規定，這兩年應支付給四川蓉興公司經營分享收入分別為 5,000 元和 7,500 元。相應的會計分錄為：

2011 年 12 月 31 日：

借：銷售費用　　　　　　　　　　　　　　　　　　　　　　　5,000
　　貸：其他應付款——四川蓉興公司　　　　　　　　　　　　　5,000

2012 年 12 月 31 日：

借：銷售費用　　　　　　　　　　　　　　　　　　　　　　　7,500
　　貸：其他應付款——四川蓉興公司　　　　　　　　　　　　　7,500

6. 租賃期屆滿時的處理

租賃期屆滿時，承租人對租賃資產的處理通常有三種情況：返還、優惠續租和

留購。

(1) 返還租賃資產

租賃期屆滿，承租人向出租人返還租賃資產時，通常借記「長期應付款——應付融資租賃款」「累計折舊」科目，貸記「固定資產——融資租入固定資產」科目。

(2) 優惠續租租賃資產

承租人行使優惠續租選擇權，應視同該項租賃一直存在而做出相應的帳務處理。如果租賃期屆滿時沒有續租，根據租賃合同規定承租人須向出租人支付違約金時，借記「營業外支出」科目，貸記「銀行存款」等科目。

(3) 留購租賃資產

在承租人享有優惠購買選擇權的情況下，支付購買價款時，借記「長期應付款——應付融資租賃款」科目，貸記「銀行存款」等科目；同時，將固定資產從「融資租入固定資產」明細科目轉入有關的明細科目。

【例10-11】續【例10-6】，假設2012年12月31日，成都興業公司向四川蓉興公司支付購買價款100元。會計分錄為：

借：長期應付款——應付融資租賃款　　　　　　　　　　100
　　貸：銀行存款　　　　　　　　　　　　　　　　　　　　　100
借：固定資產——塑鋼機　　　　　　　　　　　　　　701,000
　　貸：固定資產——融資租入固定資產　　　　　　　　701,000

10.3.2　出租人對融資租賃的處理

1. 租賃期開始日的處理

在租賃期開始日，出租人將應收融資租賃款、未擔保餘值之和與其現值的差額確認為未實現融資收益，在將來收到租金的各期內確認為租賃收入。出租人發生的初始直接費用，應包括在應收融資租賃款的初始計量中，並減少租賃期內確認的收益金額。

【例10-12】續【例10-6】，並假設融資租賃固定資產帳面價值為700,000元。出租人（四川蓉興公司）為簽訂該項租賃合同發生初始直接費用10,000元，已用銀行存款支付。以下說明四川蓉興公司的會計處理：

第一步，判斷租賃類型。

本例存在優惠購買選擇權，優惠購買價100元遠遠小於行使選擇權日租賃資產的公允價值700,000元，因此在2009年12月31日就可合理確定成都興業公司將會行使這種選擇權，符合第2條判斷標準；另外，在本例中，最低租賃收款額的現值710,000元（計算過程見後），大於租賃開始日租賃資產公允價值的90%，即630,000元（700,000元×90%），符合第4條判斷標準。因此這項租賃應認定為融資租賃。

第二步，計算租賃內含利率。

最低租賃收款額 = 租金×期數 + 優惠購買價格
　　　　　　　　= 150,000×6 + 100
　　　　　　　　= 900,100（元）

因此有 $150,000 \times PVA_{r,6} + 100 \times PV_{r,6} = 710,000$（租賃資產的公允價值 + 初始直接費用）。

根據這一等式，可在多次測試的基礎上，用插值法計算租賃內含利率。

當 r = 7% 時，$150,000 \times 4.767 + 100 \times 0.666 = 715,050 + 66.6 = 715,116.6$（元）> 710,000（元）

當 r = 8% 時，$150,000 \times 4.623 + 100 \times 0.630 = 693,450 + 63 = 693,513$（元）< 710,000（元）

因此，7% < r < 8%。用插值法計算如表 10 – 6 所示。

表 10 – 6　　　　　　　　　　　　　插值法

現值	利率
715,116.6	7%
710,000	r
693,513	8%

$(715,116.6 - 710,000) \div (715,116.6 - 693,513) = (7\% - r) \div (7\% - 8\%)$

$r = (21,603.6 \times 7\% + 5,116.6 \times 1\%) \div 21,603.6 \times 100\%$

　　$= 7.24\%$

即，租賃內含利率為 7.24%。

第三步，計算租賃開始日最低租賃收款額及其現值和未實現融資收益。

最低租賃收款額 = 最低租賃付款額 = 150,000 × 6 + 100 = 900,100（元）

應收融資租賃款入帳價值 = 900,100 + 10,000 = 910,100（元）

最低租賃收款額現值 = 租賃開始日租賃資產公允價值 + 初始直接費用
　　　　　　　　　= 710,000（元）

未實現融資收益 = 910,100 – 710,000 = 200,100（元）

第四步，編製會計分錄。

2010 年 1 月 1 日：

借：長期應收款——應收融資租賃款　　　　　　　　　　910,100
　　貸：銀行存款　　　　　　　　　　　　　　　　　　　10,000
　　　　融資租賃固定資產　　　　　　　　　　　　　　　700,000
　　　　未實現融資收益　　　　　　　　　　　　　　　　200,100

在本例中，融資租賃固定資產在租賃期開始日的帳面價值正好與公允價值一致。如果帳面價值高於或者低於公允價值，其差額應當計入當期損益，通過「營業外收入」或「營業外支出」科目核算。

在計算內含報酬率時出租人已考慮了初始直接費用的因素，為了避免未實現融資收益高估，在初始確認時應對未實現融資收益進行調整，借記「未實現融資收益」帳戶，貸記「長期應收款——應收融資租賃款」帳戶。

本例中：

借：未實現融資收益　　　　　　　　　　　　　　　　　　10,000
　　貸：長期應收款——應收融資租賃款　　　　　　　　　　　　10,000

2. 未實現融資收益的分配

根據租賃準則的規定，未實現融資收益應當在租賃期內各個期間進行分配，確認為各期的租賃收入。分配時，出租人應當採用實際利率法計算當期應當確認的租賃收入。出租人在每期收到租金時，按收到的租金金額，借記「銀行存款」科目，貸記「長期應收款——應收融資租賃款」科目；同時，每期確認租賃收入時，借記「未實現融資收益」科目，貸記「租賃收入」科目。

【例10-13】續【例10-6】，以下說明出租人對未實現融資租賃收益的處理：

第一步，計算租賃期內各期應分攤的融資收益，其如表10-7所示。

表10-7　　　　　　　未確認融資收益分配表（實際利率法）
　　　　　　　　　　　　2009年12月31日　　　　　　　　　　單位：元

日期①	租金②	確認的融資收入③	租賃投資淨額減少額④	租賃投資淨額餘額⑤
①	②	③＝期初⑤×7.24%	④＝②－③	期末⑤＝期初⑤－④
2009年12月31日				710,000.00
2010年6月30日	150,000	51,404.00	98,596.00	611,404.00
2010年12月31日	150,000	44,265.65	105,734.35	505,669.65
2011年6月30日	150,000	36,610.48	113,389.52	392,280.13
2011年12月31日	150,000	28,401.08	121,598.92	270,681.21
2012年6月30日	150,000	19,597.32	130,402.68	140,278.53
2012年12月31日	150,000	9,821.47＊	140,178.53＊	100.00
2012年12月31日	100		100.00	0.00
合計	900,100	190,100.00	710,000.00	

註：＊做尾數調整：9,821.47＝150,000－140,178.53；140,178.53＝140,278.53－100.00。

第二步，編製會計分錄。

2010年6月30日收到第一期租金時：

借：銀行存款　　　　　　　　　　　　　　　　　　　　　150,000
　　貸：長期應收款——應收融資租賃款　　　　　　　　　　　150,000
借：未實現融資收益　　　　　　　　　　　　　　　　　　　51,404
　　貸：租賃收入　　　　　　　　　　　　　　　　　　　　　51,404

2010年12月31日收到第二期租金：

借：銀行存款　　　　　　　　　　　　　　　　　　　　　150,000
　　貸：長期應收款——應收融資租賃款　　　　　　　　　　　150,000

借：未實現融資收益 44,265.65
　　貸：租賃收入 44,265.65

2011年6月30日收到第三期租金：

借：銀行存款 150,000
　　貸：長期應收款——應收融資租賃款 150,000
借：未實現融資收益 36,610.48
　　貸：租賃收入 36,610.48

2011年12月31日收到第四期租金：

借：銀行存款 150,000
　　貸：長期應收款——應收融資租賃款 150,000
借：未實現融資收益 28,401.08
　　貸：租賃收入 28,401.08

2012年6月30日收到第五期租金：

借：銀行存款 150,000
　　貸：長期應收款——應收融資租賃款 150,000
借：未實現融資收益 19,597.32
　　貸：租賃收入 19,597.32

2012年12月31日收到第六期租金：

借：銀行存款 150,000
　　貸：長期應收款——應收融資租賃款 150,000
借：未實現融資收益 9,821.47
　　貸：租賃收入 9,821.47

3. 未擔保余值發生變動時的處理

未擔保余值的金額決定了租賃內含利率的大小，從而決定著未實現融資收益的分配。因此，為了真實地反應企業的資產和經營業績，根據謹慎性原則的要求，在未擔保余值發生減少和已確認損失的未擔保余值得以恢復的情況下，出租人均應當重新計算租賃內含利率，以後各期根據修正後的租賃投資淨額和重新計算的租賃內含利率確定應確認的租賃收入。在未擔保余值增加時，出租人不作任何調整。其帳務處理如下：

(1) 期末，出租人的未擔保余值的預計可收回金額低於其帳面價值的差額，借記「資產減值損失」科目，貸記「未擔保余值減值準備」科目；同時，將未擔保余值減少額與由此所產生的租賃投資淨額的減少額的差額，借記「未實現融資收益」科目，貸記「資產減值損失」科目。

【例10-14】續【例10-12】，並假設未擔保余值為1,000元，於2011年12月31日減值為500元。

第一步，計算租賃內含利率。

2009年12月31日，計算租賃內含利率。

$150,000 \times PVA_{r,6} + (100 + 1,000) \times PV_{r,6} = 710,000$

$r = 7.27\%$

計算租賃期內各期應分攤的融資收益，如表 10 - 8 所示。

表 10 - 8　　　　　　　　租賃期內各期應分攤的融資收益　　　　　　　單位：元

日期①	租金②	確認的融資收入③	租賃投資淨額減少額④	租賃投資淨額餘額⑤
①	②	③ = 期初⑤ × 7.27%	④ = ② - ③	期末⑤ = 期初⑤ - ④
2009 年 12 月 31 日				710,000.00
2010 年 6 月 30 日	150,000	51,617.00	98,383.00	611,617.00
2010 年 12 月 31 日	150,000	44,464.56	105,535.44	506,081.56
2011 年 6 月 30 日	150,000	36,792.13	113,207.87	392,873.69
2011 年 12 月 31 日	150,000	28,561.92	121,438.08	271,435.60
2012 年 6 月 30 日	150,000	19,733.37	130,266.63	141,168.97
2012 年 12 月 31 日	150,000	9,931.03 *	140,068.97 *	1,100.00
2012 年 12 月 31 日	100		100.00	0.00
合計	900,100	191,100.00	709,000.00	

註：* 做尾數調整：9,931.03 = 150,000 - 140,068.97；141,068.97 = 141,168.97 - 1,100.00。

2011 年 12 月 31 日，未擔保餘值發生減值時：

$150,000 \times PVA_{r,3} + (100 + 500) \times PV_{r,3} = 392,873.69$

$r = 7.19\%$

第二步，重新計算租賃期內各期應分攤的融資收益，如表 10 - 9 所示。

表 10 - 9　　　　　　重新計算租賃期內各期應分攤的融資收益　　　　　單位：元

日期①	租金②	確認的融資收入③	租賃投資淨額減少額④	租賃投資淨額餘額⑤
		③ = 期初⑤ × 7.27% 或 ×7.19%	④ = ② - ③	期末⑤ = 期初⑤ - ④
2009 年 12 月 31 日				710,000.00
2010 年 6 月 30 日	150,000	51,617.00	98,383.00	611,617.00
2010 年 12 月 31 日	150,000	44,464.56	105,535.44	506,081.56
2011 年 6 月 30 日	150,000	36,792.13	113,207.87	392,873.69
2011 年 12 月 31 日	150,000	28,247.62	121,752.38	271,121.30
2012 年 6 月 30 日	150,000	19,493.62	130,506.38	140,614.92
2012 年 12 月 31 日	150,000	9,985.08 *	140,014.92 *	600.00
2012 年 12 月 31 日	100		100.00	0.00
合計	900,100	190,600.00	709,500.00	

註：* 做尾數調整：9,985.08 = 150,000 - 140,014.92；140,014.92 = 140,614.92 - 600.00。

2011年12月31日，未擔保余值發生變動的租賃投資淨額的減少額
= 271,435.60 - 271,121.30 = 314.30（元）

會計分錄如下：

借：資產減值損失　　　　　　　　　　　　　　　　　　500
　　貸：未擔保余值減值準備　　　　　　　　　　　　　　　500
借：未實現融資收益　　　　　　　　　　　　　　　　　185.7
　　貸：資產減值損失　　　　　　　　　　　　　　　　　185.7

（2）如果已確認損失的未擔保余值得以恢復，應在原已確認的損失金額內轉回，借記「未擔保余值減值準備」科目，貸記「資產減值損失」科目；同時，出租人將未擔保余值恢復額與由此所產生的租賃投資淨額的增加額的差額，借記「資產減值損失」科目，貸記「未實現融資收益」科目。

4. 或有租金的處理

出租人在融資租賃下收到的或有租金應計入當期損益。

【例10-15】續【例10-6】，假設2011年和2012年，成都興業公司分別實現塑鋼窗戶年銷售收入100,000元和150,000元。根據租賃合同的規定，兩年四川蓉興公司應向成都興業公司收取的經營分享收入分別為5,000元和7,500元。會計分錄為：

2011年：

借：銀行存款（應收帳款）　　　　　　　　　　　　　5,000
　　貸：租賃收入　　　　　　　　　　　　　　　　　　5,000

2012年：

借：銀行存款（應收帳款）　　　　　　　　　　　　　7,500
　　貸：租賃收入　　　　　　　　　　　　　　　　　　7,500

5. 租賃期屆滿時的處理

租賃期屆滿時出租人應區別以下情況進行會計處理：

（1）出租人收回租賃資產。這時有可能出現以下三種情況：

①對資產余值全部擔保的

出租人在收到承租人交還的租賃資產時，應當借記「融資租賃資產」科目，貸記「長期應收款——應收融資租賃款」科目。如果收回租賃資產的價值低於擔保余值，則出租人應向承租人收取價值損失補償金，借記「其他應收款」科目，貸記「營業外收入」科目。

②對資產余值部分擔保的

出租人在收到承租人交還的租賃資產時，借記「融資租賃資產」科目，貸記「長期應收款——應收融資租賃款」「未擔保余值」等科目。如果收回租賃資產的價值扣除未擔保余值後的余額低於擔保余值，則出租人應向承租人收取價值損失補償金，借記「其他應收款」科目，貸記「營業外收入」科目。

③對資產余值全部未擔保的

出租人在收到承租人交還的租賃資產時，借記「融資租賃資產」科目，貸記「未擔保余值」科目。

(2) 優惠續租租賃資產

①如果承租人行使優惠續租選擇權，則出租人應視同該項租賃一直存在而做出相應的帳務處理，如繼續分配未實現融資收益等。

②如果租賃期屆滿時承租人未按租賃合同規定續租，出租人應向承租人收取違約金時，並將其確認為營業外收入；同時，將收回的租賃資產按上述規定進行處理。

(3) 出租人出售租賃資產

租賃期屆滿時，承租人行使了優惠購買選擇權。出租人應按收到的承租人支付的購買資產的價款，借記「銀行存款」等科目，貸記「長期應收款——應收融資租賃款」科目。

【例10-16】續【例10-6】，假設2012年12月31日，四川蓉興公司收到成都興業公司支付的購買資產的價款100元。會計分錄為：

借：銀行存款　　　　　　　　　　　　　　　　　　　　　　100
　貸：長期應收款——應收融資租賃款　　　　　　　　　　　　　　100

10.3.3　售后租回交易形成融資租賃

1. 售后租回交易的定義

售后租回交易，是指資產承租人（賣主）將資產出售后再從出租人（買主）租回的交易。無論是承租人還是出租人，均應按照租賃準則的規定，將售后租回交易認定為融資租賃或經營租賃。

2. 售后租回交易形成融資租賃

如果售后租回交易被認定為融資租賃，那麼，這種交易實質上轉移了出租人（買主）所保留的與該項租賃資產的所有權有關的全部風險和報酬，是出租人提供資金給承租人並以該項資產作為擔保，因此，售價與資產帳面價值之間的差額（無論是售價高於資產帳面價值還是低於資產帳面價值）在會計上均未實現。其實質是，售價高於資產帳面價值實際上在出售時高估了資產的價值，而售價低於資產帳面價值實際上在出售時低估了資產的價值，承租人（賣主）應將售價與資產帳面價值的差額（無論是售價高於資產帳面價值還是售價低於資產帳面價值）予以遞延，並按該項租賃資產的折舊進度進行分攤，作為折舊費用的調整。按折舊進度進行分攤是指在對該項租賃資產計提折舊時，按與該項資產計提折舊所採用的折舊率相同的比例對未實現售后租回損益進行分攤。

3. 售后租回交易的會計處理

(1) 出售資產時，承租人按固定資產帳面淨值，借記「固定資產清理」科目；按固定資產已提折舊，借記「累計折舊」科目；按固定資產的帳面原價，貸記「固定資產」科目；如果出售資產已計提減值準備，還應結轉已計提的減值準備。

(2) 承租人在收到出售資產的價款時，借記「銀行存款」科目，貸記「固定資產清理」科目，借記或貸記「遞延收益——未實現售后租回損益（融資租賃）」科目。

(3) 租回資產時，按租賃資產的公允價值與最低租賃付款額的現值中較低者，借記「固定資產——融資租入固定資產」科目（假設不需要安裝）；按最低租賃付款額，貸記「長期應付款——應付融資租賃款」科目；按其差額，貸記「未確認融資租賃費

用」科目。

(4) 各期根據該項租賃資產的折舊進度分攤未實現售後租回損益時，借記或貸記「遞延收益——未實現售後租回損益（融資租賃）」科目，貸記或借記「製造費用」「銷售費用」「管理費用」等科目。

4. 售後租回交易的披露

承租人和出租人除應當按照有關規定披露售後租回交易外，還應對售後租回合同中的特殊條款做出披露。這裡的「特殊條款」是指售後租回合同中規定的區別於一般租賃交易的條款，比如租賃標的物的售價等。

5. 售後租回交易形成融資租賃的應用實例

第一種情況：售後租回交易形成融資租賃，售價高於資產帳面價值。

【例10-17】資料：

(1) 租賃合同內容

2011年12月28日，成都興業公司與四川蓉興公司簽訂了一份租賃合同。合同主要條款如下：

①租賃標的物：程控生產線。

②租賃期開始日：租賃物運抵成都興業公司生產車間之日（2012年1月1日）。

③租賃期：從租賃期開始日算起36個月（2012年1月1日~2014年12月31日）。

④租金支付方式：自租賃期開始日起每年年末支付租金1,000,000元。

⑤該生產線在2012年1月1日的公允價值為2,600,000元。

⑥租賃合同規定的利率為8%（年利率）。

⑦該生產線為全新設備，估計使用年限為5年。

⑧2013年和2014年兩年，成都興業公司每年按該生產線所生產的產品——微波爐的年銷售收入的1%向四川蓉興公司支付經營分享收入。

(2) 成都興業公司

①採用實際利率法確認本期應分攤的未確認融資費用。

②採用年限平均法計提固定資產折舊。

③2013年、2014年成都興業公司分別實現微波爐銷售收入10,000,000元和15,000,000元。

④2014年12月31日，將該生產線退還給四川蓉興公司。

⑤成都興業公司在租賃談判和簽訂租賃合同過程中發生可歸屬於租賃項目的手續費、差旅費共10,000元。

假定2012年1月1日，成都興業公司將一條程控生產線按2,600,000元的價格銷售給四川蓉興公司。該生產線2012年1月1日的帳面原價為2,400,000元，全新設備未計提折舊。同時該公司又簽訂了一份租賃合同將該生產線租回，該合同主要條款與上述租賃合同條款內容相同，假定不考慮相關稅費。

①承租人（賣主：成都興業公司）的會計處理。

第一步，判斷租賃類型。

根據上述資料計算租賃開始日最低租賃付款額的現值 = 2,577,100 > 2,340,000

（2,600,000×90%），符合融資租賃確認條件，可知該項租賃屬於融資租賃。

租賃開始日最低租賃付款額的現值及融資費用分攤率的計算過程與結果如下：

本例中成都興業公司不知道四川蓉興公司的租賃內含利率，因此應選擇租賃合同規定的利率8%作為最低租賃付款額的折現率。

最低租賃付款額＝各期租金之和＋承租人擔保的資產余值
$$= 1,000,000 \times 3 + 0$$
$$= 3,000,000 \text{（元）}$$

計算現值的過程如下：

每期租金1,000,000元的年金現值 = $1,000,000 \times PVA_{8\%,3}$

查表得知：

$PVA_{8\%,3} = 2.577,1$

每期租金的現值之和 = $1,000,000 \times 2.577,1 = 2,577,100$（元）小於租賃資產公允價值2,600,000元。

根據孰低原則，租賃資產的入帳價值應為其折現值2,577,100元。

未確認融資費用＝最低租賃付款額－最低租賃付款額現值
$$= 3,000,000 - 2,577,100$$
$$= 422,900 \text{（元）}$$

由於租賃資產的入帳價值為其最低租賃付款額的折現值，因此該折現率就是其融資費用分攤率，即8%。

第二步，計算未實現售后租回損益。

未實現售后租回損益＝售價－資產的帳面價值
$$= \text{售價} - (\text{資產的帳面原價} - \text{累計折舊})$$
$$= 2,600,000 - (2,400,000 - 0)$$
$$= 200,000 \text{（元）}$$

第三步，在租賃期內採用實際利率法分攤未確認融資費用，如表10－10所示。

表10－10　　　　　　未確認融資費用分攤表（實際利率法）

2011年12月31日　　　　　　　　　　　　單位：元

日期①	租金②	確認的融資費用③	應付本金減少額④	應付本金餘額⑤
①	②	③＝期初⑤×8%	④＝②－③	期末⑤＝期初⑤－④
2012年1月1日				2,577,100.00
2012年12月31日	1,000,000	206,168.00	793,832.00	1,783,268.00
2013年12月31日	1,000,000	142,661.44	857,338.56	925,929.44
2014年12月31日	1,000,000	74,070.56*	925,929.44*	0.00
合計	3,000,000	422,900.00	2,577,100.00	

註：*做尾數調整；74,070.56＝1,000,000－925,929.44；925,929.44＝925,929.44－0。

第四步，在折舊期內按折舊進度（在本例中即年限平均法）分攤未實現售後租回損益，如表10-11所示。

表10-11　　　　　　　　未實現售後租回收益分攤表
2012年1月1日　　　　　　　　　　　　單位：元

日期	售價	固定資產帳面價值	攤銷期	分攤率*	攤銷額	未實現售後租回損益
2012年1月1日	2,600,000	2,400,000	35個月			200,000
2012年12月31日				31.42%	62,840	137,160
2013年12月31日				34.29%	68,580	68,580
2014年12月31日				34.29%	68,580	0
合計	2,600,000	2,400,000		100%	200,000	

註：*根據合同規定，由於成都興業公司無法合理確定在租賃期屆滿時能夠取得租賃資產的所有權，因此，成都興業公司應當在租賃期與租賃資產尚可使用年限兩者中的較短的期間內計提折舊。本例中租賃期為3年，短於租賃資產尚可使用年限5年，因此應按3年計提折舊。同時，根據「當月增加的固定資產，當月不提折舊，從下月起計提折舊」這一規定，本租賃合同應按35個月計提折舊，即2012年應按11個月計提折舊，其他2年分別按12個月計提折舊，折舊率為31.42%。本表分攤率為折舊率。

本例中，由於租賃資產的折舊期為35個月，因此，未實現售後租回損益的分攤期也為35個月。

第五步、帳務處理。

2012年1月1日，結轉出售固定資產的成本：

借：固定資產清理　　　　　　　　　　　　　　　　　　　2,400,000
　　貸：固定資產　　　　　　　　　　　　　　　　　　　　2,400,000

2012年1月1日，向四川蓉興公司出售程控生產線：

借：銀行存款　　　　　　　　　　　　　　　　　　　　　2,600,000
　　貸：固定資產清理　　　　　　　　　　　　　　　　　　2,400,000
　　　　遞延收益——未實現售後租回損益（融資租賃）　　　　200,000

2012年2月28日，確認本月應分攤的未實現售後租回損益：

借：遞延收益——未實現售後租回損益（融資租賃）
　　　　　　　　　　　　　　　　　　　5,712.73（62,840÷11）
　　貸：製造費用——折舊費　　　　　　　　　　　　　　　5,712.73

其他有關會計處理（略）。

第六步，財務報告中的列示和披露（略）。

②出租人（買主：四川蓉興公司）的會計處理。

2012年1月1日，向成都興業公司購買程控生產線：

借：融資租賃資產　　　　　　　　　　　　　　　　　　　2,600,000
　　貸：銀行存款　　　　　　　　　　　　　　　　　　　　2,600,000

其他相關會計處理與一般融資租賃業務的會計處理相同，此略。

第二種情況：售后租回交易形成融資租賃，售價低於資產帳面價值。

【例10-18】續【例10-17】，假定2012年1月1日，成都興業公司將一條程控生產線按2,600,000元的價格銷售給四川蓉興公司。該生產線2012年1月1日的帳面原值為2,800,000元，全新設備未計提折舊。同時成都興業公司又簽訂了一份租賃合同將該生產線租回，該合同主要條款與【例10-17】的合同條款內容相同，假定不考慮相關稅費。

（1）賣主（承租人：成都興業公司）的會計處理。

第一步，判斷租賃類型。

根據上述租賃合同可知該項租賃屬於融資租賃。租賃開始日最低租賃付款額的現值及融資費用分攤率的計算過程與結果同上。

第二步，計算未實現售后租回損益。

未實現售后租回損益 = 售價 - 資產的帳面價值
　　　　　　　　 = 售價 - （資產的帳面原價 - 累計折舊）
　　　　　　　　 = 2,600,000 - （2,800,000 - 0）
　　　　　　　　 = -200,000（元）

第三步，在租賃期內採用實際利率法分攤未確認融資費用如表10-10所示。

第四步，在折舊期內按折舊進度（在本例中即年限平均法）分攤未實現售后租回損益，如表10-12所示。

本例中，由於租賃資產的折舊期為35個月，因此，未實現售后租回損益的分攤期也為35個月。

表10-12　　　　　　　　　未實現售后租回損失分攤表

2012年1月1日　　　　　　　　　　　　　　　單位：元

日期	售價	固定資產帳面價值	攤銷期	分攤率*	攤銷額	未實現售后租回損益
2012年1月1日	2,600,000	2,800,000	35個月			200,000
2012年12月31日				31.42%	62,840	137,160
2013年12月31日				34.29%	68,580	68,580
2014年12月31日				34.29%	68,580	0
合計	2,600,000	2,800,000		100%	200,000	

＊具體如表10-11所示。

第五步，會計處理。

2012年1月1日，結轉出售固定資產的成本：

借：固定資產清理　　　　　　　　　　　　　　　　　　2,800,000
　　貸：固定資產　　　　　　　　　　　　　　　　　　　　　　2,800,000

2012年1月1日，向四川蓉興公司出售程控生產線：

借：銀行存款　　　　　　　　　　　　　　　　　　　　2,600,000

　　　　遞延收益——未實現售后租回損益（融資租賃）　　　200,000
　　　貸：固定資產清理　　　　　　　　　　　　　　　　　2,800,000
2012年2月28日，確認本月應分攤的未實現售后租回損益：
借：製造費用——折舊費（62,840÷11）　　　　　　　　　　5,712.73
　　　貸：遞延收益——未實現售后租回損益（融資租賃）　　　5,712.73
其他有關會計處理（略）。
第六步，財務報告中的列示和披露（略）。
(2) 出租人（買主：四川蓉興公司）的會計處理。
2012年1月1日，向成都興業公司購買程控生產線：
借：融資租賃資產　　　　　　　　　　　　　　　　　　2,600,000
　　　貸：銀行存款　　　　　　　　　　　　　　　　　　2,600,000
其他相關會計處理與一般融資租賃業務的會計處理相同，此略。

思考題

1. 什麼是租賃？它可以分為哪兩類？
2. 什麼是融資租賃，認定為融資租賃的標準有哪些？
3. 承租人如何對經營租賃進行會計處理？
4. 承租人如何對融資租賃進行會計處理？
5. 出租人如何對經營租賃進行會計處理？
6. 出租人如何對融資租賃進行會計處理？

第 11 章　股份支付核算

11.1　股份支付概述

企業向其雇員支付期權作為薪酬或獎勵措施的行為，是目前具有代表性的股份支付交易，中國部分企業目前實施的職工期權激勵計劃即屬於這一範疇。2005 年 12 月 31 日，中國證監會發布了《上市公司股權激勵管理辦法（試行）》；2006 年 9 月 30 日，國務院國有資產監督管理委員會和財政部發布《國有控股上市公司（境內）實施股權激勵試行辦法》。這些法規的出拾，為企業實施股權激勵創造了條件。《企業會計準則第 11 號——股份支付》（以下簡稱「股份支付準則」）規範了企業按規定實施的職工期權激勵計劃的會計處理和相關信息披露要求。

11.1.1　股份支付的含義及特徵

1. 股份支付的含義

股份支付，是指企業為獲取職工和其他方提供服務而授予權益工具或者承擔以權益工具為基礎確定的負債的交易。

股份支付準則所指的權益工具是指企業自身權益工具，包括企業本身、企業的母公司或同集團其他會計主體的權益工具。

2. 股份支付的特徵

（1）股份支付是企業與職工或其他方之間發生的交易

以股份為基礎的支付可能發生在企業與股東之間、合併交易中的合併方與被合併方之間或者企業與其職工之間，只有發生在企業與其職工或向企業提供服務的其他方之間的交易，才可能符合股份支付的定義。

（2）股份支付是以獲取職工或其他方服務為目的的交易

企業在股份支付交易中意在獲取其職工或其他方提供的服務（費用）或取得這些服務的權利（資產）。企業獲取這些服務或權利的目的是更好地從事生產經營，不是轉手獲利等。

（3）股份支付交易的對價或其定價與企業自身權益工具未來的價值密切相關

股份支付交易與企業與其職工間其他類型交易的最大不同，是交易對價或其定價與企業自身權益工具未來的價值密切相關。在股份支付中，企業要麼向職工支付其自身權益工具，要麼向職工支付一筆金額高低取決於結算時企業自身權益工具的公允價值的現金。

11.1.2 股份支付的四個環節

以薪酬性股票期權為例，典型的股份支付通常涉及授予、可行權、行權和出售等四個主要環節。四個環節可如圖11-1所示。

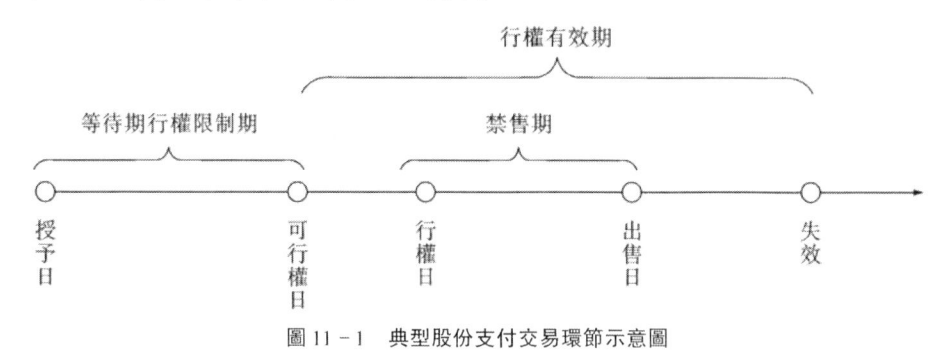

圖11-1 典型股份支付交易環節示意圖

1. 授予日

授予日是指股份支付協議獲得批准的日期。其中「獲得批准」，是指企業與職工或其他方就股份支付的協議條款和條件已達成一致，該協議獲得股東大會或類似機構的批准。這裡的「達成一致」是指，在雙方對該計劃或協議內容充分形成一致理解的基礎上，均正式接受其條款和條件。如果按照相關法規的規定，在提交股東大會或類似機構之前存在必要程序或要求，則應首先履行該程序或滿足該要求。

2. 可行權日

可行權日是指可行權條件得到滿足，職工或其他方具有從企業獲得權益工具或現金權利的日期。只有已經可行權的股票期權，才是職工真正擁有的「財產」，才能去擇機行權。從授予日至可行權日的時段，是可行權條件得到滿足的期間，因此稱為「等待期」，又稱「行權限制期」。

3. 行權日

行權日是指職工和其他方行使權利，獲取現金或權益工具的日期。例如，持有股票期權的職工行使了以特定價格購買一定數量本公司股票的權利，該日期即為行權日。行權是按期權的約定價格實際購買股票，一般是在可行權日之后到期權到期日之前的可選擇時段內行權。

4. 出售日

出售日是指股票的持有人將行使期權所取得的期權股票出售的日期。按照中國法規規定，用於期權激勵的股份支付協議，應在行權日與出售日之間設立禁售期，其中國有控股上市公司的禁售期不得低於兩年。

11.1.3 股份支付工具的主要類型

1. 以權益結算的股份支付

以權益結算的股份支付，是指企業為獲取服務而以股份或其他權益工具作為對價

進行結算的交易。

以權益結算的股份支付最常用的工具有兩類：限制性股票和股票期權。

限制性股票是指職工或其他方按照股份支付協議規定的條款和條件，從企業獲得一定數量的本企業股票。在實務中，企業可以通過定向增發或由股東受讓等方式使職工獲得限制性股票。

股票期權是指企業授予職工或其他方在未來一定期限內以預先確定的價格和條件購買本企業一定數量股票的權利。股票期權實質上是一種向激勵對象定向發行的認購權證。目前，多數上市公司的股權激勵方案是採用股票期權方式。

2. 以現金結算的股份支付

以現金結算的股份支付，是指企業為獲取服務而承擔的以股份或其他權益工具為基礎計算的交付現金或其他資產的義務的交易。例如，某公司規定服務滿三年的管理人員可以獲得100份現金股票增值權，即根據股價的增長幅度可以行權獲得現金。這種行為就是以現金結算的股份支付。

以現金結算的股份支付最常用的工具有兩類：模擬股票和現金股票增值權。

現金股票增值權和模擬股票，是用現金支付模擬的股權激勵機制，即與股票掛鈎，但用現金支付。除不須實際授予股票和持有股票之外，模擬股票的運作原理與限制性股票是一樣的。除不須實際行權和持有股票之外，現金股票增值權的運作原理與股票期權是一樣的，都是一種增值權形式的與股票價值掛鈎的薪酬工具。

本章著重講解企業對職工以權益結算的股份支付和以現金結算的股份支付的確認、計量及其在會計實務中的應用等問題。

11.2 股份支付的確認和計量

11.2.1 股份支付的確認和計量原則

1. 權益結算的股份支付

以權益結算的股份支付，是指企業為獲取服務而以股份或其他權益工具作為對價進行結算的交易。

（1）換取職工服務的權益結算的股份支付

對於換取職工服務的股份支付，企業應當以股份支付所授予的權益工具的公允價值計量。企業應在等待期內的每個資產負債表日，以對可行權權益工具數量的最佳估計為基礎，按照權益工具在授予日的公允價值，將當期取得的服務計入相關資產成本或當期費用，同時計入資本公積中的其他資本公積。

對於授予后立即可行權的換取職工提供服務的權益結算的股份支付（例如授予限制性股票的股份支付），企業應在授予日按照權益工具的公允價值，將取得的服務計入相關資產成本或當期費用，同時計入資本公積。

（2）換取其他方服務的權益結算的股份支付

換取其他方服務的權益結算的股份支付，是指企業以自身權益工具換取職工以外其他有關方面為企業提供的服務。在某些情況下，這些服務可能難以辨認。但仍會有跡象表明企業是否取得了該服務，企業應當按照股份支付準則處理。對於換取其他方服務的股份支付，企業應當以股份支付所換取的服務的公允價值計量。一般而言，職工以外的其他方提供的服務能夠可靠計量的，應當優先採用其他方提供服務在取得日的公允價值；如果其他方服務的公允價值不能可靠計量，但權益工具的公允價值能夠可靠計量，應當按照權益工具在服務取得日的公允價值計量。企業應當根據所確定的公允價值將其計入相關資產成本或費用。

（3）權益工具的公允價值無法可靠確定時的處理

在極少情況下，授予權益工具的公允價值無法可靠計量。在這種情況下，企業應當在獲取對方提供服務的時點、後續的每個報告日以及結算日，以內在價值計量該權益工具，內在價值變動計入當期損益；同時，企業應當以最終可行權或實際行權的權益工具數量為基礎，確認取得服務的金額。內在價值是指交易對方有權認購或取得的股份的公允價值，與其按照股份支付協議應當支付的價格的差額。企業對上述內在價值計量的已授予權益工具進行結算，應當遵循以下要求：

①結算發生在等待期內的，企業應當將結算作為加速可行權處理，即立即確認本應於剩餘等待期內確認的服務金額。

②結算時支付的款項應當作為回購該權益工具處理，即減少所有者權益。結算支付的款項高於該權益工具在回購日內在價值的部分，計入當期損益。

2. 現金結算的股份支付的確認和計量原則

以現金結算的股份支付，是指企業為獲取服務而承擔的以股份或其他權益工具為基礎計算的交付現金或其他資產的義務的交易。

企業應當在等待期內的每個資產負債表日，以對可行權情況的最佳估計為基礎，按照企業承擔負債的公允價值，將當期取得的服務計入相關資產成本或當期費用；同時計入負債，並在結算前的每個資產負債表日和結算日對負債的公允價值重新計量，將其變動計入損益。

對於授予後立即可行權的現金結算的股份支付（例如授予虛擬股票或業績股票的股份支付），企業應當在授予日按照企業承擔負債的公允價值將其計入相關資產成本或費用，同時計入負債，並在結算前的每個資產負債表日和結算日對負債的公允價值重新計量，將其變動計入損益。

11.2.2 股份支付條件的種類

股份支付協議中的條件可分為可行權條件和非可行權條件。可行權條件是指能夠確定企業是否得到職工或其他方提供的服務，且該服務使職工或其他方具有獲取股份支付協議規定的權益工具或現金等權利的條件；反之，為非可行權條件。在滿足這些條件之前，職工無法獲得股份。

可行權條件包括服務期限條件和業績條件。

（1）服務期限條件，是指職工或其他方完成規定服務期限才可行權的條件。例如，四川蓉興公司向董事、技術總監張某授予 800,000 股票期權，約定董事、技術總監張某從即日起在該公司連續服務 6 年，即可以每股 3 元購買 800,000 股該公司股票，「連續服務 6 年」就是服務期限條件。

（2）業績條件，是指職工或其他方完成規定服務期限且企業已經達到特定業績目標才可行權的條件，具體包括市場條件和非市場條件。①市場條件。市場條件是指行權價格、可行權條件以及行權可能性與權益工具的市場價格相關的業績條件，如股份支付協議中關於股價上升至何種水平職工可相應取得多少股份的規定。②非市場條件。非市場條件是指除市場條件之外的其他業績條件，如股份支付協議中關於達到最低盈利目標或銷售目標才可行權的規定。

企業在確定權益工具授予日的公允價值時，應當考慮股份支付協議規定的可行權條件中的市場條件和非可行權條件的影響。股份支付存在非可行權條件的，只要職工或其他方滿足了所有可行權條件中的非市場條件（如服務期限等），企業應當確認已得到服務相對應的成本費用。

【例 11-1】四川蓉興公司授予其管理層的一份股份支付協議規定，今後 4 年中，公司股價每年提高 10% 以上，管理人員則可獲得一定數量的該公司股票。到第 4 年年末，該目標未實現，則四川蓉興公司在第 4 年的年末已經確認了收到的管理層提供的服務，因為業績增長是一個市場條件，因此這些費用不應再轉回。

【例 11-2】四川蓉興公司為上市公司，2008 年 12 月 1 日，公司股東大會通過了《關於四川蓉興公司股票期權激勵計劃的議案》，對管理層人員進行股權激勵。該股權激勵計劃的行權條件是：①公司淨利潤以 2008 年年末為固定基數，2009—2011 年的淨利潤增長率分別比 2008 年增長 10%、20%、30% 以上；②管理層成員在其後 3 年中都在公司任職服務。在滿足行權條件後，管理層成員即可低於市價的價格購買一定數量的本公司股票。同時，作為協議的補充，公司規定：激勵對象在行權日後第 1 年的行權數量不得超過其獲授股票期權總量的 50%，此後每年的行權數量不得超過其獲授股票期權總量的 20%。當年末行權的股票期權可在以後年度行權。

四川蓉興公司以期權定價模型估計授予的此項期權在授予日公允價值為 9,000,000 元。

在授予日，四川蓉興公司估計 3 年內管理層離職的比例為 10%；在第 2 年年末，四川蓉興公司調整其估計離職率為 5%；到第 3 年年末，實際離職率為 6%。

四川蓉興公司 2009—2011 年的淨利潤增長率分別為 11%、23% 和 28%。公司在 2009 年年末、2010 年年末都預計下年能實現淨利潤增長率的目標。

請問此例涉及哪些條款和條件？四川蓉興公司應如何處理？

同時滿足服務 3 年和淨利潤增長率的要求，就能夠確定企業得到了管理層成員提供的服務，且該服務使管理層成員具有獲取股份支付協議規定的權益工具的權利，因此這是一項非市場業績條件。雖然公司要求激勵對象在行權日後第 1 年的行權數量不得超過其獲授股票期權總量的 50%，此後每年的行權數量不得超過其獲授股票期權總量的 20%，但不影響其可行權，因此不屬於可行權條件。

按照股份支付準則的規定：

第1年年末確認的服務費用 = 9,000,000 × 1/3 × 90% = 2,700,000（元）

第2年年末累計確認的服務費用 = 9,000,000 × 2/3 × 95% = 5,700,000（元）

第3年年末累計確認的服務費用 = 9,000,000 × 94% = 8,460,000（元）

由此，第2年應確認的費用 = 5,700,000 - 2,700,000 = 3,000,000（元）

第3年應確認的費用 = 8,460,000 - 5,700,000 = 2,760,000（元）

最後，94%的管理層成員滿足了可行權條件中的服務期限條件。儘管淨利潤增長率的非市場條件未得到滿足，四川蓉興公司在3年的年末也均確認了收到管理層提供的服務，並相應確認了費用。

11.2.3 條款和條件的修改

在通常情況下，股份支付協議生效後，企業不應對其條款和條件隨意修改。但在某些情況下，企業可能需要修改授予權益工具的股份支付協議中的條款和條件。例如，股票除權、除息或其他原因需要調整行權價格或股票期權數量。此外，為了得到更佳的激勵效果，有關法規也允許企業依據股份支付協議的規定，調整行權價格或股票期權數量。但應當由董事會做出決議並經股東大會審議批准，或者由股東大會授權董事會決定。《上市公司股權激勵管理辦法（試行）》對此做出了嚴格的限定，必須按照批准股份支付計劃的原則和方式進行調整。

在會計上，無論已授予的權益工具的條款和條件如何修改，甚至取消權益工具的授予或結算該權益工具，企業都應至少確認按照所授予的權益工具在授予日的公允價值來計量獲取的相應的服務，除非因不能滿足權益工具的可行權條件（除市場條件外）而無法可行權。

1. 條款和條件的有利修改

企業應當分別以下情況，確認導致股份支付公允價值總額升高以及其他對職工有利的修改的影響。

(1) 如果修改增加了所授予的權益工具的公允價值，企業應按照權益工具公允價值的增加相應地確認取得服務的增加。權益工具公允價值的增加，是指修改前後的權益工具在修改日的公允價值之間的差額。

如果修改發生在等待期內，在確認修改日至修改后的可行權日之間取得服務的公允價值時，應當既包括在剩餘原等待期內以原權益工具授予日公允價值為基礎確定的服務金額，也包括權益工具公允價值的增加。如果修改發生在可行權日之後，企業應當立即確認權益工具公允價值的增加。如果股份支付協議要求職工只有先完成更長期間的服務才能取得修改后的權益工具，則企業應在整個等待期內確認權益工具公允價值的增加。

(2) 如果修改增加了所授予的權益工具的數量，企業應將增加的權益工具的公允價值相應地確認為取得服務的增加。

如果修改發生在等待期內，在確認修改日至增加的權益工具可行權日之間取得服

務的公允價值時，應當既包括在剩餘原等待期內以原權益工具授予日公允價值為基礎確定的服務金額，也包括權益工具公允價值的增加。

（3）如果企業按照有利於職工的方式修改可行權條件，如縮短等待期、變更或取消業績條件（而非市場條件），企業在處理可行權條件時，應當考慮修改後的可行權條件。

2. 條款和條件的不利修改

如果企業以減少股份支付公允價值總額的方式或其他不利於職工的方式修改條款和條件，企業仍應繼續對取得的服務進行會計處理，如同該變更從未發生，除非企業取消了部分或全部已授予的權益工具。其具體包括如下幾種情況：

（1）如果修改減少了所授予的權益工具的公允價值，企業應當繼續以權益工具在授予日的公允價值為基礎，確認取得服務的金額，而不應考慮權益工具公允價值的減少。

（2）如果修改減少了授予的權益工具的數量，企業應當將減少部分作為已授予的權益工具的取消來進行處理。

（3）如果企業以不利於職工的方式修改了可行權條件，如延長等待期、增加或變更業績條件（而非市場條件），企業在處理可行權條件時，不應當考慮修改後的可行權條件。

3. 取消或結算

如果企業在等待期內取消了所授予的權益工具或結算了所授予的權益工具（因未滿足可行權條件而被取消的除外），企業應當：

（1）將取消或結算作為加速可行權處理，立即確認原本應在剩餘等待期內確認的金額。

（2）在取消或結算時支付給職工的所有款項均應作為權益的回購處理，回購支付的金額高於該權益工具在回購日公允價值的部分，計入當期費用。

（3）如果向職工授予新的權益工具，並在新權益工具授予日認定所授予的新權益工具是用於替代被取消的權益工具的，企業應以處理原權益工具條款和條件修改相同的方式，對所授予的替代權益工具進行處理。權益工具公允價值的增加是指，在替代權益工具的授予日，替代權益工具公允價值與被取消的權益工具淨公允價值之間的差額。被取消的權益工具淨公允價值是指，其在取消前立即計量的公允價值減去因取消原權益工具而作為權益回購支付給職工的款項，如果企業未將新授予的權益工具認定為替代權益工具，則應將其作為一項新授予的股份支付進行處理。

企業如果回購其職工已可行權的權益工具，應當借記所有者權益，回購支付的金額高於該權益工具在回購日公允價值的部分，計入當期費用。

11.2.4 權益工具公允價值的確定

股份支付中權益工具的公允價值的確定，應當以市場價格為基礎，一些股份和股票期權並沒有一個活躍的交易市場，在這種情況下，應當考慮估值技術。通常情況下，企業應當按照《企業會計準則第 22 號——金融工具確認和計量》的有關規定確定權益

工具的公允價值,並根據股份支付協議的條款的條件進行調整。本部分有關權益工具的公允價值確定的規定,既適用於接受職工服務並授予股份或期權的情況,也適用於從職工之外的其他方取得服務的情況。

1. 股份

對於授予職工的股份,企業應按照其股份的市場價格計量。如果其股份未公開交易,則企業應考慮其條款和條件估計其市場價格。例如,如果股份支付協議規定了期權股票的禁售期,則會對可行權日後市場參與者願意為該股票支付的價格產生影響,並進而影響該股票期權的公允價值。

有些授予條款和條件規定職工無權在等待期內取得股份的,則在估計所授予股份的公允價值時就應予考慮。有些授予條款和條件規定股份的轉讓在可行權日後受到限制,則在估計所授予股份的公允價值時,也應考慮此因素,但不應超出熟悉情況並自願的市場參與者願意為該股份支付的價格受到可行權限制的影響程度。在估計所授予股份在授予日的公允價值時,企業不應考慮在等待期內轉讓的限制和其他限制,因為這些限制是可行權條件中的非市場條件規定的。

2. 股票期權

對於授予職工的股票期權,因常常無法獲得其市場價格,企業應當根據用於股份支付的期權的條款和條件,採用期權定價模型估計其公允價值。在這些模型中,企業應當考慮股份在授予日的公允價值、無風險利率、預計股利、股價預計波動率、標的股份的現行價格、期權有效期等參數。

對於授予職工的股票期權,因其通常受到一些不同於交易期權的條款和條件的限制,因而在許多情況下難以獲得其市場價格。如果不存在條款和條件相似的交易期權,就應通過期權定價模型估計所授予的期權的公允價值。

在選擇適用的期權定價模型時,企業應考慮熟悉情況和自願的市場參與者將會考慮的因素。所有適用於估計授予職工期權的定價模型至少應考慮以下因素:①期權的行權價格;②期權期限;③基礎股份的現行價格;④股價的預計波動率;⑤股份的預計股利;⑥期權期限內的無風險利率。會計人員需要具備一定的統計學知識才能利用B-S模型估計期權的公允價值,一般情況下應利用專門的計算軟件估計。

此外,企業選擇的期權定價模型還應考慮熟悉情況和自願的市場參與者在確定期權價格時會考慮的其他因素,但不包括那些在確定期權公允價值時不考慮的可行權條件和再授予特徵因素。確定授予職工的股票期權的公允價值,還需要考慮提前行權的可能性。有時,因為期權不能自由轉讓,或因為職工必須在終止勞動合同關係前行使所有可行權期權,在這種情況下必須考慮預計提前行權的影響。

在估計授予的期權(其他權益工具)的公允價值時,企業不應考慮熟悉情況和自願的市場參與者在確定股票期權(其他權益工具)價格時不會考慮的其他因素。例如,對於授予職工的股票期權,那些僅從單個職工的角度影響期權價值的因素,並不影響熟悉情況和自願的市場參與者確定期權的價格。

下面進一步具體說明估計授予職工的期權價格所應考慮的因素。

（1）期權定價模型的輸入變量的估計

在估計基礎股份的預計波動率和股利時，目標是盡可能接近當前市場或協議交換價格所反應的價格預期。類似地，在估計職工股票期權提前行權時，目標是盡可能接近外部人基於授予日所掌握信息做出的預期，這些信息包括職工行權行為的詳細信息。在通常情況下，對於未來波動率、股利和行權行為的預期存在一個合理的區間。這時，企業應將區間內的每項可能數額乘以其發生概率，加權計算上述輸入變量的期望值。

一般情況下，對未來的預期建立在歷史經驗基礎上，但如果能夠合理預期未來與歷史經驗的不同，則應對該預期進行修正。因此，企業在估計期權定價模型的輸入變量時，應充分考慮歷史經驗合理預測未來的程度和能力，而不能簡單地根據歷史信息估計波動率、行權行為和股利。

（2）預計提早行權

出於各種原因，職工經常在期權失效日之前提早行使股票期權。考慮提早行權對期權公允價值的影響的具體方法，取決於所採用的期權定價模型的類型。但無論採用何種方法，預計提早行權時都要考慮以下因素：①等待期的長短；②以往發行在外的類似期權的平均存續時間；③基礎股份的價格（有時根據歷史經驗，職工在股價超過行權價格達到特定水平時傾向於行使期權）；④職工在企業中所處的層次（有時根據歷史經驗，高層職工傾向於較晚行權）；⑤基礎股份的預計波動率（一般而言，職工傾向於更早地行使高波動率的股份的期權）。

例如，將對期權預計期限的估計作為期權定價模型的輸入變量，可以在確定期權公允價值時考慮提早行權的影響。其中，在估計授予一個職工群體的期權的預計期限時，企業可用加權平均方法估計該群職工的整體預計期權期限。如果能根據職工行權行為的更詳細數據在該職工群內恰當分組，則企業可將估計建立在群內各職工組預計期權期限的加權平均基礎上，即應將具有相對類似行權行為的職工分為一組，在此基礎上將授予的期權分不同組別進行估計。

在有些情況下，上述分組方法很重要。期權價值不是期權期限的線性函數，隨著期權期限的延長，期權價值以遞減的速度增長。例如，如果所有其他假設相同，雖然一份兩年期的期權比一份一年期的期權值錢，但達不到後者的兩倍。這意味著，如果估計期權授予的職工群中各個職工之間存在巨大的行權行為差異，此時以職工個人期限預計為基礎加權平均計算出來的總期權價值，將高估授予整群職工的期權的公允價值總額。如果將授予的期權依照行權行為分為不同組別，因為行權行為類似，所以每個組別的加權平均期限都只包含相對較小的期限範圍，就將減少對授予整群職工的期權的公允價值總額的高估。

採用二項模型或其他類似模型時，企業也應作類似考慮。例如，對於向高層職工普遍授予期權的企業，有時其歷史經驗表明，高級管理人員傾向持有期權的時間要比中層管理人員更長，而最基層職工則傾向最早行使期權。在此類情況下，以具有相對類似行權行為的職工組為基礎劃分期權授予，將更準確地估計授予期權的公允價值總額。

(3) 預計波動率

預計波動率是對預期股份價格在一個期間內可能發生的波動金額的度量。期權定價模型中所用的波動率的度量，是一段時間內股份的連續複利回報率的年度標準差。波動率通常以年度表示，而不管計算時使用的是何種時間跨度基礎上的價格，如每日、每週或每月的價格。

一個期間股份的回報率（可能是正值也可能是負值）衡量了股東從股份的股利和價格漲跌中受益的多少。股份的預計年度波動率是指一個範圍（置信區間），連續複利年回報率預期所處在這個範圍內的概率大約為 2/3（置信區間）。下例說明了上述規定的會計意義。

【例11-3】四川蓉興公司預計年度連續複利回報率為12%的普通股的波動率為30%，年初股價是10元/股，且未支付股利，請問年末股價在什麼範圍的概率大約為2/3？

根據概率論知識，公司普通股年度連續複利回報率的均值為12%，標準差為30%，意味著該普通股一年期的回報率在 -18%（12% - 30%）和42%（12% + 30%）之間的概率約為2/3。年初股價為10元/股，則年末股價處在8.353（$10 \times e^{-0.18}$）元/股至15.22（$10 \times e^{0.42}$）元/股之間的概率約為2/3（常數 e = 2.718,28）。

估計預計波動率要考慮以下因素：

①如果企業有股票期權或其他包含期權特徵的交易工具（如可轉換工資債券）的買賣，則應考慮這些交易工具所內含的企業股價波動率。

②在與期權的預計期限（考慮期權剩餘期限和預計提早行權的影響）大體相當的最近一個時期內企業股價的歷史波動率。

③企業股份公開交易的時間。與上市時間更久的類似企業相比，新上市企業的歷史波動率可能更大。

④波動率向其均值（長期平均水平）迴歸的趨勢，以及表明預計未來波動率可能不同於以往波動率的其他因素。有時，企業股價在某一特定期間因為特定原因劇烈波動，例如因收購要約或重大重組失敗，則在計算歷史平均年度波動率時，可剔除這個特殊期間。

⑤獲取價格要有恰當且規則的間隔。價格的獲取在各期應保持一貫性。例如，企業可用每週收盤價或每週最高價，但不應在某些周用收盤價、某些周用最高價。再如，獲取價格時應使用與行權價格相同的貨幣來表示。

除了上述考慮因素，如果企業因新近上市而沒有歷史波動率的充分信息，應按可獲得交易活動數據的最長期間計算歷史波動率，也可考慮類似企業在類似階段可比期間的歷史波動率。如果企業是非上市企業，在估計預計波動率時沒有歷史信息可循，可考慮以下替代因素：

①在某些情況下，定期向其職工（其他方）發行期權或股份的非上市企業，可能已為其股份設立了一個內部「市場」。估計預計波動率時企業可以考慮這些「股價」的波動率。

②如果上面的方法不適用，而企業以類似上市企業股價為基礎估計自身股份的價值，企業可考慮類似上市企業股價的歷史或內含波動率。

③如果企業未以類似上市企業股價為基礎估計自身股份的價值，而是採用了其他估價方法對自身股份進行估價，則企業可推導出一個與該估價方法基礎一致的預計波動率估計數。例如，企業以淨資產或淨利潤為基礎對其股份進行估價，那麼可以考慮以淨資產或淨利潤的預計波動率為基礎對其股份價格的波動率進行估計。

(4) 預計股利

計量所授予的股份或期權的公允價值是否應當考慮預計股利，取決於被授予方是否有權取得股利或股利的等價物。

如果職工被授予期權，並有權在授予日和行權日之間取得基礎股份的股利或股利的等價物（可現金支付，也可抵減行權價格），所授予的期權應當像不支付基礎股份的股利那樣進行估價，即預計股利的輸入變量應為零。類似地，如果職工有權取得在等待期內支付的股利，在估計授予職工的股份在授予日的公允價值時，也不應考慮因預計股利而進行調整。

相反，如果職工對等待期內或行權前的股利或股利的等價物沒有要求權，對股份或期權在授予日公允價值的估計就應考慮預計股利因素，在估計所授予期權的公允價值時，期權定價模型的輸入變量中應包含預計股利，即從估價中扣除預計會在等待期內支付的股利現值。期權定價模型通常使用預計股利率，但也可能對模型進行修正後使用預計股利金額。如果企業使用股利金額，應根據歷史經驗考慮股利的增長模式。

一般來說，預計股利應以公開可獲取的信息為基礎。不支付股利且沒有支付股利計劃的企業應假設預計股利收益率為零。如果無股利支付歷史的新企業被預期在其職工股票期權期限內開始支付股利，可使用歷史股利收益率（零）與大致可比的同類企業的股利收益率均值的平均數。

(5) 無風險利率

無風險利率一般是指，期權行權價格以該貨幣表示的剩餘期限等於被估價期權的預計期限（基於期權的剩餘合同期限，並考慮預計提早行權的影響）的零息國債當前可獲得的內含收益率。如果沒有此類國債，或環境表明零息國債的內含收益率不能代表無風險利率，企業應使用適當的替代利率。同樣，在估計一份有效期與被估價期權的預計期限相等的其他期權的公允價值時，如果市場參與者們一般使用某種適當的替代利率而不是零息國債的內含收益率來確定無風險利率，則企業也應使用這個適當的替代利率。

(6) 資本結構的影響

通常情況下，交易期權是由第三方而不是企業簽出的。當這些股票期權行權時，簽出人將股份支付給期權持有者。這些股份是從現在的股東手中取得的。因此，交易期權的行權不會有稀釋效應。

如果股票期權是企業簽出的，在行權時需要增加已發行在外的股份數量（要麼正式增發，要麼使用先前回購的庫存股）。假定股份將按行權日的市場價格發行，這種現實或潛在的稀釋效應可能會降低股價，因此期權持有者行權時，無法獲得像行使其他

類似但不稀釋股價的交易期權一樣多的利益。這一問題能否對企業授予股票期權的價值產生顯著影響，取決於各種因素，包括行權時增加的股份數量（相對於已發行在外的股份數量）。如果市場已預期企業將會授予期權，則可能已將潛在的稀釋效應體現在了授予日的股價中。企業應考慮所授予的股票期權未來行權的潛在稀釋效應，是否可能對股票期權在授予日的公允價值構成影響。企業可能修改期權定價模型，以將潛在稀釋效應納入考慮範圍。

對於具有再授予特徵的股票期權，確定其公允價值是不應考慮其再授予特徵，當發生再授予期權的后續授予時，應作為一項新授予的股份期權進行處理。再授予特徵是指，只要期權持有人用企業的股份而不是現金來支付行權價格以行使原先授予的期權，就自動授予額外股份期權。

11.2.5 股份支付的會計處理

股份支付的會計處理必須以完整、有效的股份支付協議為基礎。

1. 授予日

除了立即可行權的股份支付外，無論權益結算的股份支付還是現金結算的股份支付，企業在授予日均不作會計處理。

2. 等待期內每個資產負債表日

企業應當在等待期內的每個資產負債表日，將取得職工或其他方提供的服務計入成本費用，計入成本費用的金額應當按照權益工具的公允價值計量，同時按相同金額確認所有者權益或負債。對於附有市場條件的股份支付，只要職工滿足了其他所有非市場條件，企業就應當確認已取得的服務。業績條件為非市場條件的，如果后續信息表明需要調整對可行權情況的估計的，應對前期估計進行修改。

對於權益結算的涉及職工的股份支付，按照授予日權益工具的公允價值計入成本費用和資本公積（其他資本公積）后，不確認其后續公允價值變動；對於現金結算的涉及職工的股份支付，則應當按照每個資產負債表日權益工具的公允價值重新計量，確定成本費用和應付職工薪酬。上市公司分別計算各期期權的單位公允價值。

對於授予的存在活躍市場的期權等權益工具，應當按照活躍市場中的報價確定其公允價值；對於授予的不存在活躍市場的期權等權益工具，應當採用期權定價模型等估值技術確定其公允價值。

在等待期內每個資產負債表日，企業應當根據最新取得的可行權職工人數變動等后續信息做出最佳估計，修正預計可行權的權益工具數量，並以此為依據確認各期應分攤的費用。在可行權日，最終預計可行權權益工具的數量應當與實際可行權工具的數量一致。

在等待期內如果取消了授予的權益工具，企業應當對取消所授予的權益性工具作為加速行權處理，將剩餘等待期內應確認的金額立即計入當期損益，同時確認資本公積。職工或其他方能夠選擇滿足非可行權條件但在等待期內未滿足的，企業應當將其作為授予權益工具的取消處理。

根據上述權益工具的公允價值和預計可行權的權益工具數量，計算截至當期累計

應確認的成本費用金額，再減去前期累計已確認金額作為當期應確認的成本費用金額。

3. 可行權日之后

（1）對於權益結算的股份支付，在可行權日之后不再對已確認的成本費用和所有者權益總額進行調整。企業應在行權日根據行權情況，確定股本和股本溢價，同時結轉等待期內確認的資本公積——其他資本公積。

（2）對於現金結算的股份支付，企業在可行權日之后不再確認成本費用，負債（應付職工薪酬）公允價值的變動應當計入當期損益（公允價值變動損益）。

4. 回購股份進行職工期權激勵

企業以回購股份形式獎勵本企業職工的，屬於權益結算的股份支付。企業回購股份時，應按回購股份的全部支出作為庫存股處理，同時進行備查登記。按照《企業會計準則第11號——股份支付》對職工權益結算股份支付的規定，企業應當在等待期內每個資產負債表日按照權益工具在授予日的公允價值，將取得的職工服務計入成本費用，同時增加資本公積——其他資本公積。在職工行權購買本企業股份時，企業應轉銷交付職工的庫存股成本和等待期內資本公積（其他資本公積）累計金額，同時，按照其差額調整資本公積——股本溢價。

【例11-4】2008年12月，四川蓉興公司披露了股票期權計劃，具體如下：

（1）股票期權的條件

股票期權的條件根據公司《股權激勵計劃》的規定，同時滿足下列條件時，激勵對象可以獲授股票期權。

① 2009年年末，公司當年淨利潤增長率必須不低於18%。

② 2010年年末，公司2009—2010年2年淨利潤平均增長率不低於15%。

③ 2011年年末，公司2009—2011年3年淨利潤平均增長率不低於12%。

④激勵對象未發生如下任一情形：

a. 最近三年內被證券交易所公開譴責或宣布為不適當人選的；

b. 最近三年內因重大違法違規行為被中國證監會予以行政處罰的；

c. 具有《中華人民共和國公司法》規定的不得擔任公司董事、監事、高級管理人員情形的。

公司的股權計劃授予的股票期權，激勵對象擁有在授權日起五年內的可行權日以行權價格購買公司股票的權利。當年未行權的股票期權可在以后年度行權。

（2）股票期權的授予日、授予對象、授予數量和行權價格

①股票期權的授予日：2009年1月1日。

②授予對象：董事、總經理、副總經理、技術總監、市場總監、董秘、財務總監以及核心技術及業務人員等20人（名單省略）。

③行權價格：本次股票期權的行權價格為3元/份。

④授予數量：授予激勵對象每人20萬份股票期權，標的股票總數占當時總股本0.5%。

四川蓉興公司2009—2012年的相關情況如下：

四川蓉興公司股權激勵對象均不會出現授予股票期權條件4所述情形。

根據四川蓉興公司測算，其股票期權在授權日的公允價值為 5.40 元/份。

2009 年四川蓉興公司淨利潤增長率為 16%，有 2 名激勵對象離開，但四川蓉興公司預計 2010 年將保持快速增長，2010 年 12 月 31 日有望達到可行權條件。另外，企業預計 2010 年沒有激勵對象離開企業。

2010 年四川蓉興公司淨利潤增長率為 12%，有 2 名激勵對象離開，但四川蓉興公司預計 2011 年將保持快速增長，2011 年 12 月 31 日有望達到可行權條件。另外，企業預計 2011 年沒有激勵對象離開企業。

2011 年四川蓉興公司淨利潤增長率為 10%，有 2 名激勵對象離開。

2012 年 12 月 31 日，四川蓉興公司激勵對象全部行權。

分析：

按照《企業會計準則第 11 號——股份支付》，本例中的可行權條件是一項非市場業績條件。

第 1 年年末，雖然沒能實現淨利潤增長 18% 的目標，但公司預計下年度將以同樣的速度增長。因此能實現兩年平均增長 15% 的要求。所以公司將其預計等待期調整為 2 年。由於有 2 名管理人員離開，公司同時調整了期滿（兩年）後預計可行權期權的數量（20－2－0）。

第 2 年年末，雖然兩年實現 15% 增長的目標再次落空，但公司仍然估計能夠在第 3 年取得較理想的業績，從而實現 3 年平均增長 12% 的目標。所以公司將其預計等待期調整為 3 年。由於第 2 年有 2 名管理人員離開，高於預計數字，因此公司相應調整了第 3 年離開的人數（20－2－2－0）。

第 3 年年末，目標實現，實際離開人數為 2 人。公司根據實際情況確定累計費用，並據此確認了第 3 年費用和調整。

(1) 服務費用和資本公積計算過程，如表 11－1 所示。

表 11－1　　　　　　　　服務費用和資本公積計算過程　　　　　　　　單位：元

年份	計算	當期費用	累計費用
2009	(20－2－0)×200,000×5.4×1/2	9,720,000	9,720,000
2010	(20－2－2－0)×200,000×5.4×2/3－9,720,000	1,800,000	11,520,000
2011	(20－2－2－2)×200,000×5.4－11,520,000	3,600,000	15,120,000

(2) 帳務處理。

① 2009 年 1 月 1 日

授予日不作帳務處理。

② 2009 年 12 月 31 日，將當期取得的服務計入相關費用和資本公積

借：管理費用　　　　　　　　　　　　　　　　9,720,000

　　貸：資本公積——其他資本公積——股份支付　　9,720,000

③2010年12月31日，將當期取得的服務計入相關費用和資本公積
借：管理費用　　　　　　　　　　　　　　　　1,800,000
　　貸：資本公積——其他資本公積——股份支付　　1,800,000
④2011年12月31日，將當期取得的服務計入相關費用和資本公積
借：管理費用　　　　　　　　　　　　　　　　3,600,000
　　貸：資本公積——其他資本公積——股份支付　　3,600,000
⑤2012年12月31日，激勵對象行權
借：銀行存款　　　　　　　8,400,000（14×200,000×3）
　　資本公積——其他資本公積——股份支付　　15,120,000
　　貸：股本　　　　　　　　2,800,000（14×200,000）
　　　　資本公積——股本溢價　　　　　　　　20,720,000

【例11-5】2006年年末，四川蓉興公司股東大會批准一項股票增值權激勵計劃，具體內容如下：

(1) 股票增值權的授予條件
①激勵對象從2007年1月1日起在該公司連續服務3年。
②激勵對象未發生如下任一情形：
a. 最近三年內被證券交易所公開譴責或宣布為不適當人選的；
b. 最近三年內因重大違法違規行為被中國證監會予以行政處罰的；
c. 具有《中華人民共和國公司法》規定的不得擔任公司董事、監事、高級管理人員情形的。
③在授予日後5年內每12個月執行一次增值權收益，符合可行權條件的激勵對象可按照當時股價的增長幅度獲得現金，該增值權應在2011年12月31日之前行使。

(2) 股票期權的授予日、授予對象、授予數量
①股票期權的授予日：2007年1月1日。
②授予對象：董事、總經理、副總經理、技術總監、市場總監、董秘、財務總監以及核心技術及業務人員等100人（名單略）。
③授予數量：共授予激勵對象每人100份現金股票增值權。執行日前30個交易日四川蓉興公司平均收盤價（執行價）高於激勵計劃公告前30個交易日平均收盤價（基準價），每份股票增值權可獲得每股價差收益。

四川蓉興公司2007—2011年的相關情況如下：

四川蓉興公司估計，該增值權在負債結算之前的每一資產負債表日以及結算日的公允價值和可行權后的每份增值權現金支出額，如表11-2所示。

表11-2　　　　　每份增值權的公允價值及現金支出額表　　　　　單位：元

年份	公允價值	支付現金
2007	15	
2008	16	

表11-2(續)

年份	公允價值	支付現金
2009	20	16
2010	25	20
2011		26

四川蓉興公司預計所有公司激勵對象都將符合授予條件3中的要求。

第1年有20名激勵對象離開四川蓉興公司,四川蓉興公司估計3年中還將有15名激勵對象離開;第2年又有10名激勵對象離開公司,公司估計還將有10名激勵對象離開;第3年又有15名激勵對象離開。第3年年末,有30人行使股份增值權取得了現金。第4年年末,有20人行使了股份增值權。第5年年末,剩餘5人也行使了股份增值權。

本例為現金結算的股份支付。

(1) 費用和負債計算過程,如表11-3所示。

表11-3　　　　　　　費用和負債計算表　　　　　　　單位:元

年份	負債計算①	支付現金計算②	負債③ ③=①	支付現金④ ④=②	當期費用⑤ ⑤=當期③-前期③+當期④
2007	(100-35)×100×15×1/3		32,500		32,500
2008	(100-40)×100×16×2/3		64,000		31,500
2009	(100-45-30)×100×20	30×100×16	50,000	48,000	34,000
2010	(100-45-30-20)×100×25	20×100×20	12,500	40,000	2,500
2011	0	5×100×26	0	13,000	500
總額				101,000	101,000

(2) 會計處理。

2007年12月31日:

借:管理費用　　　　　　　　　　　　　　　　　　　　　32,500
　　貸:應付職工薪酬——股份支付　　　　　　　　　　　　32,500

2008年12月31日:

借:管理費用　　　　　　　　　　　　　　　　　　　　　31,500
　　貸:應付職工薪酬——股份支付　　　　　　　　　　　　31,500

2009年12月31日:

借:管理費用　　　　　　　　　　　　　　　　　　　　　34,000
　　貸:應付職工薪酬——股份支付　　　　　　　　　　　　34,000

借：應付職工薪酬——股份支付　　　　　　　　48,000
　　貸：銀行存款　　　　　　　　　　　　　　　　48,000
2010 年 12 月 31 日：
借：公允價值變動損益——股份支付　　　　　　2,500
　　貸：應付職工薪酬——股份支付　　　　　　　　2,500
借：應付職工薪酬——股份支付　　　　　　　　40,000
　　貸：銀行存款　　　　　　　　　　　　　　　　40,000
2011 年 12 月 31 日：
借：公允價值變動損益——股份支付　　　　　　500
　　貸：應付職工薪酬——股份支付　　　　　　　　500
借：應付職工薪酬——股份支付　　　　　　　　13,000
　　貸：銀行存款　　　　　　　　　　　　　　　　13,000

思考題

1. 什麼是股份支付？它具有哪些特徵？
2. 股份支付通常有哪幾個主要環節？
3. 股份支付工具的主要類型有哪些？
4. 股份支付的確認和計量原則是什麼？
5. 如何進行股份支付的會計處理？

第三篇

外幣折算

第 12 章　外幣折算

12.1　與外幣折算相關的概念

12.1.1　記帳本位幣及其確定

1. 記帳本位幣的含義

記帳本位幣是指企業經營所處的主要經濟環境中的貨幣。其中，企業經營所處的主要經濟環境，通常是指企業主要產生和支出現金的環境，使用該環境中的貨幣最能反應企業的主要交易的經濟結果。例如，中國企業主要產生和支出現金的環境在國內，因此，一般以人民幣作為記帳本位幣。

記帳本位幣以外的貨幣稱為外幣。

2. 記帳本位幣的確定

（1）企業記帳本位幣的確定

中國《中華人民共和國會計法》中規定，業務收支以人民幣以外的貨幣為主的單位，可以選定其中一種貨幣作為記帳本位幣，但是編報的財務報告應當折算為人民幣。《中華人民共和國會計法》允許企業選擇非人民幣作為記帳本位幣。雖然《中華人民共和國會計法》沒有就如何選擇人民幣以外的其他貨幣作為記帳本位幣給出詳細的說明，但之后財政部對外公布的外幣折算準則對此進行了規範。外幣折算準則規定，企業在確定記帳本位幣時應當考慮下列因素：

①該貨幣主要影響商品和勞務的銷售價格，通常以該貨幣進行商品和勞務的計價及結算。如四川蓉興公司為從事貿易的企業，90%以上的銷售收入以人民幣計價和結算。人民幣是主要影響該公司商品和勞務銷售價格的貨幣。

②該貨幣主要影響商品和勞務所需人工、材料和其他費用，通常以該貨幣進行上述費用的計價和結算。如成都興業公司為工業企業，所需機器設備、廠房、人工以及原材料等在國內採購，以人民幣計價和結算。人民幣是主要影響商品和勞務所需人工、材料和其他費用的貨幣。

③融資活動獲得的貨幣以及保存從經營活動中收取款項所使用的貨幣。

在確定企業的記帳本位幣時，上述因素的重要程度因企業具體情況不同而不同，需要企業管理層根據實際情況進行判斷。在一般情況下，綜合考慮前兩項因素即可確定企業的記帳本位幣，但有些情況下，僅根據收支情況難以確定記帳本位幣的，企業需要進一步結合第三項因素進行綜合分析后做出選擇。

【例12-1】四川蓉興公司為外貿自營出口企業，超過85%的營業收入來自對美國的出口，其商品銷售價格主要受美元的影響，以美元計價。因此，從影響商品和勞務銷售價格的角度看，四川蓉興公司應選擇美元作為記帳本位幣。

如果四川蓉興公司除廠房設施、30%的人工成本在國內以人民幣採購或支付外，生產所需原材料、機器設備及70%以上的人工成本都以美元採購或支付，則可確定甲公司的記帳本位幣是美元。

但是，如果四川蓉興公司95%以上的人工成本、原材料及相應的廠房設施、機器設備等在國內採購並以人民幣計價，公司取得的美元營業收入在匯回國內時直接兌換成了人民幣存款，且公司對美元匯率波動產生的外幣風險進行了套期保值，降低了匯率波動對企業取得的外幣銷售收入的影響，那麼，該公司可以選擇人民幣作為記帳本位幣。

【例12-2】成都興業公司為國內一家實木家具生產企業，其原材料木材全部來自加拿大，主要加工技術、機器設備及主要技術人員均由加拿大方面提供，生產的實木家具面向國內出售。企業依據第一項、第二項因素難以確定記帳本位幣，需要考慮第三項因素。假定為滿足採購原材料實木等所需加元的需要，成都興業公司向加拿大某銀行借款20億加元，期限為10年，該借款是成都興業公司當期流動資金淨額的5倍。由於原材料採購以加元結算，且企業經營所需要的營運資金，即融資獲得的資金也使用加元，因此，成都興業公司應當以加元作為記帳本位幣。

需要說明的是，在確定企業的記帳本位幣時，上述因素的重要程度因企業具體情況不同而不同，需要企業管理層根據實際情況進行判斷。但是，這並不能說明企業管理層可以根據需要隨意選擇記帳本位幣，而是根據實際情況確定的記帳本位幣只能有一種貨幣。

(2) 境外經營記帳本位幣的確定

境外經營有兩方面的含義，一是企業在境外的子公司、合營企業、聯營企業、分支機構；二是當企業在境內的子公司、聯營企業、合營企業或者分支機構，選定的記帳本位幣不同於企業的記帳本位幣的，也應當視同境外經營。確定境外經營，不是以位置是否在境外為判定標準，而是要看其選定的記帳本位幣是否與企業的記帳本位幣相同。

企業選定境外經營的記帳本位幣，除考慮前面所講的因素外，還應考慮下列因素：

①境外經營對其所從事的活動是否擁有很強的自主性。如果境外經營所從事的活動是視同企業經營活動的延伸，構成企業經營活動的組成部分，該境外經營應當選擇與企業記帳本位幣相同的貨幣作為記帳本位幣；如果境外經營所從事的活動擁有極大的自主性，則應根據所處的主要經濟環境選擇記帳本位幣。

②境外經營活動中與企業的交易是否在境外經營活動中佔有較大比重。如果境外經營與企業的交易在境外經營活動中所占的比例較高，境外經營應當選擇與企業記帳本位幣相同的貨幣作為記帳本位幣；反之，應根據所處的主要經濟環境選擇記帳本位幣。

③境外經營活動產生的現金流量是否直接影響企業的現金流量，是否可以隨時匯

回。如果境外經營活動產生的現金流量直接影響企業的現金流量，並可隨時匯回，境外經營應當選擇與企業記帳本位幣相同的貨幣作為記帳本位幣；反之，應根據所處的主要經濟環境選擇記帳本位幣。

④境外經營活動產生的現金流量是否足以償還其現有債務和可預期的債務。在企業不提供資金的情況下，如果境外經營活動產生的現金流量難以償還其現有債務和正常情況下可預期的債務，境外經營應當選擇與企業記帳本位幣相同的貨幣作為記帳本位幣；反之，應根據所處的主要經濟環境選擇記帳本位幣。

綜上所述，企業在確定本企業記帳本位幣或其境外經營記帳本位幣時，在多種因素混合在一起記帳本位幣不明顯的情況下，應當優先考慮（1）中的①②項因素，然后考慮融資活動獲得的貨幣、保存從經營活動中收取款項時所使用的貨幣，以及（2）中的因素，以確定記帳本位幣。

【例12-3】四川蓉興公司以人民幣作為記帳本位幣，該公司在美國設有一家子公司M公司，M公司在美國的經營活動擁有完全的自主權：自主決定其經營政策、銷售方式、進貨來源等。四川蓉興公司與M公司除投資與被投資關係外，基本不發生業務往來，M公司的產品主要在美國市場銷售，其一切費用開支等均由M公司在當地自行解決。

由於M公司主要收、支現金的環境在美國，且M公司對其自身經營活動擁有很強的自主性，M公司與四川蓉興公司之間除了投資與被投資關係外，基本無其他業務，因此，M公司應當選擇美元作為其記帳本位幣。

3. 記帳本位幣的變更

企業記帳本位幣一經確定，不得隨意變更，除非與確定記帳本位幣相關的企業經營所處的主要經濟環境發生重大變化。主要經濟環境發生重大變化，通常是指企業主要產生和支出現金的環境發生重大變化。

企業因經營所處的主要經濟環境發生重大變化，確需變更記帳本位幣的，應當採用變更當日的即期匯率將所有項目折算為變更後的記帳本位幣，折算後的金額作為以新的記帳本位幣計量的歷史成本，由於採用同一即期匯率進行折算，不會產生匯兌差額。同時，企業需要提供確鑿的證據表明企業經營所處的主要經濟環境確實發生了重大變化，並應當在附註中披露變更的理由。

企業記帳本位幣發生變更的，在按照變更當日的即期匯率將所有項目變更為記帳本位幣時，其比較財務報表應當以可比當日的即期匯率折算所有資產負債表和利潤表項目。

12.1.2 外幣交易的定義

（1）外幣交易，是指以外幣計價或者結算的交易，包括買入或者賣出以外幣計價的商品或者勞務；借入或者借出外幣資金和其他以外幣計價或者結算的交易。

（2）外幣財務報表是以外幣反應的財務報表。

（3）外幣折算是將外幣交易或外幣財務報表折算為記帳本位幣反應的過程。

12.2　外幣交易會計核算

12.2.1　外幣交易的內容

1. 外幣交易的內容

外幣折算準則規範的外幣交易包括以下三個方面的內容：

（1）買入或者賣出以外幣計價的商品或者勞務。通常情況下它指以外幣買賣商品，或者以外幣結算勞務合同。這裡所說的商品，可以是有實物形態的存貨、固定資產等，也可以是無實物形態的無形資產、債權或股權等。例如：以人民幣為記帳本位幣的四川蓉興公司向美國某公司出口商品，以美元結算貨款；企業與銀行發生貨幣兌換業務，都屬於外幣交易。

（2）借入或者借出外幣資金。借入或者借出外幣資金是指企業向銀行或非銀行金融機構借入以記帳本位幣以外的貨幣表示的資金，或者銀行或非銀行金融機構向人民銀行、其他銀行或非銀行金融機構借貸以記帳本位幣以外的貨幣表示的資金，以及發行以外幣計價或結算的債券等。

（3）其他以外幣計價或者結算的交易。這類交易是指以記帳本位幣以外的貨幣計價或結算的其他交易。例如，接受外幣現金捐贈等。

2. 外幣交易的記帳方法

外幣交易的記帳方法有外幣統帳制和外幣分帳制兩種。

（1）外幣統帳制。外幣統帳制是指企業在發生外幣交易時，即折算為記帳本位幣入帳。

（2）外幣分帳制。外幣分帳制是指企業在日常核算時分別幣種記帳，資產負債表日分別貨幣性項目和非貨幣性項目進行調整。貨幣性項目按資產負債表日即期匯率折算，非貨幣性項目按交易日即期匯率折算；產生的匯兌差額計入當期損益。

從中國目前的情況看，絕大多數企業採用外幣統帳制，只有銀行等少數金融企業由於外幣交易頻繁，涉及外幣幣種較多，可以採用分帳制記帳方法進行日常核算。無論是採用分帳制記帳方法，還是採用統帳制記帳方法，只是帳務處理程序不同，但產生的結果應當相同，即計算出的匯兌差額相同；相應的會計處理也相同，即均計入當期損益。

本節主要介紹外幣統帳制下的帳戶設置及其會計核算的基本程序。

12.2.2　外幣交易的核算程序

外幣交易折算的會計處理主要涉及兩個環節，一是在交易日對外幣交易進行初始確認，將外幣金額折算為記帳本位幣金額；二是在資產負債表日對相關項目進行折算，因匯率變動產生的差額計入當期損益。

1. 外幣交易核算應設置的帳戶

在外幣統帳制方法下，對外幣交易的核算不單獨設置科目，對外幣交易金額因匯率變動而產生的差額可在「財務費用」帳戶下設置二級帳戶「匯兌差額」反應。該帳戶借方反應因匯率變動而產生的匯兌損失，貸方反應因匯率變動而產生的匯兌收益。期末余額結轉入「本年利潤」帳戶后一般無余額。

2. 外幣交易會計核算的基本程序

企業發生外幣交易時，其會計核算的基本程序為：

第一，將外幣金額按照交易日的即期匯率或即期匯率的近似匯率折算為記帳本位幣金額，按照折算后的記帳本位幣金額登記有關帳戶；在登記有關記帳本位幣帳戶的同時，按照外幣金額登記相應的外幣帳戶。

第二，期末，將所有外幣貨幣性項目的外幣余額，按照期末即期匯率折算為記帳本位幣金額，並與原記帳本位幣金額相比較，其差額計入「財務費用——匯兌差額」帳戶。

第三，結算外幣貨幣性項目時，將其外幣結算金額按照當日即期匯率折算為記帳本位幣金額，並與原記帳本位幣金額相比較，其差額計入「財務費用——匯兌差額」帳戶。

12.2.3 折算匯率

無論是在交易日對外幣交易進行初始確認時，還是在資產負債表日對外幣交易余額進行處理，抑或對外幣財務報表進行折算時，均涉及折算匯率的選擇，外幣折算準則規定了兩種折算匯率，即：即期匯率和即期匯率的近似匯率。

1. 即期匯率

（1）匯率。匯率指兩種貨幣相兌換的比率，是一種貨幣單位用另一種貨幣單位所表示的價格。根據表示方式的不同，匯率可以分為直接匯率和間接匯率。

（2）直接匯率。直接匯率是將一定數量的其他貨幣單位折算為本國貨幣的金額匯率表示方式。如100美元＝628元。世界上多數國家的外匯匯率採用直接匯率表示方式。

（3）間接匯率。間接匯率是指將一定數量的本國貨幣折算為其他貨幣的金額的匯率表示方式。如100元＝15.92美元。美國是世界上採用間接匯率方式表示外匯匯率的少數國家之一。

（4）即期匯率。即期匯率也稱現匯率，是交易雙方達成外匯買賣協議后，在兩個工作日以內辦理交割的匯率。這一匯率一般就是現時外匯市場的匯率水平。即期匯率是由當場交貨時貨幣的供求關係情況決定的。一般在外匯市場上掛牌的匯率，除特別標明遠期匯率以外，一般指即期匯率。在中國，即期匯率通常是指中國人民銀行公布的當日人民幣外匯牌價的中間價。

通常情況下，人民幣匯率是以直接匯率表示，在銀行的匯率有三種表示方式：買入價、賣出價和中間價。買入價指銀行買入其他貨幣的價格，賣出價指銀行出售其他貨幣的價格，中間價是銀行買入價與賣出價的平均價。銀行的賣出價一般高於買入價，

以獲取其中的差價。

無論買入價還是賣出價，均是立即交付的結算價格，也就是即期匯率。即期匯率是相對於遠期匯率而言的，遠期匯率是在未來某一日交付時的結算價格。企業發生單純的貨幣兌換交易或涉及貨幣兌換的交易時，僅用中間價不能反應貨幣買賣的損益，需要使用買入價或賣出價折算。

中國人民銀行每日僅公布銀行間外匯市場人民幣兌美元、歐元、日元、港元等世界主要貨幣的中間價。企業發生的外幣交易只涉及人民幣與前述貨幣之間折算的，可直接採用公布的人民幣匯率的中間價作為即期匯率進行折算；企業發生的外幣交易涉及人民幣與其他貨幣之間折算的，應以國家外匯管理局公布的各種貨幣對美元折算率採用套算的方法進行折算；企業發生的外幣交易涉及人民幣以外的貨幣之間折算的，可直接採用國家外匯管理局公布的各種貨幣對美元折算率進行折算。

2. 即期匯率的近似匯率

當匯率變動不大時，為簡化核算，企業在外幣交易日或對外幣報表的某些項目進行折算時也可以選擇即期匯率的近似匯率折算。即期匯率的近似匯率是「按照系統合理的方法確定的、與交易發生日即期匯率近似的匯率」，通常是指當期平均匯率或加權平均匯率等。例如，以美元兌人民幣的周平均匯率為例，假定美元兌人民幣每天的即期匯率為：周一6.28，周二6.29，周三6.31，周四6.32，周五6.30，周平均匯率＝（6.28＋6.29＋6.31＋6.32＋6.30）÷5＝6.30。月平均匯率的計算方法與周平均匯率的計算方法相同。月加權平均匯率需要採用當月外幣交易的外幣金額作為權重進行計算。

無論是採用平均匯率還是加權平均匯率，或者其他方法確定的即期匯率的近似匯率，該方法應在前後各期保持一致。如果匯率波動使得採用即期匯率的近似匯率折算不適當時，應當採用交易發生日的即期匯率折算。至於何時不適當，需要企業根據匯率變動情況及計算即期匯率的近似匯率的方法等進行判斷。

12.2.4 外匯交易的會計處理

外幣交易的會計處理主要包括外幣交易初始確認的會計處理、資產負債表日的期末調整或結算及匯兌差額的會計處理。

1. 初始確認

企業發生外幣交易的，應在初始確認時採用交易日的即期匯率或即期匯率的近似匯率將外幣金額折算為記帳本位幣金額。這裡的即期匯率可以是外匯牌價的買入價或賣出價，也可以是中間價，在與銀行不進行貨幣兌換的情況下，一般以中間價作為即期匯率。

【例12－4】四川蓉興公司的記帳本位幣為人民幣。2012年4月15日，四川蓉興公司向國外乙公司出口商品一批，貨款共計100,000美元，尚未收到，當日匯率為1美元＝6.28元。

假定不考慮增值稅等相關稅費，四川蓉興公司應進行以下帳務處理。

借：應收帳款——美元　　　　　　　　　　　　　　　628,000
　　貸：主營業務收入　　　　　　　　　　　　　　　　628,000

【例12－5】四川蓉興公司的記帳本位幣為人民幣，屬於增值稅一般納稅企業。2012年4月12日，該公司從國外購入某原材料，共計50,000美元，當日的即期匯率為1美元＝6.28元，按照規定計算應繳納的進口關稅為39,000元，支付的進口增值稅為60,100元，貨款尚未支付，進口關稅及增值稅已由銀行存款支付。

四川蓉興公司相關會計分錄如下：

借：原材料　　　　　　　　　　　　　　　　　　　353,000
　　應交稅費——應交增值稅（進項稅額）　　　　　　60,100
　　貸：應付帳款——美元　　　　　　　　　　　　　314,000
　　　　銀行存款　　　　　　　　　　　　　　　　　99,100

【例12－6】四川蓉興公司選定的記帳本位幣是人民幣。2012年4月10日，該公司從中國工商銀行借入100,000歐元，期限為6個月，年利率為6%，當日的即期匯率為1歐元＝8.2元。假定借入的歐元暫存銀行，相關會計分錄如下：

借：銀行存款——歐元　　　　　　　　　　　　　　820,000
　　貸：短期借款——歐元　　　　　　　　　　　　　820,000

企業收到投資者以外幣投入的資本，無論是否有合同約定匯率，均不得採用合同約定匯率和即期匯率的近似匯率折算，而是採用交易日即期匯率折算。這樣，外幣投入資本與相應的貨幣性項目的記帳本位幣金額相等，不產生外幣資本折算差額。

【例12－7】四川蓉興公司的記帳本位幣為人民幣。2012年4月8日，該公司與某外商簽訂投資合同，當日收到外商投入資本200,000美元，當日匯率為1美元＝6.3元。假定投資合同約定匯率為1美元＝6.4元。四川蓉興公司應進行以下帳務處理：

借：銀行存款——美元　　　　　　　　　　　　　　1,260,000
　　貸：實收資本　　　　　　　　　　　　　　　　　1,260,000

2. 期末調整或結算

資產負債表日，企業應當分別對外幣貨幣性項目和外幣非貨幣性項目進行處理。

（1）貨幣性項目的處理

貨幣性項目是企業持有的貨幣和將以固定或可確定金額的貨幣收取的資產或者償付的負債。貨幣性項目分為貨幣性資產和貨幣性負債，貨幣性資產包括庫存現金、銀行存款、應收帳款和應收票據以及持有至到期投資等；貨幣性負債包括應付帳款、其他應付款、短期借款、應付債券、長期借款、長期應付款等。

對於外幣貨幣性項目，資產負債表日或結算日，因匯率波動而產生的匯兌差額作為財務費用處理，同時調增或調減外幣貨幣性項目的記帳本位幣金額。匯兌差額指的是對同樣數量的外幣金額採用不同的匯率折算為記帳本位幣金額所產生的差額。

例如，資產負債表日或結算日，以不同於交易日即期匯率或前一資產負債表日即期匯率的匯率折算同一外幣金額產生的差額即為匯兌差額。

【例12-8】四川蓉興公司的記帳本位幣為人民幣。2011年10月16日，該公司向國外乙公司出口商品一批，貨款共計100,000美元，貨款尚未收到，當日即期匯率為1美元＝6.35元。假定2011年12月31的即期匯率為1美元＝6.32元（假定不考慮增值稅等相關稅費），則：

該筆交易產生的外幣貨幣性項目「應收帳款」採用2011年12月31的即期匯率1美元＝6.32元折算為記帳本位幣為632,000（100,000×6.32）元，與其交易日折算為記帳本位幣的金額635,000元的差額為－3,000元，應當計入當期損益，同時調整貨幣性項目的原記帳本位幣金額。相應的會計分錄為：

借：財務費用——匯兌差額　　　　　　　　　　　　3,000
　　貸：應收帳款——美元　　　　　　　　　　　　　　　3,000

假定2012年2月24日收到上述貨款（結算日），當日的即期匯率為1美元＝6.3元，四川蓉興公司實際收到的貨款100,000美元折算為人民幣應當是630,000（100,000×6.3）元，與當日應收帳款中該筆貨幣資金的帳面金額632,000元的差額為－2,000元。當日四川蓉興公司應作會計分錄：

借：銀行存款——美元　　　　　　　　　　　　　　630,000
　　財務費用——匯兌差額　　　　　　　　　　　　　2,000
　　貸：應收帳款——美元　　　　　　　　　　　　　　632,000

【例12-9】四川蓉興公司的記帳本位幣為人民幣。2012年3月24日，該公司向國外B供貨商購入商品一批，商品已經驗收入庫。根據雙方供貨合同，貨款共計100,000美元，貨到後10日內四川蓉興公司付清所有貨款。當日即期匯率為1美元＝6.29元。假定2012年3月31日的即期匯率為1美元＝6.28元（假定不考慮增值稅等相關稅費），則：

對該筆交易產生的外幣貨幣性項目「應付帳款」採用3月31日的即期匯率1美元＝6.28元折算為記帳本位幣為628,000（100,000×6.28）元，與其交易日折算為記帳本位幣的金額629,000（100,000×6.29）元的差額為－1,000元，應計入當期損益。相應的會計分錄為：

借：應付帳款——美元　　　　　　　　　　　　　　1,000
　　貸：財務費用——匯兌差額　　　　　　　　　　　　1,000

4月3日（結算日），四川蓉興公司根據供貨合同以自有美元存款付清所有貨款。當日的即期匯率為1美元＝6.27元。該公司應作會計分錄：

借：應付帳款——美元　　　　　　　　　　　　　　628,000
　　貸：銀行存款——美元　　　　　　　　　　　　　　627,000
　　　　財務費用——匯兌差額　　　　　　　　　　　　1,000

【例12-10】續【例12-6】，假定2012年4月30日的即期匯率為1歐元＝8.25元，則「銀行存款——歐元」產生的匯兌差額為5,000［100,000×（8.25－8.2）］元，「短期借款——歐元」產生的匯兌差額為5,000［100,000×（8.25－8.2）］元。

由於借貸方均為貨幣性項目，產生的匯兌差額相互抵銷，相應會計分錄為：

  借：銀行存款——歐元   5,000

   貸：短期借款——歐元   5,000

2012年10月9日以人民幣歸還所借歐元，當日銀行的歐元賣出價為1歐元＝8.5元，假定借款利息在到期歸還本金時一併支付，則當日應歸還銀行借款利息3,000（100,000×6%÷12×6）歐元，按當日歐元賣出價折算為人民幣，即25,500（3,000×8.5）元。假設2012年9月30日匯率與10月9日匯率相同，則相關會計分錄如下：

  借：短期借款——歐元   850,000

    財務費用   25,500

   貸：銀行存款——人民幣   875,000

如果2012年9月30日匯率與10月9日匯率不相同，則四川蓉興公司應參照【例12-9】確認10月9日與9月30日之間因匯率波動帶來的匯兌差額。

②非貨幣性項目的處理

非貨幣性項目是貨幣性項目以外的項目，如存貨、長期股權投資、交易性金融資產（股票、基金）、固定資產、無形資產等。

第一種情況，對於以歷史成本計量的外幣非貨幣性項目，已在交易發生日按當日即期匯率折算，資產負債表日不應改變其原記帳本位幣金額，不產生匯兌差額。因為這些項目在取得時已按取得時日即期匯率折算，從而構成這些項目的歷史成本，如果再按資產負債表日的即期匯率折算，就會導致這些項目價值不斷變動，從而使這些項目的折舊、攤銷和減值不斷地隨之變動。這與這些項目的實際情況不符。

【例12-11】四川蓉興公司的記帳本位幣是人民幣。2012年3月15日，四川蓉興公司進口一臺機器設備，設備價款100,000美元，尚未支付，當日的即期匯率為1美元＝6.32元。2012年3月31日的即期匯率為1美元＝6.31元。假定不考慮其他相關稅費，該項設備屬於企業的固定資產，在購入時已按當日即期匯率折算為人民幣632,000元。「固定資產」屬於非貨幣性項目，因此，2012年3月31日，不需要按當日即期匯率進行調整。

但是，由於存貨在資產負債表日採用成本與可變現淨值孰低計量，因此，在以外幣購入存貨並且該存貨在資產負債表日的可變現淨值以外幣反應的情況下，在計提存貨跌價準備時應當考慮匯率變動的影響。

【例12-12】四川蓉興公司以人民幣為記帳本位幣。該公司於2011年3月20日以每臺1,050美元的價格從美國某供貨商手中購入國際最新型號H商品10臺，並於當日支付了相應貨款（假定四川蓉興公司有美元存款）。2011年12月31日，該公司已售出H商品2臺，國內市場仍無H商品供應，但H商品在國際市場的價格已降至每臺1,000美元。

3月20日的即期匯率是1美元＝6.4元，12月31日的匯率是1美元＝6.32元。假定不考慮增值稅等相關稅費，四川蓉興公司應作會計分錄如下：

3月20日，購入H商品。

　　借：庫存商品——H商品　　　　　　　　　　　　　　67,200
　　　貸：銀行存款　　　　　　　　　　　　　　　　　　　　67,200

12月31日，由於庫存8臺H商品市場價格下跌，表明其可變現淨值低於成本，應計提存貨跌價準備。

　　借：資產減值損失　　　　　　　　　　　　　　　　　3,200
　　　貸：存貨跌價準備　　　　　　　　　　　　　　　　　　3,200

存貨跌價準備 = 1,050×8×6.4 − 1,000×8×6.32 = 3,200（元）

本例中，期末，在計算庫存商品——H商品的可變現淨值時，在國內沒有相應產品的價格，因此，公司只能依據H商品的國際市場價格為基礎確定其可變現淨值，但需要考慮匯率變動的影響。期末，以國際市場價格為基礎確定的可變現淨值應按照期末匯率折算，再與庫存H商品的記帳本位幣成本相比較，確定其應提的跌價準備。

第二種情況，對於以公允價值計量的股票、基金等非貨幣性項目，如果期末的公允價值以外幣反應，則應當先將該外幣按照公允價值確定當日的即期匯率折算為記帳本位幣金額，再與原記帳本位幣金額進行比較，其差額作為公允價值變動損益，計入當期損益。如果屬於可供出售外幣非貨幣性項目的，形成的匯兌差額，計入其他綜合收益。

【例12-13】四川蓉興公司的記帳本位幣為人民幣。該公司於2011年12月5日以每股1.5美元的價格購入乙公司B股10,000股作為交易性金融資產，當日即期匯率為1美元=6.4元，款項已付。2011年12月31日，由於市價變動，當月購入的乙公司B股的市價變為每股2美元，當日即期匯率為1美元=6.38元。假定不考慮相關稅費的影響。

2011年12月5日，該公司對上述交易應作以下財務處理：

　　借：交易性金融資產　　　　　　　　　　　　　　　96,000
　　　貸：銀行存款　　　　　　　　　　　　　　　　　　　96,000

根據《企業會計準則第22號——金融工具確認和計量》規定，交易性金融資產以公允價值計量。該項交易性金融資產是以外幣計價，在資產負債表日，不僅應考慮股票市價的變動，還應一併考慮美元與人民幣之間匯率變動的影響。上述交易性金融資產在資產負債表日的人民幣金額為127,600（2×10,000×6.38）元，與原帳面價值96,000（1.5×10,000×6.4）元的差額為31,600元，應計入公允價值變動損益。相應的會計分錄為：

　　借：交易性金融資產　　　　　　　　　　　　　　　31,600
　　　貸：公允價值變動損益　　　　　　　　　　　　　　　31,600

31,600元既包含四川蓉興公司所購乙公司B股股票公允價值變動的影響，又包含人民幣與美元之間匯率變動的影響。

2012年2月27日（結算日），四川蓉興公司將所購乙公司B股股票按當日市價每股2.2美元全部售出，所得價款為22,000美元，按當日匯率為1美元=6.35元折算為

人民幣金額為139,700元,與其原帳面價值人民幣金額127,600元的差額為12,100元。匯率的變動和股票市價的變動不進行區分,均作為投資收益進行處理。因此,售出當日,四川蓉興公司應作會計分錄為:

  借:銀行存款   139,700
    貸:交易性金融資產   127,600
      投資收益   12,100
  借:公允價值變動損益   31,600
    貸:投資收益   31,600

③貨幣兌換的折算

企業發生的外幣兌換業務或涉及外幣兌換的交易事項,應當以交易實際採用的匯率,即銀行買入價或賣出價折算。由於匯率變動產生的折算差額計入當期損益。

【例12-14】四川蓉興公司的記帳本位幣為人民幣,2012年4月16日以人民幣向中國銀行買入10,000美元。四川蓉興公司以中國人民銀行公布的人民幣匯率中間價作為即期匯率,當日的即期匯率為1美元=6.28元,中國銀行當日美元賣出價為1美元=6.35元。四川蓉興公司當日應作會計分錄為:

  借:銀行存款——美元   62,800
    財務費用——匯兌差額   700
    貸:銀行存款——人民幣   63,500

12.3 外幣報表折算

12.3.1 境外經營財務報表的折算

企業的子公司、合營企業、聯營企業和分支機構如果採用與企業相同的記帳本位幣,即使是設在境外,其財務報表也不存在折算問題。但是,如果企業境外經營的記帳本位幣不同於企業的記帳本位幣,在將企業的境外經營通過合併報表、權益法核算等納入企業的財務報表中時,需要將企業境外經營的財務報表折算為以企業記帳本位幣反應。

1. 境外經營財務報表的折算

在對企業境外經營財務報表進行折算前,企業應當調整境外經營的會計期間和會計政策,使之與企業會計期間和會計政策相一致,根據調整后會計政策及會計期間編製相應貨幣(記帳本位幣以外的貨幣)的財務報表,再按照以下方法對境外經營財務報表進行折算:

(1)資產負債表中的資產和負債項目,採用資產負債表日的即期匯率折算,所有者權益項目除「未分配利潤」項目外,其他項目採用發生時的即期匯率折算。

(2)利潤表中的收入和費用項目,採用交易發生日的即期匯率或即期匯率的近似匯率折算。

(3) 產生的外幣財務報表折算差額，在編製合併財務報表時，應在合併資產負債表中所有者權益項目下單獨作為「其他綜合收益」項目列示。

比較財務報表的折算比照上述規定處理。

【例12-17】四川蓉興公司的記帳本位幣為人民幣，該公司僅有一全資子公司——乙公司，無其他境外經營。乙公司設在美國，自主經營，所有辦公設備及絕大多數人工成本等均以美元支付，除極少量的商品購自四川蓉興公司外，其餘的商品採購均來自當地。乙公司對所需資金自行在當地融資，自擔風險。因此，根據記帳本位幣的選擇確定原則，乙公司的記帳本位幣應為美元。2012年12月31日，四川蓉興公司準備編製合併財務報表，需要先將乙公司的美元財務報表折算為人民幣表述。乙公司的有關資料如下：

2012年12月31日的即期匯率為1美元=8元，2012年的平均匯率為1美元=8.2元，實收資本為125,000美元，發生日的即期匯率為1美元=8.3元。2011年12月31日的即期匯率為1美元=8.25元，累計盈餘公積為11,000美元，折算為人民幣90,300元，累計未分配利潤為20,000美元，折算為人民幣166,000元，乙公司在年末提取盈餘公積6,000美元。

乙公司相關的利潤表、資產負債表、所有者權益變動表的編製分別如表12-2、表12-3、表12-4所表示。

表12-2　　　　　　　　　　　　　　　利潤表
編製單位：乙公司　　　　　　　　　　　2012年度　　　　　　　　　　　　　單位：元

項目	本年累計數（美元）	匯率	折算為人民幣金額
一、營業收入	105,000	8.2	861,000
減：營業成本	40,000	8.2	328,000
營業稅金及附加	6,000	8.2	49,200
銷售費用	8,000	8.2	65,600
管理費用	12,000	8.2	98,400
財務費用	10,000	8.2	82,000
二、營業利潤	29,000		237,800
加：營業外收入	5,000	8.2	41,000
減：營業外支出	4,000	8.2	32,800
三、利潤總額	30,000		246,000
減：所得稅費用	10,000	8.2	82,000
四、淨利潤	20,000		164,000
五、每股收益	—		
六、其他綜合收益	0	—	-49,800
七、綜合收益總額	20,000	—	114,200

表 12-3　　　　　　　　　　　　　　　　　　資產負債表
編製單位：乙公司　　　　　　　　　2012 年 12 月 31 日

資產	期末數(美元)	匯率	折算為人民幣金額(元)	負債和股東權益	期末數(美元)	匯率	折算為人民幣金額(元)
流動資產：				流動負債：			
貨幣資金	20,000	8	160,000	短期借款	10,000	8	80,000
交易性金融資產	10,000	8	80,000	應付票據	2,000	8	16,000
應收票據	8,000	8	64,000	應付帳款	15,000	8	120,000
應收帳款	22,000	8	176,000	應付職工薪酬	12,000	8	96,000
存貨	40,000	8	320,000	應交稅費	3,000	8	24,000
流動資產合計	100,000		800,000	流動負債合計	42,000		336,000
非流動資產：				非流動負債：			
固定資產	120,000	8	960,000	長期借款	12,000	8	96,000
無形資產	30,000	8	240,000	長期應付款	20,000	8	160,000
非流動資產合計	150,000		1,200,000	非流動負債合計	32,000		256,000
				所有者權益：			
				實收資本	125,000	8.3	1,037,500
				其他綜合收益	0		-49,800
				盈余公積	17,000		139,500
				未分配利潤	34,000		280,800
				外幣報表折算差額	0		-49,800
				所有者權益合計	176,000		1,408,000
資產總計	250,000		2,000,000	負債和所有者權益總計	250,000		2,000,000

表 12-4　　　　　　　　　　　　　　　所有者權益變動表
編製單位：乙公司　　　　　　　　　　　2012 年度　　　　　　　　　　　　單位：元

項目	實收資本 美元	匯率	人民幣	其他綜合收益	盈余公積 美元	匯率	人民幣	未分配利潤 美元	人民幣	所有者權益合計
一、本年年初余額	125,000	8.3	1,037,500		11,000		90,300	20,000	166,000	1,293,800
二、本年增減變動金額										
(一) 綜合收益總額										114,200
淨利潤								20,000	164,000	164,000
其他綜合收益的稅後淨額				-49,800						-49,800
其中：外幣報表折算差額				-49,800						-49,800
(二) 利潤分配										
提取盈余公積					6,000	8.2	49,200	-6,000	-49,200	
三、本年年末余額	125,000	8.3	1,037,500	-49,800	17,000		139,500	34,000	280,800	1,408,000

2. 包含境外經營的合併財務報表編製的特殊處理

在企業境外經營為其子公司的情況下，企業在編製合併財務報表時，應按少數股東在境外經營所有者權益中所享有的份額計算少數股東應分擔的外幣報表折算差額，並入少數股東權益列示於合併資產負債表。

母公司含有實質上構成對子公司（境外經營）淨投資的外幣貨幣性項目的情況下，在編製合併財務報表時，應分別以下兩種情況編製抵銷分錄：

（1）實質上構成對子公司淨投資的外幣貨幣性項目以母公司或子公司的記帳本位幣反應，該外幣貨幣性項目產生的匯兌差額應轉入「其他綜合收益」；

（2）實質上構成對子公司淨投資的外幣貨幣性項目，以母、子公司的記帳本位幣以外的貨幣反應，應將母、子公司此項外幣貨幣性項目產生的匯兌差額相互抵銷，差額計入「其他綜合收益」。

如果合併財務報表中各子公司之間也存在實質上構成對另一子公司（境外經營）淨投資的外幣貨幣性項目，在編製合併財務報表時應比照上述原則編製相應的抵銷分錄。

12.3.2 惡性通貨膨脹經濟中境外經營財務報表的折算

1. 惡性通貨膨脹經濟的判定

當一個國家經濟環境顯示出（但不局限於）以下特徵時，應當判定該國處於惡性通貨膨脹經濟中。

（1）三年累計通貨膨脹率接近或超過100%；

（2）利率、工資、物價與物價指數掛鉤，物價指數是物價變動趨勢和幅度的相對數；

（3）一般公眾不是以當地貨幣，而是以相對穩定的外幣為單位作為衡量貨幣金額的基礎；

（4）一般公眾傾向於以非貨幣性資產或相對穩定的外幣來保存自己的財富，持有的當地貨幣立即用於投資以保持購買力；

（5）即使信用期限很短，賒銷、賒購交易仍按補償信用期預計購買力損失的價格成交。

2. 處於惡性通貨膨脹經濟中境外經營財務報表的折算

企業對處於惡性通貨膨脹經濟中的境外經營財務報表進行折算時，需要先對其財務報表進行重述：對資產負債表項目運用一般物價指數予以重述，對利潤表項目運用一般物價指數變動予以重述。然后，企業再按資產負債表日即期匯率進行折算。

（1）資產負債表項目的重述。在對資產負債表項目進行重述時，由於現金、應收帳款、其他應收款等貨幣性項目已經以資產負債表日的計量單位表述，因此不需要進行重述；通過協議與物價變動掛鉤的資產和負債，應根據協議約定進行調整；非貨幣項目中，有些是以資產負債表日的計量單位列示的，如存貨已經以可變現淨值列示，不需要進行重述。其他非貨幣性項目，如固定資產、投資、無形資產等，應自購置日起以一般物價指數予以重述。但是，對於在資產負債表日以公允價值計量的非貨幣性

資產，例如投資性房地產，以資產負債表日的公允價值列示。

（2）利潤表項目的重述。在對利潤表項目進行重述時，所有項目金額都需要自其初始確認之日起，以一般物價指數變動進行重述，以使利潤表的所有項目都以資產負債表日的計量單位表述。由於上述重述而產生的差額計入當期淨利潤。

對資產負債表和利潤表項目進行重述後，再按資產負債表日的即期匯率將資產負債表和利潤表折算為記帳本位幣報表。

在境外經營不再處於惡性通貨膨脹經濟中時，企業應當停止重述，按照停止之日的價格水平重述的財務報表進行折算。

12.3.3 境外經營的處置

企業可能通過出售、清算、返還股東或放棄全部或部分權益等方式處置其在境外經營中的利益。企業應在處置境外經營的當期，將已列入合併財務報表所有者權益的外幣報表折算差額中與該境外經營相關部分，自所有者權益項目轉入處置當期損益。如果是部分處置境外經營，應當按處置的比例計算處置部分的外幣報表折算差額，轉入處置當期損益。

思考題

1. 記帳本位幣的含義是什麼？如何確定企業的記帳本位幣？
2. 什麼是外幣交易？外幣交易的內容有哪些？
3. 外幣交易程序包括哪些主要環節？
4. 外幣交易的記帳方法有哪兩種？中國企業的外幣交易主要採用哪種記帳方法？
5. 什麼是折算匯率？它包括哪些內容？
6. 如何進行外幣交易業務的會計處理？
7. 什麼是外幣報表折算？如何進行境外經營財務報表的折算？

第四篇

企業合併及合併報表

第13章 企業合併會計核算

13.1 企業合併概述

13.1.1 企業合併的概念

《企業會計準則第20號——企業合併》規定，企業合併是將兩個或兩個以上單獨的企業合併形成一個報告主體的交易或事項。

企業合併的結果通常是一個企業取得了對一個或多個業務的控制權。構成企業合併至少包括兩層含義：一是取得對另一個或多個企業（業務）的控制權；二是所合併的企業必須構成業務。

如果一個企業取得了對另一個或多個企業的控制權，而被購買方（被合併方）並不構成業務，則該交易或事項不形成企業合併。業務是指企業內部某些生產經營活動或資產負債的組合，該組合具有投入、加工處理和產出能力，能夠獨立計算其成本費用或所產生的收入，但一般不構成一個企業，不具有獨立的法人資格，如企業的分公司、獨立的生產車間等。

從企業合併的定義看，是否形成企業合併，除要看取得的企業是否構成業務之外，關鍵要看有關交易或事項發生前後，是否引起報告主體的變化。報告主體的變化產生於控制權的變化。在交易事項發生以後，一方能夠對另一方的生產經營決策實施控制，形成母子公司關係，就涉及控制權的轉移，從合併財務報告角度形成報告主體的變化；交易事項發生以後，一方能夠控制另一方的全部淨資產，被合併的企業在合併後失去其法人資格，也涉及控制權及報告主體的變化，形成企業合併。

13.1.2 企業合併的分類

企業合併可以按不同的標準進行多種分類，比較常見的是按照法律形式和合併所涉及的行業分類。

1. 按合併的法律形式分類

按照合併的法律形式，企業合併可分為吸收合併、創立合併和控股合併三類。

（1）吸收合併

吸收合併也稱兼併，是指一個企業通過發行股票、支付現金或發行債券等方式取得一個或若干個企業。合併方在企業合併中取得被合併方的全部淨資產，並將有關資產、負債並入合併方自身的帳簿和報表進行核算。企業合併后，註銷被合併方的法人

資格，由合併方持有合併中取得的被合併方的資產、負債，在新的基礎上繼續經營。

(2) 創立合併

創立合併也稱新設合併，是指兩個或兩個以上的企業聯合成立一個新企業，用新企業的股份交換原來各公司的股份。參與合併的各方在企業合併後法人資格均被註銷，重新註冊成立一家新的企業，由新註冊成立的企業持有參與合併各企業的資產、負債在新的基礎上經營。

(3) 控股合併

控股合併是指一個企業通過支付現金、發行股票或發行債券的方式取得另一企業全部或部分有表決權的股份。合併方（購買方）通過企業合併交易或事項取得對被合併方（被購買方）的控制權，企業合併後能夠通過所取得的股權等主導被合併方的生產經營決策並自被合併方的生產經營活動中獲益，被合併方在企業合併後仍維持其獨立法人資格繼續經營。在這種情況下，合併方與被合併方形成企業集團，需要編製合併報表。

2. 按合併所涉及的行業分類

按照合併所涉及的行業，企業合併可分為橫向合併、縱向合併和混合合併。

(1) 橫向合併

橫向合併是指一個公司與從事同類生產經營活動的其他公司合併。橫向合併的目的是：把一些規模較小的企業聯合起來，組成企業集團，實現規模效益；或利用現有生產設備，增加產量，提高市場佔有率。橫向合併會削弱企業間的競爭，甚至會造成壟斷，因此在一些國家受到反托拉斯法規的限制。

(2) 縱向合併

縱向合併是指一個公司向處於同行業不同經營階段公司的併購。企業常常通過縱向合併，形成一個產、供、銷一體化的企業集團，增強實力。

(3) 混合合併

混合合併是指從事不相關業務類型企業的合併。混合合併的主要目的是分散企業經營風險，增強生存和發展能力；或通過利用被合併企業的環境條件，跨越行業壁壘，進入新的經營領域。

3. 按合併雙方在合併前後是否受同一方或相同多方最終控制分類

按照合併雙方在合併前後是否受同一方或相同多方最終控制，企業合併可分為同一控制下的企業合併與非同一控制下的企業合併。

(1) 同一控制下的企業合併

同一控制下的企業合併，是指參與合併的企業在合併前後均受同一方或相同的多方最終控制且該控制並非暫時性的。

判斷某一企業合併是否屬於同一控制下的企業合併，應當把握以下要點：

①能夠對參與合併各方在合併前後均實施最終控制的一方通常指企業集團的母公司。

同一控制下的企業合併一般發生於企業集團內部，如集團內母子公司之間、子公司與子公司之間等。該類合併從本質上是集團內部企業之間的資產或權益的轉移，能

夠對參與合併企業在合併前後均實施最終控制的一方為集團的母公司。

②能夠對參與合併的企業在合併前後均實施最終控制的相同多方，是指根據合同或協議的約定，擁有最終決定參與合併企業的財務和經營政策，並從中獲取利益的投資者群體。

③實施控制的時間性要求，是指參與合併各方在合併前後較長時間內為最終控制方所控制。具體是指在企業合併之前（合併日之前），參與合併各方在最終控制方的控制時間一般在1年以上（含1年），企業合併後所形成的報告主體在最終控制方的控制時間也應達到1年以上（含1年）。

④企業之間的合併是否屬於同一控制下的企業合併，應綜合構成企業合併交易的各方面情況，按照實質重於形式的原則進行判斷。通常情況下，同一控制下的企業合併是指發生在同一企業集團內部企業之間的合併。同受國家控制的企業之間發生的合併，不應僅僅因為參與合併各方在合併前後均受國家控制而將其作為同一控制下的企業合併。

（2）非同一控制下的企業合併

非同一控制下的企業合併，是指參與合併各方在合併前後不受同一方或相同的多方最終控制的合併交易，即同一控制下企業合併以外的其他企業合併。

13.2 同一控制下企業合併的會計處理

同一控制下的企業合併，應採用權益結合法進行核算。其中，在合併日取得對其他參與合併企業控制權的一方為合併方，參與合併的其他企業為被合併方。合併日，是指合併方實際取得對被合併方控制權的日期。

13.2.1 同一控制下企業合併的處理原則

同一控制下的企業合併，在合併中不涉及自集團外少數股東手中購買股權的情況下，合併方應遵循以下原則進行相關的處理：

（1）合併方在合併中確認取得的被合併方的資產、負債僅限於被合併方帳面上原已確認的資產和負債，合併中不產生新的資產和負債。

同一控制下的企業合併，從最終控制方的角度來看，其在企業合併發生前後能夠控制的淨資產價值量並沒有發生變化，因此合併中不產生新的資產，但被合併方在企業合併前帳面上原已確認的商譽應作為合併中取得的資產確認。

（2）合併方在合併中取得的被合併方各項資產、負債應維持其在被合併方的原帳面價值不變。

合併方在同一控制下企業合併中取得的有關資產和負債不應因該項合併而改變其帳面價值。從最終控制方的角度，其在企業合併交易或事項發生前控制的資產、負債，在該交易或事項發生後仍在其控制之下，因此該交易或事項原則上不應引起所涉及資產、負債的計價基礎發生變化。

在確定合併中取得各項資產、負債的入帳價值時，應予以注意的是，被合併方在企業合併前採用的會計政策與合併方不一致的，應基於重要性原則，首先統一會計政策，即合併方應當按照本企業會計政策對被合併方資產、負債的帳面價值進行調整，並以調整后的帳面價值作為有關資產、負債的入帳價值。

(3) 合併方在合併中取得的淨資產的入帳價值相對於為進行企業合併支付的對價帳面價值之間的差額，不作為資產的處置損益，不影響合併當期利潤表，有關差額應調整所有者權益相關項目。

合併方在企業合併中取得的價值量相對於所放棄價值量之間存在差額的，應當調整所有者權益。在根據合併差額調整合併方的所有者權益時，應首先調整資本公積（資本溢價或股本溢價），資本公積（資本溢價或股本溢價）的余額不足衝減的，應衝減留存收益。

(4) 對於同一控制下的控股合併，合併方在編製合併財務報表時，應視同合併后形成的報告主體自最終控制方開始實施控制時一直是一體化存續下來的，參與合併各方在合併以前期間實現的留存收益應體現為合併財務報表中的留存收益。合併財務報表中，應以合併方的資本公積（經調整后的資本公積中的資本溢價部分）為限，在所有者權益內部進行調整，將被合併方在合併日以前實現的留存收益中按照持股比例計算歸屬於合併方的部分自資本公積轉入留存收益。

13.2.2 同一控制下控股合併的會計處理

同一控制下的企業合併中，合併方在合併后取得對被合併方生產經營決策的控制權，並且被合併方在企業合併后仍然繼續經營的，合併方在合併日涉及兩個方面的問題：一是對於因該項企業合併形成的對被合併方的長期股權投資的確認和計量問題；二是合併日合併財務報表的編製問題。

1. 長期股權投資的確認和計量

按照《企業會計準則第 2 號——長期股權投資》的規定，同一控制下企業合併形成的長期股權投資，合併方應以合併日應享有被合併方帳面所有者權益的份額作為形成長期股權投資的初始投資成本，借記「長期股權投資」科目；按享有被投資單位已宣告但尚未發放的現金股利或利潤，借記「應收股利」科目；按支付的合併對價的帳面價值，貸記有關資產或借記有關負債科目。以支付現金、非現金資產方式進行的，該初始投資成本與支付的現金、非現金資產的差額，相應調整資本公積（資本溢價或股本溢價），資本公積（資本溢價或股本溢價）的余額不足衝減的，相應調整盈余公積和未分配利潤；以發行權益性證券方式進行的，長期股權投資的初始投資成本與所發行股份的面值總額之間的差額，應調整資本公積（資本溢價或股本溢價），資本公積（資本溢價或股本溢價）的余額不足衝減的，相應調整盈余公積和未分配利潤。

合併方為進行企業合併發生的各項直接相關費用，包括為進行企業合併而支付的審計費用、評估費用、法律服務費用等，應當於發生時計入當期損益。為企業合併發行的債券或承擔其他債務支付的手續費、佣金等，應當計入所發行債券及其他債務的初始計量金額。企業合併中發行權益性證券發生的手續費、佣金等費用，應當抵減權

益性證券溢價收入，溢價收入不足衝減的，衝減留存收益。

2. 合併日合併財務報表的編製

同一控制下的企業合併形成母子公司關係的，合併方一般應在合併日編製合併財務報表，反應於合併日形成的報告主體的財務狀況、視同該主體一直存在產生的經營成果等。編製合併日的合併財務報表，一般包括合併資產負債表、合併利潤表及合併現金流量表。

（1）合併資產負債表

被合併方的有關資產、負債應以其帳面價值並入合併財務報表（合併方與被合併方採用的會計政策不同的，指按照合併方的會計政策，對被合併方有關資產、負債經調整后的帳面價值）。合併方與被合併方在合併日及以前期間發生的交易，應作為內部交易進行抵銷。

同一控制下企業合併的基本處理原則是視同合併后形成的報告主體在合併日及以前期間一直存在，在合併資產負債表中，對於被合併方在企業合併前實現的留存收益（盈余公積和未分配利潤之和）中歸屬於合併方的部分，應按以下規定，自合併方的資本公積轉入留存收益。

①確認企業合併形成的長期股權投資后，合併方帳面資本公積（資本溢價或股本溢價）貸方余額大於被合併方在合併前實現的留存收益中歸屬於合併方的部分，在合併資產負債表中，應將被合併方在合併前實現的留存收益中歸屬於合併方的部分自「資本公積」轉入「盈余公積」和「未分配利潤」。在合併工作底稿中，借記「資本公積」科目，貸記「盈余公積」和「未分配利潤」科目。

②確認企業合併形成的長期股權投資后，合併方帳面資本公積（資本溢價或股本溢價）貸方余額小於被合併方在合併前實現的留存收益中歸屬於合併方的部分的，在合併資產負債表中，應以合併方資本公積（資本溢價或股本溢價）的貸方余額為限，將被合併方在企業合併前實現的留存收益中歸屬於合併方的部分自「資本公積」轉入「盈余公積」和「未分配利潤」。在合併工作底稿中，借記「資本公積」科目，貸記「盈余公積」和「未分配利潤」科目。

因合併方的資本公積（資本溢價或股本溢價）余額不足，被合併方在合併前實現的留存收益在合併資產負債表中未予全額恢復的，合併方應當在會計報表附註中對這一情況進行說明。

【例13－1】A、B公司分別為甲公司控制下的兩家子公司。A公司於2012年3月1日自母公司甲處取得B公司80%的股權，合併后B公司仍維持其獨立法人資格繼續經營。為進行該項企業合併，A公司發行了1,000萬股本公司普通股（每股面值1元）作為對價。假定A、B公司採用的會計政策相同。合併日，A公司及B公司的所有者權益構成如表13－1所示。

表 13-1　　　　　　　　　　所有者權益構成表　　　　　　　　　　單位：萬元

A 公司		B 公司	
項目	金額	項目	金額
股本	10,000	股本	1,000
資本公積	1,500	資本公積	300
盈余公積	2,500	盈余公積	200
未分配利潤	6,000	未分配利潤	500
合計	20,000	合計	2,000

A 公司在合併日應進行的帳務處理為：

借：長期股權投資　　　　　　　　　　　　　　　　　16,000,000
　　貸：股本　　　　　　　　　　　　　　　　　　　　10,000,000
　　　　資本公積——股本溢價　　　　　　　　　　　　 6,000,000

進行上述處理后，A 公司在合併日編製合併資產負債表時，對於企業合併前 B 公司實現的留存收益中歸屬於合併方的部分 560（700×80%）萬元應自資本公積（股本溢價）轉入留存收益。本例中 A 公司在確認對 B 公司的長期股權投資以後，其資本公積的帳面餘額為 2,100（1,500＋600）萬元，假定其中股本溢價的金額為 1,800 萬元。在合併工作底稿中，A 公司應編製以下調整分錄：

借：資本公積——股本溢價　　　　　　　　　　　　　5,600,000
　　貸：盈余公積　　　　　　　　　　　　　　　　　　1,600,000
　　　　未分配利潤　　　　　　　　　　　　　　　　　4,000,000

假定合併后 A 公司資本公積中的股票溢價金額為 280 萬元，則在合併工作底稿中，應編製如下調整分錄：

借：資本公積——股本溢價　　　　　　　　　　　　　2,800,000
　　貸：盈余公積　　　　　　　　　　　　　　　　　　　800,000
　　　　未分配利潤　　　　　　　　　　　　　　　　　2,000,000

(2) 合併利潤表

合併方編製的合併日的合併利潤表，應包含合併方及被合併方自合併當期期初至合併日實現的淨利潤，雙方在當期所發生的交易，應當按照合併財務報表的有關原則進行抵銷。例如，同一控制下的企業合併發生於 2012 年 3 月 31 日，合併方當日編製的合併利潤表，應包括合併方及被合併方自 2012 年 1 月 1 日至 2012 年 3 月 31 日實現的淨利潤。

為了幫助企業的會計信息使用者瞭解合併利潤表中淨利潤的構成，發生同一控制下企業合併的當期，合併方在合併利潤表中的「淨利潤」項下應單列「其中：被合併方在合併前實現的淨利潤」科目，反應因同一控制下企業合併規定的編表原則，導致由於該項企業合併自被合併方在合併當期帶入的損益情況。

合併日合併現金流量表的編製與合併利潤表的編製原則相同。

【例13-2】A、B公司是甲公司控制下的兩家子公司。A公司於2012年6月30日自母公司甲處取得B公司100%的股權。為進行該項企業合併，A公司發行了50萬股本公司普通股（每股面值1元）作為對價。假定A、B公司採用的會計政策相同。合併日，A公司及B公司的資產負債表數據如表13-2所示。

表13-2　　　　　　　　　　　資產負債表（簡表）

2012年6月30日　　　　　　　　　　　　　　　單位：萬元

項目	A公司	B公司	
		帳面價值	公允價值
銀行存款	280	10	10
應收帳款	50	30	28
存貨	90	40	50
固定資產	360	120	190
資產總計	780	200	278
應付帳款	28	42	39
應付債券	112	8	9
股本	200	30	
資本公積	140	40	
盈余公積	100	50	
未分配利潤	200	30	
負債和所有者權益總計	780	200	

A公司及B公司2012年1月1日至6月30日的利潤表如表13-3所示。

表13-3　　　　　　　　　　　利潤表（簡表）

2012年1月1日至6月30日　　　　　　　　　　　單位：萬元

項目	A公司	B公司
一、營業收入	425	120
減：營業成本	338	95
營業稅金及附加	2	0.5
銷售費用	6	2
管理費用	15	5
財務費用	4	3.5
加：投資收益	3	1
二、營業利潤	63	15

表13-3(續)

項目	A 公司	B 公司
加：營業外收入	5	4.5
減：營業外支出	4.5	5.5
三、利潤總額	63.5	14
減：所得稅費用	21	4
四、淨利潤	42.5	10

(1) A 公司對該項合併進行帳務處理：
借：長期股權投資　　　　　　　　　　　　　　1,500,000
　貸：股本　　　　　　　　　　　　　　　　　　　　500,000
　　　資本公積　　　　　　　　　　　　　　　　　1,000,000

(2) 假定 A 公司與 B 公司在合併前未發生任何交易，則 A 公司在編製合併日的合併財務報表時抵銷分錄為：
借：股本　　　　　　　　　　　　　　　　　　　300,000
　　資本公積　　　　　　　　　　　　　　　　　400,000
　　盈餘公積　　　　　　　　　　　　　　　　　500,000
　　未分配利潤　　　　　　　　　　　　　　　　300,000
　貸：長期股權投資　　　　　　　　　　　　　　1,500,000

將被合併方在企業合併前實現的留存收益中歸屬於合併方的部分，自資本公積(假定資本公積中「資本溢價或股本溢價」的金額為 200 萬元)轉入留存收益，合併調整分錄為：
借：資本公積　　　　　　　　　　　　　　　　　800,000
　貸：盈餘公積　　　　　　　　　　　　　　　　　500,000
　　　未分配利潤　　　　　　　　　　　　　　　　300,000

A 公司在合併日編製的合併資產負債表、合併利潤表分別如表 13-4、表 13-5 所示。

表 13-4　　　　　　　　　　　合併資產負債表（簡表）

2012 年 6 月 30 日　　　　　　　　　　　　　　　單位：萬元

項目	A 公司	B 公司	調整及抵銷分錄 借方	調整及抵銷分錄 貸方	合併金額
銀行存款	280	10			290
應收帳款	50	30			80
存貨	90	40			130
長期股權投資	150			150	

表13-4(續)

項目	A公司	B公司	調整及抵銷分錄 借方	調整及抵銷分錄 貸方	合併金額
固定資產	360	120			480
資產總計	930	200			980
應付帳款	28	42			70
應付債券	112	8			120
股本	250	30	30		250
資本公積	240	40	120		160
盈余公積	100	50	50	50	150
未分配利潤	200	30	30	30	230
負債和所有者權益總計	930	200			980

表13-5　　　　　　　　　合併利潤表（簡表）
2012年1月1日至6月30日　　　　　　　　單位：萬元

項目	A公司	B公司	調整及抵銷分錄 借方	調整及抵銷分錄 貸方	合併金額
一、營業收入	425	120			545
減：營業成本	338	95			433
營業稅金及附加	2	0.5			2.50
銷售費用	6	2			8
管理費用	15	5			20
財務費用	4	3.50			7.50
加：投資收益	3	1			4
二、營業利潤	63	15			78
加：營業外收入	5	4.50			9.5
減：營業外支出	4.50	5.50			10
三、利潤總額	63.50	14			77.50
減：所得稅費用	21	4			25
四、淨利潤	42.50	10			52.50
其中：被合併方在合併前實現利潤					10

合併現金流量表略。

13.2.3 同一控制下吸收合併的會計處理

同一控制下的吸收合併中,合併方主要涉及合併日取得被合併方資產、負債入帳價值的確定,以及合併中取得有關淨資產的入帳價值與支付的合併對價帳面價值之間差額的處理。

1. 合併中取得資產、負債入帳價值的確定

合併方對同一控制下吸收合併中取得的資產、負債應當按照相關資產、負債在被合併方的原帳面價值入帳。其中,對於合併方與被合併方在企業合併前採用的會計政策不同的,在將被合併方的相關資產和負債並入合併方的帳簿和報表進行核算之前,首先應基於重要性原則,統一被合併方的會計政策,即應當按照合併方的會計政策對被合併方的有關資產、負債的帳面價值進行調整後,以調整后的帳面價值確認。

2. 合併差額的處理

合併方在確認了合併中取得的被合併方的資產和負債的入帳價值後,以發行權益性證券方式進行的該類合併,所確認的淨資產入帳價值與發行股份面值總額的差額,應計入資本公積(資本溢價或股本溢價),資本公積(資本溢價或股本溢價)的余額不足衝減的,相應衝減盈餘公積和未分配利潤;以支付現金、非現金資產方式進行的該類合併,所確認的淨資產入帳價值與支付的現金、非現金資產帳面價值的差額,相應調整資本公積(資本溢價或股本溢價),資本公積(資本溢價或股本溢價)的余額不足衝減的,應衝減盈餘公積和未分配利潤。

【例13-3】續【例13-2】,假設合併后B公司失去法人資格。

則合併日(2012年6月30日),A公司應進行如下帳務處理:

借:銀行存款　　　　　　　　　　　　　　　　100,000
　　應收帳款　　　　　　　　　　　　　　　　300,000
　　存貨　　　　　　　　　　　　　　　　　　400,000
　　固定資產　　　　　　　　　　　　　　　1,200,000
　貸:應付帳款　　　　　　　　　　　　　　　　420,000
　　　應付債券　　　　　　　　　　　　　　　　80,000
　　　股本　　　　　　　　　　　　　　　　　500,000
　　　資本公積　　　　　　　　　　　　　　1,000,000

13.3 非同一控制下企業合併的會計處理

非同一控制下的企業合併,應採用購買法進行核算。購買法是從購買方的角度出發,該項交易中購買方取得了被購買方的淨資產或是對淨資產的控制權,應確認所取得的資產以及應當承擔的債務,包括被購買方原來未予確認的資產和負債。

13.3.1 非同一控制下企業合併的處理原則

1. 購買方的確定

採用購買法核算企業合併的首要前提是確定購買方。購買方是指在企業合併中取得對另一方或多方控制權的一方。參與合併的其他企業為被購買方。合併中一方取得了另一方半數以上有表決權股份的，除非有明確的證據表明該股份不能形成控制，一般認為取得控股權的一方為購買方。某些情況下，即使一方沒有取得另一方半數以上有表決權股份，但存在以下情況時，一般也可認為其獲得了對另一方的控制權，如：

（1）通過與其他投資者簽訂協議，實質上擁有被購買企業半數以上表決權。
（2）按照法律或協議等的規定，具有主導被購買企業財務和經營決策的權利。
（3）有權任免被購買企業董事會或類似權力機構絕大多數成員。
（4）在被購買企業董事會或類似權力機構具有絕大多數投票權。

2. 購買日的確定

購買日，是指購買方實際取得對被購買方控制權的日期，即企業合併交易進行過程中，發生控制權轉移的日期。同時滿足了以下條件時，一般可認為實現了控制權的轉移，形成購買日。有關的條件包括：

（1）企業合併合同或協議已獲股東大會等內部權力機構通過，如對於股份有限公司，其內部權力機構一般指股東大會。
（2）按照規定，合併事項需要經過國家有關主管部門審批的，已獲得相關部門的批准。
（3）參與合併各方已辦理了必要的財產權交接手續。作為購買方，其通過企業合併無論是取得對被購買方的股權還是被購買方的全部淨資產，能夠形成與取得股權或淨資產相關的風險和報酬的轉移，一般需辦理相關的財產權交接手續，從而從法律上保障有關風險和報酬的轉移。
（4）購買方已支付了購買價款的大部分（一般應超過50%），並且有能力支付剩餘款項。
（5）購買方實際上已經控制了被購買方的財務和經營政策，並享有相應的收益和風險。

3. 企業合併成本的確定

企業合併成本包括購買方為進行企業合併支付的現金或非現金資產、發行或承擔的債務、發行的權益性證券等在購買日的公允價值。

合併方為進行企業合併發生的各項直接相關費用和同一控制下企業合併過程中發生的有關費用處理方法一致。

4. 企業合併成本在取得的可辨認資產和負債之間的分配

在非同一控制下的企業合併中，購買方取得了對被購買方淨資產的控制權，視合併方式的不同，應分別在合併財務報表或個別財務報表中確認合併中取得的各項可辨認資產和負債。

（1）購買方在企業合併中取得的被購買方各項可辨認資產和負債，要作為本企業

的資產、負債（合併財務報表中的資產、負債）進行確認，在購買日，應當滿足資產、負債的確認條件。

(2) 企業合併中取得的無形資產在其公允價值能夠可靠計量的情況下應單獨予以確認。

在公允價值能夠可靠計量的情況下，應區別於商譽單獨確認的無形資產一般包括商標、版權及與其相關的許可協議、特許權、分銷權等類似權利、專利技術、專有技術等。

(3) 對於購買方在企業合併時可能需要代被購買方承擔的或有負債，在其公允價值能夠可靠計量的情況下，應作為合併中取得的負債單獨確認。

(4) 企業合併中取得的資產、負債在滿足確認條件後，應以其公允價值計量。

對於被購買方在企業合併之前已經確認的商譽和遞延所得稅項目，購買方在對企業合併成本進行分配、確認合併中取得可辨認資產和負債時不予考慮。在按照規定確定了合併中應予以確認的各項可辨認資產、負債的公允價值後，其計稅基礎與帳面價值不同形成暫時性差異的，應當按照所得稅會計準則的規定確認相應的遞延所得稅資產或遞延所得稅負債。

5. 企業合併成本與合併中取得的被購買方可辨認淨資產公允價值份額之間差額的處理

購買方對於企業合併成本與確認的可辨認淨資產公允價值份額的差額，應視情況分別處理。

(1) 企業合併成本大於合併中取得的被購買方可辨認淨資產公允價值份額的差額應確認為商譽。視企業合併方式的不同，控股合併的情況下，該差額是指在合併財務報表中應予以列示的商譽，即長期股權投資的成本與購買日按照持股比例計算確定應享有被購買方可辨認淨資產公允價值份額之間的差額；吸收合併的情況下，該差額是購買方在其帳簿及個別財務報表中應確認的商譽。

(2) 企業合併成本小於合併中取得的被購買方可辨認淨資產公允價值份額的部分，應計入合併當期損益。

在該種情況下，購買方首先要對合併中取得的資產、負債的公允價值、作為合併對價的非現金資產或發行的權益性證券等的公允價值進行復核。如果復核結果表明所確定的各項資產和負債的公允價值確定是恰當的，應將企業合併成本低於取得的被購買方可辨認淨資產公允價值份額之間的差額，計入合併當期的營業外收入，並在會計報表附註中予以說明。

在吸收合併的情況下，上述企業合併成本小於合併中取得的被購買方可辨認淨資產公允價值份額的差額，應計入購買方合併當期的個別利潤表；在控股合併的情況下，上述差額應體現在購買方合併當期的合併利潤表中，不影響購買方的個別利潤表。

6. 購買日合併財務報表的編製

非同一控制下的企業合併中形成母子公司關係的，購買方一般應於購買日編製合併資產負債表，反應其於購買日開始能夠控制的經濟資源情況。在合併資產負債表中，合併中取得的被購買方各項可辨認資產、負債應以其在購買日的公允價值計量，長期

股權投資的成本大於合併中取得的被購買方可辨認淨資產公允價值份額的差額，體現為合併財務報表中的商譽；長期股權投資的成本小於合併中取得的被購買方可辨認淨資產公允價值份額的差額，應計入合併當期損益。因購買日不需要編製合併利潤表，該差額體現在合併資產負債表上，應調整合併資產負債表的盈餘公積和未分配利潤。

需要強調的是，非同一控制下的企業合併中，作為購買方的母公司在進行有關會計處理後，應單獨設置備查簿，記錄其在購買日取得的被購買方各項可辨認資產、負債的公允價值以及因企業合併成本大於合併中取得的被購買方可辨認淨資產公允價值的份額應確認的商譽金額，或因企業合併成本小於合併中取得的被購買方可辨認淨資產公允價值的份額計入當期損益的金額，作為企業合併當期以及以后期間編製合併財務報表的基礎。企業合併當期期末以及合併以后期間，應當納入合併財務報表中的被購買方資產、負債等，是以購買日確定的公允價值為基礎持續計算的結果。

13.3.2　非同一控制下控股合併的會計處理

該合併方式下，購買方所涉及的會計處理問題主要是兩個方面：一是購買日因進行企業合併形成的對被購買方的長期股權投資初始投資成本的確定，該成本與作為合併對價支付的有關資產帳面價值之間差額的處理；二是購買日合併財務報表的編製。

在非同一控制下的企業合併中，購買方取得對被購買方控制權的，在購買日應當按照確定的企業合併成本（不包括應自被投資單位收取的現金股利或利潤），作為形成的對被購買方長期股權投資的初始投資成本，借記「長期股權投資」科目，按享有被投資單位已宣告但尚未發放的現金股利或利潤，借記「應收股利」科目，按支付合併對價的帳面價值，貸記有關資產或借記有關負債科目，貸記「銀行存款」等科目，按其差額，貸記「營業外收入」或借記「營業外支出」等科目。按發生的直接相關費用，借記「管理費用」科目，貸記「銀行存款」等科目。

購買方為取得對被購買方的控制權，以支付非貨幣性資產為對價的，有關非貨幣性資產在購買日的公允價值與其帳面價值的差額，應作為資產的處置損益，計入合併當期的利潤表。其中，以庫存商品等作為合併對價的，應按庫存商品的公允價值，貸記「主營業務收入」科目，並同時結轉相關的成本。

【例13-4】續【例13-2】的資料，假設 A 公司和 B 公司不屬於同一控制下的兩個公司。A 公司 2012 年 6 月 30 日發行 50 萬股普通股（每股面值 1 元，市場價 4 元），取得 B 公司 80% 股權。則購買方 A 公司購買日的會計處理為：

(1) 確認長期股權投資

借：長期股權投資　　　　　　　　　　　　　　　　　2,000,000
　　貸：股本　　　　　　　　　　　　　　　　　　　　　500,000
　　　　資本公積——股本溢價　　　　　　　　　　　1,500,000

(2) 計算確定商譽

假定 B 公司除已確認資產外，不存在其他需要確認的資產及負債，則 A 公司首先計算合併中應確認的合併商譽。

合併商譽 = 合併成本 - 合併中取得被購買方可辨認淨資產公允價值份額

= 200 - (278 - 39 - 9) × 80% = 16（萬元）

(3) 編製調整與抵銷分錄

借：存貨　　　　　　　　　　　　　　　　　　100,000
　　固定資產　　　　　　　　　　　　　　　　700,000
　　應付帳款　　　　　　　　　　　　　　　　 30,000
　貸：應收帳款　　　　　　　　　　　　　　　 20,000
　　　應付債券　　　　　　　　　　　　　　　 10,000
　　　資本公積　　　　　　　　　　　　　　　800,000
借：股本　　　　　　　　　　　　　　　　　　300,000
　　資本公積　　　　　　　　　　　　　　　1,200,000
　　盈餘公積　　　　　　　　　　　　　　　　500,000
　　未分配利潤　　　　　　　　　　　　　　　300,000
　　商譽　　　　　　　　　　　　　　　　　　160,000
　貸：長期股權投資　　　　　　　　　　　　2,000,000
　　　少數股東權益　　　　　　　　　　　　　460,000

(4) 編製合併資產負債表

A公司在購買日編製的合併資產負債表如表13-6所示。

表13-6　　　　　　　　合併資產負債表（簡表）
　　　　　　　　　　　　2012年6月30日　　　　　　　　單位：萬元

項目	A公司	B公司	調整及抵銷分錄 借方	調整及抵銷分錄 貸方	合併金額
銀行存款	280	10			290
應收帳款	50	30		2	78
存貨	90	40	10		140
長期股權投資	200			200	
固定資產	360	120	70		550
商譽			16		16
資產總計	980	200			1,074
應付帳款	28	42	3		67
應付債券	112	8		1	121
股本	250	30	30		250
資本公積	290	40	120	80	290
盈余公積	100	50	50		100
未分配利潤	200	30	30		200
少數股東權益				46	46
負債和所有者權益總計	980	200			1,074

13.3.3　非同一控制下吸收合併的會計處理

　　非同一控制下的吸收合併，購買方在購買日應當將合併中取得的符合確認條件的各項資產、負債，按其公允價值確認為本企業的資產和負債；作為合併對價的有關非貨幣性資產在購買日的公允價值與其帳面價值的差額，應作為資產的處置損益計入合併當期的利潤表；確定的企業合併成本與所取得的被購買方可辨認淨資產公允價值的差額，視情況分別確認為商譽或是作為企業合併當期的損益計入利潤表。其具體處理原則與非同一控制下的控股合併類似，不同點在於在非同一控制下的吸收合併中，合併中取得的可辨認資產和負債是作為個別報表中的項目列示，合併中產生的商譽也是作為購買方帳簿及個別財務報表中的資產列示。

思考題

1. 什麼是企業合併？企業合併是怎樣進行分類的？
2. 試述同一控制下企業合併的會計處理原則。
3. 試述非同一控制下企業合併的會計處理原則。

第 14 章　企業合併報表

14.1　合併財務報表概述

14.1.1　合併財務報表的特點及作用

1. 合併財務報表的含義及特點

（1）合併財務報表，也稱合併會計報表，是指反應母公司和其全部子公司形成的企業集團整體財務狀況、經營成果和現金流量的財務報表。與個別財務報表相比，合併財務報表反應的是由母公司和其全部子公司組成的會計主體。

（2）合併財務報表是以整個企業集團為會計主體，以納入合併範圍企業的個別財務報表為基礎，抵銷內部交易或事項對個別財務報表的影響後編製而成的。與個別財務報表相比，它具有如下特點：

①合併財務報表反應的是企業集團整體的財務狀況、經營成果和現金流量，反應的對象是通常由若干個法人（包括母公司和其全部子公司）組成的會計主體，是經濟意義上的會計主體，而不是法律意義上的主體。

②合併財務報表的編製主體是母公司。並不是企業集團中所有企業都必須編製合併財務報表，更不是社會上所有企業都需要編製合併財務報表。

③合併財務報表以企業集團個別財務報表為基礎編製。合併財務報表是以納入合併範圍的企業個別財務報表為基礎，根據其他有關資料，抵銷有關會計事項對個別財務報表的影響編製的。

2. 合併財務報表的作用

（1）合併財務報表能夠向財務報告的使用者提供反應企業集團整體財務狀況、經營成果和現金流量的會計信息，有助於財務報告的使用者做出經濟決策。在控股經營情況下，母公司和其控制的子公司都是獨立的法人實體，分別編製各自的財務報表，反應各自企業的生產經營情況，但這些財務報表並不能有效地提供反應整個企業集團經營情況的會計信息。要瞭解控股公司整體經營情況，就需要將控股公司與被控股子公司的財務報表進行合併，通過合併財務報表提供反應整個企業集團整體經營情況的會計信息，從而滿足有關信息用戶經濟決策的需要。

（2）合併財務報表有利於避免一些母公司利用控制關係，人為粉飾財務報表情況的發生。控股公司的發展帶來了一系列新的問題，一些控股公司利用對子公司的控制和從屬關係，運用內部轉移價格等手段，如低價向子公司提供原材料、高價收購子公

司產品，出於避稅考慮而轉移利潤；再如，通過高價向集團內的其他企業進行銷售、低價購買其他企業的原材料，轉移虧損。通過編製合併財務報表，可以將企業集團內部交易所產生的收入及利潤予以抵銷，使財務報表反應企業集團真實的財務和經營情況，有利於防止和避免公司人為操縱利潤、粉飾財務報表的發生。

14.1.2 合併財務報表的合併理論

1. 所有權理論

所有權理論也稱業主權理論，是一種著眼於母公司在子公司所持有的所有權的合併理論。該理論認為，母子公司之間的關係是擁有與被擁有的關係，編製合併財務報表的目的，是向母公司的股東報告其所擁有的資源。合併財務報表只是為了滿足母公司股東的信息需求，而不是為了滿足子公司少數股東的信息需求，後者的信息需求應當通過子公司的個別財務報表予以滿足。

按照所有權理論，母公司在合併非全資子公司的財務報表時，應當按母公司實際擁有的股權比例，合併子公司的資產、負債、所有者權益和損益。

2. 主體理論

主體理論也稱實體理論，是一種站在由母公司及其子公司組成的統一主體的角度，來看待母子公司間的控股合併關係的合併理論。該理論認為，母子公司之間的關係是控制與被控制的關係，而不是擁有與被擁有的關係。由於存在控制與被控制的關係，母子公司在資產的運用、經營與財務決策上就成為獨立於其終極所有者的一個統一體，這個統一體就應當是編製合併財務報表的主體。

主體理論主要特徵為：①子公司中的少數股東權益是企業集團股東權益的一部分，在資產負債表中應與母公司權益同列；②合併淨收益屬於企業集團全體股東的收益，要在母公司權益和少數股東權益之間加以分配；③子公司的所有資產負債均按公允市價計量，商譽按子公司的全部公允價值推斷而得，即包括少數股東權益享有的商譽；④在編製合併會計報表時所有內部交易產生的未實現利潤無論順銷還是逆銷均應全額抵銷。

3. 母公司理論

母公司理論是一種站在母公司股東的角度，來看待母公司與子公司之間的控股合併關係的理論。該理論強調母公司股東的利益，它不將子公司當作獨立的法人看待，而是將其視為母公司的附屬機構。母公司理論主要特徵為：

（1）子公司中的少數股東權益作為資產負債表中的負債項目列示。

（2）少數股東在子公司當年淨收益中應享有的收益份額作為合併利潤表中的費用項目列示。

（3）在購買方式合併下，對子公司的同一資產項目採用雙重計價，屬於母公司權益部分按購買價格計價，而屬於少數股東權益部分仍按歷史成本計價，商譽也不確認屬於子公司的部分。

（4）公司間未實現利潤在順銷時要全額抵銷，而在逆銷時應按母公司所享有的權益比例抵銷。

應當指出，在合併財務報表實務中，往往不是單獨運用某一種合併理論，而是綜

合運用不同的合併理論。

14.1.3 合併財務報表的合併範圍

合併財務報表的合併範圍是指納入合併財務報表編報的子公司的範圍，主要明確哪些被投資單位（主體）應當納入合併財務報表的編報範圍，哪些被投資單位（主體）不應當納入合併財務報表的編報範圍。合併財務報表的合併範圍是編製合併財務報表的前提。

《企業會計準則第33號——合併財務報表》規定，合併財務報表的合併範圍應當以控制為基礎予以確定。

1. 控制的定義

控制，是指投資方擁有對被投資方的權利，通過參與被投資方的相關活動而享有可變回報，並且有能力運用對被投資方的權利影響其回報金額。控制的定義包含三項基本要素：一是投資方擁有對被投資方的權利，二是因參與被投資方的相關活動而享有可變回報，三是有能力運用對被投資方的權利影響其回報金額。在判斷投資方是否能夠控制被投資方時，當且僅當投資方具備上述三要素時，才能表明投資方能夠控制被投資方。

2. 母公司與子公司

企業集團由母公司和其全部子公司構成。如圖14-1所示，假定A公司能夠控制B公司，A公司和B公司構成了企業集團。如圖14-2所示，假定A公司能夠同時控制B1公司、B2公司、B3公司和B4公司，A公司和B1公司、B2公司、B3公司、B4公司構成了企業集團。

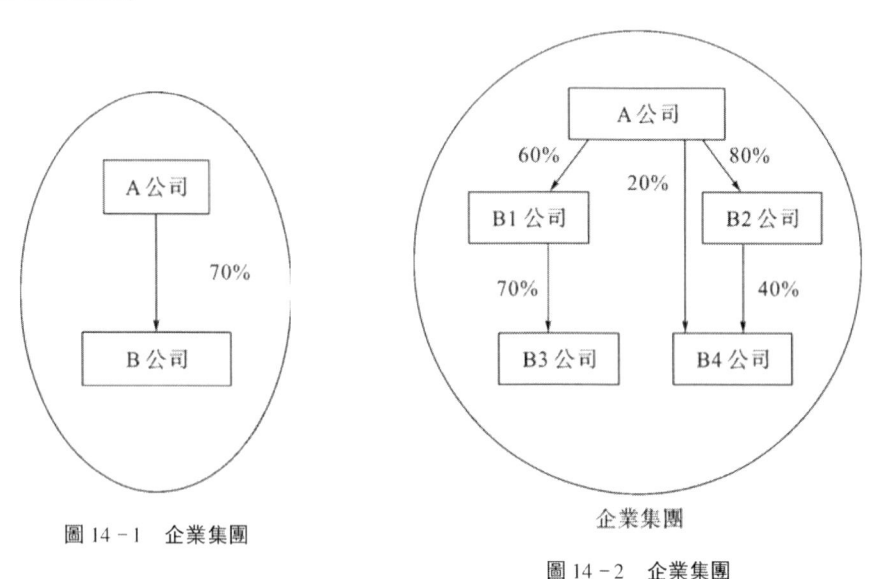

圖14-1 企業集團

圖14-2 企業集團

母公司是指有一個或一個以上子公司的企業（主體，下同）。從母公司的定義可以看出，母公司要求同時具備兩個條件：一是必須有一個或一個以上的子公司，必須滿足控制的要求，能夠決定另一個企業的財務和經營政策，並有據以從另一個或多個企業的經營活動中獲取利益的權利。母公司可以只控制一個子公司（如圖14-1所示），也可以同時控制多個子公司（如圖14-2所示）。二是母公司可以是企業，如《中華人民共和國公司法》所規範的股份有限公司、有限責任公司等；也可以是主體，如非企業形式的，但形成會計主體的其他組織，如基金等。

子公司是指被母公司控制的企業。從子公司的定義可以看出，子公司也要求同時具備兩個條件：一是作為子公司必須被母公司控制，並且只能由一個母公司控制，不可能也不允許被兩個或多個母公司同時控制。被兩個或多個公司共同控制的被投資單位是合營企業，而不是子公司。二是子公司可以是企業，如《中華人民共和國公司法》所規範的股份有限公司、有限責任公司等；也可以是主體，如非企業形式的，但形成會計主體的其他組織，如基金以及信託項目等特殊目的主體等。

3. 控制標準的具體應用

實際工作中，投資方應當在綜合考慮所有相關事實和情況的基礎上對是否控制被投資方進行判斷。相關事實和情況主要包括：被投資方的設立目的和設計；被投資方的相關活動以及如何對相關活動做出決策；投資方享有的權利是否使其目前有能力主導被投資方的相關活動；投資方是否通過參與被投資方的相關活動而享有可變回報；投資方是否有能力運用對被投資方的權利影響其回報金額；投資方與其他方的關係等。

投資方擁有對被投資方的權利是判斷控制的第一要素。在判斷投資方是否對被投資方擁有權利時，應注意以下幾點：權利只表明投資方主導被投資方相關活動的現時能力，並不要求投資方實際行使其權利；權利是一種實質性權利，而不是保護性權利；權利是為自己行使的，而不是代其他方行使的；權利通常表現為表決權，但有時也可能表現為其他合同安排。

通常情況下，當被投資方從事一系列對其回報產生顯著影響的經營及財務活動，且需要就這些活動連續地進行實質性決策時，表決權或類似權利本身或者結合其他安排，將賦予投資方擁有權利。但在一些情況下，表決權不能對被投資方回報產生重大影響（例如，表決權可能僅與日常行政活動有關），被投資方的相關活動由一項或多項合同安排決定。投資方擁有對被投資方的權力主要包括以下三種情況：

（1）投資方擁有多數表決權的權利。表決權是對被投資方經營計劃、投資方案、年度財務預算方案和決算方案、利潤分配方案和彌補虧損方案、內部管理機構的設置、聘任或解聘公司經理及確定其報酬、公司的基本管理制度等事項進行表決而持有的權利。表決權比例通常與其出資比例或持股比例是一致的，但公司章程另有規定的除外。

通常情況下，當被投資方的相關活動由持有半數以上表決權的投資方決定，或者主導被投資方相關活動的管理層多數成員（管理層決策由多數成員表決通過）由持有半數以上表決權的投資方聘任時，無論該表決權是否行使，持有被投資方過半數表決權的投資方擁有對被投資方的權利，但下述兩種情況除外：

一是存在其他安排賦予被投資方的其他投資方擁有對被投資方的權利。例如，存

在賦予其他方擁有表決權或實質性潛在表決權的合同安排，且該其他方不是投資方的代理人時，投資方不擁有對被投資方的權利。

二是投資方擁有的表決權不是實質性權利。例如，有確鑿證據表明，由於客觀原因無法獲得必要的信息或存在法律法規的障礙，投資方雖持有半數以上表決權但無法行使該表決權時，該投資方不擁有對被投資方的權利。

投資方擁有被投資單位半數以上表決權，通常包括如下三種情況：

第一，投資方直接擁有被投資單位半數以上表決權。如圖14-1所示，假定A公司直接擁有B公司表決權的70%，這種情況下，B公司就成為A公司的子公司，A公司編製合併財務報表時，必須將B公司納入其合併範圍。

第二，投資方間接擁有被投資單位半數以上表決權。間接擁有半數以上表決權，是指投資方通過子公司而對子公司的子公司擁有半數以上表決權。如圖14-2所示，假定A公司擁有B1公司60%的表決權，而B1公司又擁有B3公司70%的表決權。在這種情況下，A公司作為母公司通過其子公司B1公司，間接擁有B3公司70%的表決權，從而B3公司也是A公司的子公司，A公司編製合併財務報表時，也應當將B3公司納入其合併範圍。需要注意的是，A公司間接擁有B3公司的表決權是以B1公司為A公司的子公司為前提的。

第三，投資方直接和間接方式合計擁有被投資單位半數以上表決權。直接和間接方式合計擁有半數以上表決權，是指投資方以直接方式擁有某一被投資單位半數以下的表決權，同時又通過其他方式如通過子公司擁有該被投資單位一部分的表決權，兩者合計擁有該被投資單位半數以上的表決權。例如，如圖14-2所示，假定A公司擁有B2公司80%的表決權，擁有B4公司20%的表決權；B2公司擁有B4公司40%的表決權。在這種情況下，B2公司為A公司的子公司，A公司通過子公司B2公司間接擁有B4公司40%的表決權，與直接擁有20%的表決權合計，A公司共擁有B4公司60%的表決權，從而B4公司屬於A公司的子公司，A公司編製合併財務報表時，也應當將B4公司納入其合併範圍。

需要注意的是，確定持有半數以上表決權的投資方是否擁有權利，關鍵在於該投資方現時是否有能力主導被投資方的相關活動。當其他投資方現時有權利能夠主導被投資方的相關活動，且其他投資方不是投資方的代理人時，投資方就不擁有對被投資方的權利。當表決權不是實質性權利時，即使投資方持有被投資方多數表決權，也不擁有對被投資方的權利。例如，被投資方相關活動被政府、法院、管理人、接管人、清算人或監管人等其他方主導時，投資方雖然持有多數表決權，但也不可能主導被投資方的相關活動。被投資方自行清算的除外。

(2) 投資方持有被投資方半數或以下的表決權，但通過與其他表決權持有人之間的協議能夠控制半數以上表決權。這種情況是指母公司與其他投資者共同投資某企業，母公司與其中的某些投資者簽訂書面協議，受託管理和控制該被投資單位，從而在被投資單位的董事會上擁有該被投資單位半數以上表決權。在這種情況下，母公司對這一被投資單位的財務和經營政策擁有控制權，使該被投資單位成為事實上的子公司，

應當將其納入合併財務報表的合併範圍。

（3）投資方持有被投資方半數或以下的表決權，但其目前有能力主導被投資方相關活動。投資方持有被投資方半數或以下的表決權，但綜合考慮下列事實和情況後，判斷投資方持有的表決權足以使其目前有能力主導被投資方相關活動的，視為投資方對被投資方擁有權利：

①投資方持有的表決權相對於其他投資方持有的表決權份額的大小，以及其他投資方持有表決權的分散程度。

②投資方和其他投資方持有的被投資方的潛在表決權。潛在表決權是獲得被投資方表決權的權利，例如，可轉換工具、可執行認股權證、遠期股權購買合同或其他期權所產生的權利。

③其他合同安排產生的權利。投資方可能通過持有的表決權和其他決策權相結合的方式使其當前能夠主導被投資方的相關活動。例如，合同安排賦予投資方能夠聘任被投資方董事會或類似權力機構多數成員，這些成員能夠主導董事會或類似權力機構對相關活動的決策。但是，在不存在其他權利時，僅僅是被投資方對投資方的經濟依賴（如供應商和其主要客戶的關係）不會導致投資方對被投資方擁有權利。

④被投資方以往的表決權行使情況等其他相關事實和情況。

4. 納入合併範圍的特殊情況——對被投資方可分割部分的控制

投資方通常應當對是否控制被投資方整體進行判斷。但在少數情況下，如果有確鑿證據表明同時滿足下列條件並且符合相關法律法規規定的，投資方應當將被投資方的一部分視為被投資方可分割的部分，進而判斷是否控制該部分（可分割部分）：

（1）該部分的資產是償付該部分負債或該部分其他利益方的唯一來源，不能用於償還該部分以外的被投資方的其他負債；

（2）除與該部分相關的各方外，其他方不享有與該部分資產相關的權利，也不享有與部分資產剩余現金流量相關的權利。

5. 合併範圍的豁免——投資性主體

母公司應當將其全部子公司（包括母公司所控制的被投資單位可分割部分、結構化主體）納入合併範圍。但是，如果母公司是投資性主體，則只應將那些為投資性主體的投資活動提供相關服務的子公司納入合併範圍，其他子公司不予合併，母公司對其他子公司的投資應當按照公允價值計量且其變動計入當期損益。

一個投資性主體的母公司如果其本身不是投資性主體，則應當將其控制的全部主體，包括投資性主體以及通過投資性主體間接控制的主體，納入合併財務報表範圍。

當母公司同時滿足以下三個條件時，該母公司屬於投資性主體：一是該公司以向投資方提供投資管理服務為目的，從一個或多個投資者獲取資金；二是該公司的唯一經營目的，是通過資本增值、投資收益或兩者兼有而讓投資者獲得回報；三是該公司按照公允價值對幾乎所有投資的業績進行計量和評價。

投資性主體通常應當符合下列四個特徵：一是擁有一個以上投資；二是擁有一個以上投資者；三是投資者不是該主體的關聯方；四是該主體的所有者權益以股權或類似權益存在。

14.1.4 合併財務報表的種類及編製原則

1. 合併財務報表的種類

合併財務報表主要包括合併資產負債表、合併利潤表、合併所有者權益變動表（合併股東權益變動表）和合併現金流量表，它們分別從不同的方面反應企業集團的經營情況，構成一個完整的合併財務報表體系。

（1）合併資產負債表是反應企業集團某一特定日期財務狀況的財務報表。其格式如表14-5所示。

（2）合併利潤表是反應企業集團在一定期間經營成果的財務報表。其格式如表14-6所示。

（3）合併所有者權益變動表（合併股東權益變動表）是反應母公司在一定期間內，包括經營成果分配在內的所有者（股東）權益增減變動情況變動的財務報表。它是從母公司的角度，站在母公司所有者的立場反應企業所有者（股東）在母公司中的權益增減變動情況的。其格式如表14-7所示。

（4）合併現金流量表是反應企業集團在一定期間現金流入、流出量以及現金淨增減變動情況的財務報表。其格式如表14-8所示。

2. 合併財務報表的編製原則

合併財務報表作為財務報表，必須符合財務報表編製的一般原則和基本要求。除此之外，還應當遵循以下原則和要求：

（1）以個別財務報表為基礎編製。合併財務報表並不是直接根據母公司和子公司的帳簿資料編製，而是利用母公司和子公司編製的反應各自財務狀況和經營成果的財務報表提供的數據，通過合併財務報表的特有方法進行編製。這是客觀性原則在合併財務報表編製時的具體體現。

（2）一體性原則。合併財務報表反應的是企業集團的財務狀況和經營成果，在編製合併財務報表時應當將母公司和所有子公司作為一個整體來看待，視為同一會計主體。因此，在編製合併財務報表時，對於母公司和子公司、子公司相互之間發生的經濟業務，應當作為同一會計主體之下的內部業務處理。

（3）重要性原則。與個別財務報表相比，合併財務報表涉及多個法人實體，涉及的經營活動範圍很廣，母公司與子公司的經營活動往往跨越不同行業界限，有時母公司與子公司經營活動甚至相差很大。合併財務報表要綜合反應這樣的會計主體的財務情況，必然要涉及重要性的判斷問題。特別是在擁有眾多子公司的情況下，更是如此。如一些項目在企業集團中的某一企業具有重要性，但對於整個企業集團則不一定具有重要性，在這種情況下根據重要性的要求對會計報表進行取捨，則具有重要的意義。此外，母公司與子公司、子公司相互之間發生的經濟業務，對整個企業集團的此外狀況和經營成果影響不大時，為簡化合併手續也應根據重要性原則進行取捨，可以不編製抵銷分錄而直接合併。

14.1.5 合併財務報表編製的前期準備事項

合併財務報表的編製涉及多個子公司，為了使編製的合併財務報表準確、全面反應企業集團的真實情況，必須做好一系列的前期準備事項。這些前期準備事項主要包括以下幾項：

1. 統一母子公司的會計政策

會計政策是企業在進行會計核算和編製財務報表時所採用的會計原則、會計程序和會計處理方法，是編製財務報表的基礎。統一母子公司的會計政策是保證母子公司財務報表各項目反應內容一致的基礎。只有在母子公司財務報表各項目反應內容一致的情況下，才能對其加總，編製合併財務報表。為此，在編製合併財務報表之前，母公司應當盡可能統一集團內部的會計政策，統一要求子公司所採取的會計政策和母公司保持一致。

2. 統一母子公司資產負債表日及會計期間

由於財務報表是反應企業一定日期的財務狀況和一定會計期間的經營成果，只有在母公司與各子公司的個別財務報表反應財務狀況的日期和反應經營成果的會計期間一致的情況下，才能以這些個別財務報表為基礎編製合併財務報表。為了編製合併財務報表，必須統一企業集團內所有子公司的資產負債表日和會計期間，使子公司的資產負債表日和會計期間與母公司保持一致，以便於子公司提供相同資產負債表日和會計期間的財務報表。

3. 對子公司外幣財務報表進行折算

對母公司和子公司的財務報表進行合併，其前提是母、子公司個別財務報表所採用的貨幣計量尺度一致。在中國允許外部業務較多的企業採用某一外幣作為記帳本位幣，境外企業一般也是採用其所在國或地區的貨幣作為記帳本位幣。在將這些企業的財務報表納入合併時，必須將其折算為母公司所採用的記帳本位幣表示的財務報表。

4. 收集編製合併財務報表相關資料

合併財務報表以母公司和子公司的財務報表以及其他有關資料為依據，由母公司合併有關項目的數額編製。為編製合併財務報表，母公司應當要求子公司提供以下資料：

（1）子公司相應期間的財務報表；

（2）與母公司及其他子公司之間發生的內部購銷交易、債權債務、投資及其產生的現金流量和未實現內部銷售損益的期初、期末餘額及變動情況等資料；

（3）子公司所有者權益變動和利潤分配的有關資料；

（4）編製合併財務報表所需要的其他資料。

14.1.6 合併財務報表的編製程序

第一步，設置合併工作底稿。合併工作底稿的作用是為合併財務報表的編製提供基礎。在合併工作底稿中，對母公司和子公司的個別財務報表各項目的金額進行匯總和抵銷處理，最終計算得出合併財務報表各項目的合併金額。合併工作底稿的格式如

表 14-4 所示。

第二步，將母公司、納入合併範圍的子公司個別資產負債表、利潤表及所有者權益變動表各項目的數據錄入合併工作底稿，並在合併工作底稿中對母公司和子公司個別財務報表的數據進行加總，計算得出個別資產負債表、利潤表及所有者權益變動表各項目的合計數額。

第三步，編製調整分錄與抵銷分錄，將母公司與子公司、子公司相互之間發生的經濟業務對個別財務報表有關項目的影響進行調整抵銷處理。進行調整抵銷處理是合併財務報表編製的關鍵和主要內容，其目的在於將因會計政策和計量基礎的差異對個別財務報表的影響進行調整，將個別財務報表各項目的加總金額中重複的因素予以抵銷。

第四步，計算合併財務報表各項目的合併數額。在母公司和子公司個別財務報表各項目加總金額的基礎上，分別計算出合併財務報表中各資產項目、負債項目、所有者權益項目、收入項目和費用項目等的合併金額。計算方法如下：

（1）資產類各項目，其合併金額根據該項目加總金額，加上該項目調整與抵銷分錄有關的借方發生額，減去該項目調整與抵銷分錄有關的貸方發生額計算確定。

（2）負債類各項目和所有者權益類項目，其合併金額根據該項目加總金額，減去該項目調整與抵銷分錄有關的借方發生額，加上該項目調整與抵銷分錄有關的貸方發生額計算確定。

（3）有關收益類各項目，其合併金額根據該項目加總金額，減去該項目調整與抵銷分錄的借方發生額，加上該項目調整與抵銷分錄的貸方發生額計算確定。

（4）有關成本費用類項目和有關利潤分配的項目，其合併金額根據該項目加總金額，加上該項目調整與抵銷分錄的借方發生額，減去該項目調整與抵銷分錄的貸方發生額計算確定。

第五步，填列合併財務報表。根據合併工作底稿中計算出的資產、負債、所有者權益、收入、成本費用類各項目的合併金額，填列生成正式的合併財務報表。

14.2　合併資產負債表、合併利潤表與合併所有者權益變動表的編製

合併資產負債表、合併利潤表與合併所有者權益變動表都是以母公司和納入合併範圍的子公司的個別財務報表為基礎編製的。個別財務報表是以單個企業為會計主體進行會計核算的結果，它從母公司或子公司本身的角度對自身的財務狀況、經營成果進行反應。企業集團內部發生的經濟業務，均在個別財務報表上進行了反應，其中包含了很多重複計算的因素在內。因此，在編製合併財務報表時，要將這些經濟業務抵銷，以消除它們對個別財務報表的影響，保證以個別財務報表為基礎編製的合併財務報表能夠正確反應企業集團的財務狀況和經營成果。需要抵銷的內部事項主要包括：①母公司的長期股權投資與子公司的所有者權益（股東權益）項目；②內部投資收益

及利潤分配項目；③內部債權債務項目；④內部商品交易項目；⑤內部固定資產、無形資產等交易項目。

14.2.1 長期股權投資與所有者權益的合併處理

1. 對子公司的個別財務報表進行調整

對於屬於同一控制下企業合併中取得的子公司的個別財務報表，如果不存在與母公司會計政策和會計期間不一致的情況，則不需要對該子公司的個別財務報表進行調整，即不需要將該子公司的個別財務報表調整為公允價值反應的財務報表，只需要抵銷內部交易對合併財務報表的影響即可。

對於屬於非同一控制下企業合併中取得的子公司，除了存在與母公司會計政策和會計期間不一致的情況，需要對該子公司的個別財務報表進行調整外，還應當根據母公司為該子公司設置的備查簿的記錄，以記錄的該子公司的各項可辨認資產、負債及或有負債等在購買日的公允價值為基礎，通過編製調整分錄，對該子公司的個別財務報表進行調整，以使子公司的個別財務報表反應為在購買日公允價值基礎上確定的可辨認資產、負債及或有負債在本期資產負債表日的金額。

【例14－1】2012年1月1日，A公司用銀行存款4,200萬元購得B公司80%的股份。（假定A公司與B公司的企業合併屬於非同一控制下的企業合併。）A公司在2012年1月1日建立的備查簿中記錄的B公司在購買日（2012年1月1日）可辨認資產、負債及或有負債的公允價值的信息顯示，B公司一項無形資產帳面價值300萬元，公允價值為350萬元（該無形資產剩餘有效期5年），其他可辨認淨資產帳面價值和公允價值一致。2012年1月1日，B公司股東權益總額為5,000萬元，其中股本為4,000萬元，資本公積為500萬元，盈餘公積為200萬元，未分配利潤為300萬元。

A公司在編製2012年合併財務報表時，應編製如下調整分錄：

借：無形資產　　　　　　　　　　　　　　　　500,000①
　　貸：資本公積　　　　　　　　　　　　　　　　　500,000

2. 按權益法調整對子公司的長期股權投資

合併報表準則規定，合併財務報表應當以母公司和其子公司的財務報表為基礎，根據其他有關資料，按照權益法調整對子公司的長期股權投資后，由母公司編製。

在合併工作底稿中，將對子公司的長期股權投資調整為權益法時，應按照《企業會計準則第2號——長期股權投資》所規定的權益法進行調整。在確認應享有子公司淨損益的份額時，對於屬於非同一控制下企業合併形成的長期股權投資，應當以在備查簿中記錄的子公司各項可辨認資產、負債及或有負債等在購買日的公允價值為基礎，對該子公司的淨利潤進行調整后確認；對於屬於同一控制下的企業合併形成的長期股權投資，可以直接以子公司的淨利潤進行確認，但是該子公司的會計政策或會計期間與母公司不一致的，仍需要對淨利潤進行調整。如果存在未實現內部交易損益，在採用權益法進行調整時還應對該未實現的內部交易損益進行調整。

在合併工作底稿中編製的調整分錄為：對於當期該子公司實現淨利潤，按母公司應享有的份額，借記「長期股權投資」科目，貸記「投資收益」科目；對於當期該子

公司發生的淨虧損；按母公司應分擔的份額，借記「投資收益」科目，貸記「長期股權投資」「長期應收款」等科目。對於當期收到的淨利潤或現金股利，借記「投資收益」科目，貸記「長期股權投資」等科目。

子公司除淨損益以外所有者權益的其他變動，按母公司應享有的份額，借記「長期股權投資」科目，貸記「資本公積」科目。

【例14-2】續【例14-1】，2012年，假定B公司2012年度實現淨利潤1,000萬元，提取法定公積金100萬元，向A公司分派現金股利[1]480萬元，向其他股東分派現金股利120萬元，未分配利潤為300萬元。

A公司在編製2012年合併財務報表時，應編製如下調整分錄：

(1) 增加無形資產應攤銷費用10萬元。

借：管理費用　　　　　　　　　　　　　　　　　100,000[2]
　　貸：無形資產——累計攤銷　　　　　　　　　　100,000

據此，以2012年1月1日B公司各項可辨認資產、負債公允價值為基礎重新計算的2012年度淨利潤[2]為：

1,000 - 10 = 990（萬元）

(2) 確認A公司2012年度應享有的投資收益792（990×80%）萬元。

借：長期股權投資　　　　　　　　　　　　　　　7,920,000[3]
　　貸：投資收益　　　　　　　　　　　　　　　　7,920,000

(3) 確認A公司收到B公司2012年分派的現金股利，同時抵銷原按成本法確認的投資收益480萬元。

借：投資收益　　　　　　　　　　　　　　　　　4,800,000[4]
　　貸：長期股權投資　　　　　　　　　　　　　　4,800,000

3. 長期股權投資與所有者權益的抵銷

母公司對子公司進行的長期股權投資，一方面反應為長期股權投資以外的其他資產的減少，另一方面反應為長期股權投資的增加，在母公司個別資產負債表中作為資產類項目中的長期股權投資列示。子公司接受這一投資，一方面增加資產，另一方面作為實收資本（股本，下同）等處理，在其個別資產負債表中一方面反應為實收資本等的增加，另一方面反應為相對應的資產的增加。從企業集團整體來看，母公司對子公司進行的長期股權投資實際上相當於母公司將資本撥付下屬核算單位，並不引起整個企業集團的資產、負債和所有者權益的增減變動。因此，母公司在編製合併財務報表時，應當在母公司與子公司財務報表數據簡單相加的基礎上，將母公司對子公司長期股權投資項目與子公司所有者權益項目予以抵銷。

(1) 在子公司為全資子公司的情況下，母公司對子公司長期股權投資的金額和子公司所有者權益各項目的金額應當全額抵銷。在合併工作底稿中編製的抵銷分錄為：借記「實收資本」「資本公積」「盈餘公積」和「未分配利潤」科目，貸記「長期股權

---

[1] 為了便於說明合併所有者權益變動表的編製，本章特假設A公司2012年即進行了現金股利分配。
[2] 為簡化計算，本例中沒有考慮未實現內部銷售損益對B公司當期淨利潤的影響。

投資」科目。其中，屬於商譽的部分，還應借記「商譽」科目。

(2) 在子公司為非全資子公司的情況下，母公司應當將其對子公司長期股權投資的金額與子公司所有者權益中母公司所享有的份額相抵銷。子公司所有者權益中不屬於母公司的份額，即子公司所有者權益中抵銷母公司所享有的份額后的餘額，在合併財務報表中作為「少數股東權益」處理。在合併工作底稿中編製的抵銷分錄為：借記「實收資本」「資本公積」「盈余公積」和「未分配利潤」科目，貸記「長期股權投資」和「少數股東權益」科目。其中，屬於商譽的部分，還應借記「商譽」科目。

需要說明的是，合併財務報表準則規定，子公司持有母公司的長期股權投資、子公司相互之間持有的長期股權投資，也應當比照上述母公司對子公司的股權投資的抵銷方法採用通常所說的交互分配法進行抵銷處理。

【例 14-3】續【例 14-2】，經過上述調整后，A 公司年末對 B 公司長期股權投資調整后金額為 4,512（4,200 + 792 - 480）萬元，B 公司年末調整后股東權益總額為 5,440 萬元，其中：股本為 4,000 萬元，資本公積為 550（500 + 50）萬元，盈余公積為 300（200 + 100）萬元，未分配利潤為 590（300 + 990 - 100 - 600）萬元。其中的 20%（1,088 萬元）屬於少數股東權益。

另外，根據《企業會計準則第 20 號——企業合併》的規定確定的商譽為：

合併成本 4,200 -（購買日 B 公司的所有者權益總額 5,000 萬元 + B 公司無形資產公允價值增加額 50 萬元）× 80% = 160（萬元）

在合併工作底稿中應編製如下抵銷分錄：

借：股本	40,000,000⑤
資本公積	5,500,000
盈余公積	3,000,000
未分配利潤	5,900,000
商譽	1,600,000
貸：長期股權投資	45,120,000
少數股東權益	10,880,000

14.2.2　投資收益與利潤分配的合併處理

在子公司為全資子公司的情況下，母公司對某一子公司在合併工作底稿中按權益法調整的投資收益，實際上就是該子公司當期實現的淨利潤。編製合併利潤表，實際上是將子公司的營業收入、營業成本和期間費用視為母公司本身的營業收入、營業成本和期間費用同等看待，與母公司相應的項目進行合併。因此，編製合併利潤表時，必須將對子公司長期股權投資收益予以抵銷；同時，相應地將子公司的個別所有者權益變動表中本年利潤分配各項目的金額，包括提取盈余公積、對所有者（股東）的分配和期末未分配利潤的金額予以抵銷。

在子公司為全資子公司的情況下，子公司本期淨利潤就是母公司本期子公司長期股權投資按權益法調整的投資收益。假定子公司期初未分配利潤為零，子公司本期淨

利潤就是子公司本期可供分配的利潤，是本期子公司利潤分配的來源，而子公司本期利潤分配［包括提取盈余公積、對所有者（股東）的分配等］的金額與期末未分配利潤的金額則是本期利潤分配的結果。母公司對子公司的長期股權投資按權益法調整的投資收益正好與子公司的本年利潤分配項目相抵銷。在子公司為非全資子公司的情況下，母公司本期對子公司長期股權投資按權益法調整的投資收益與本期少數股東損益之和就是子公司本期淨利潤，同樣假定子公司期初未分配利潤為零，母公司本期對子公司長期股權投資按權益法調整的投資收益與本期少數股東損益之和，正好與子公司本年利潤分配項目相抵銷。

至於子公司個別所有者權益變動表中本年利潤分配項目中的「期初未分配利潤」項目，作為子公司以前會計期間淨利潤的一部分，在全資子公司的情況下已全額包括在母公司以前會計期間按權益法調整的投資收益之中，從而包括在母公司按權益法調整的本期期初未分配利潤之中。因此，也應將其予以抵銷。從子公司個別所有者權益變動表來看，其期初未分配利潤加上本期淨利潤就是其本期利潤分配的來源；而本期利潤分配和期末未分配利潤則是利潤分配的結果。母公司本期對子公司長期股權投資按權益法調整的投資收益和子公司期初未分配利潤正好與子公司本年利潤分配項目相抵銷。在子公司為非全資子公司的情況下，母公司本期對子公司長期股權投資按權益法調整的投資收益、本期少數股東損益和期初未分配利潤與子公司本年利潤分配項目也正好相抵銷。

在合併工作底稿中編製的抵銷分錄為：借記「投資收益」「少數股東損益」和「期初未分配利潤」科目，貸記「提取盈余公積」「對所有者（股東）的分配」「未分配利潤」等科目。

【例14-4】續【例14-2】，A公司年末在合併工作底稿中應編製的抵銷分錄為：

借：投資收益　　　　　　　　　　　　　　　　　7,920,000⑥
　　少數股東損益　　　　　　　　　　　　　　　1,980,000
　　期初未分配利潤　　　　　　　　　　　　　　3,000,000
　　貸：提取盈余公積　　　　　　　　　　　　　　　1,000,000
　　　　對所有者（股東）的分配　　　　　　　　　　6,000,000
　　　　未分配利潤　　　　　　　　　　　　　　　　5,900,000

14.2.3　內部債權債務的合併處理

母公司與子公司、子公司相互之間的債權和債務項目，是指母公司與子公司、子公司相互之間因銷售商品、提供勞務以及發生結算業務等原因產生的應收帳款與應付帳款、應收票據與應付票據、預付帳款與預收帳款、其他應收款與其他應付款、持有至到期投資與應付債券等項目。發生在母公司與子公司、子公司相互之間的這些項目，企業集團內部企業的一方在其個別資產負債表中反應為資產，而另一方則在其個別資產負債表中反應為負債。但從企業集團整體角度來看，它只是內部資金運動，既不能增加企業集團的資產，也不能增加負債。為此，為了消除個別資產負債表直接加總中的重複計算因素，母公司在編製合併財務報表時應當將內部債權債務項目予以抵銷。

1. 初次編製合併報表時內部債權債務的合併處理

(1) 內部債權債務的抵銷。將母公司與子公司、子公司相互之間的債權債務抵銷時，母公司應根據內部債權、債務的數額，借記「應付帳款」「應付票據」「應付債券」「預收款項」等科目，貸記「應收帳款」「應收票據」「持有至到期投資」「預付款項」等科目。

【例14－5】續【例14－1】，假設2012年12月31日A公司應收B公司帳款40萬元，B公司持有A公司發行的3年期公司債券50萬元（B公司將其劃分為持有至到期投資）。

在合併工作底稿中A公司應編製如下抵銷分錄：

借：應付帳款　　　　　　　　　　　　　　　　400,000⑦
　　應付債券　　　　　　　　　　　　　　　　500,000
　貸：應收帳款　　　　　　　　　　　　　　　400,000
　　　持有至到期投資　　　　　　　　　　　　500,000

在某些情況下，債券投資企業持有的企業集團內部成員企業的債券並不是從發行債券的企業直接購進，而是在證券市場上從第三方手中購進的。在這種情況下，持有至到期投資中的債券投資與發行債券企業的應付債券抵銷時，可能會出現差額，應分別進行處理：如果債券投資的余額大於應付債券的余額，其差額應作為投資損失計入合併利潤表的投資收益項目；如果債券投資的余額小於應付債券的余額，其差額應作為利息收入計入合併利潤表的財務費用項目。

(2) 內部利息收入與利息支出的抵銷。當企業集團內部企業之間存在債權債務關係時，債權方企業會將收到的利息作為投資收益或衝減財務費用而列示在利潤表中，債權方企業會將利息支出作為財務費用列示在利潤表中。由於企業集團內部的債權債務屬於內部資金運動而予以抵銷，由此產生的利息收入與利息支出也應該予以抵銷。

【例14－6】續【例14－5】，B公司所持債券2012年度利息為2萬元。

在合併工作底稿中應編製如下抵銷分錄：

借：投資收益　　　　　　　　　　　　　　　　20,000⑧
　貸：財務費用　　　　　　　　　　　　　　　20,000

(3) 內部壞帳準備的抵銷。在應收帳款計提壞帳準備的情況下，某一會計期間壞帳準備的金額是以當期應收款項為基礎計提的。在編製合併財務報表時，隨著內部應收款項的抵銷，與此相聯繫也須將內部應收款項計提的壞帳準備予以抵銷。其抵銷分錄為：借記「應收帳款——壞帳準備」「應收票據——壞帳準備」等科目，貸記「資產減值損失」科目。

【例14－7】續【例14－5】，假設A公司按應收款項余額的5%計提壞帳準備。

在合併工作底稿中應編製如下抵銷分錄：

借：應收帳款——壞帳準備　　　　　　　　　　20,000⑨
　貸：資產減值損失　　　　　　　　　　　　　20,000

2. 連續編製合併報表時內部債權債務的合併處理

從合併財務報表來講，內部應收款項計提的壞帳準備的抵銷是與抵銷當期資產減值損失相對應的，上期抵銷的壞帳準備的金額，即上期資產減值損失抵減的金額，最終將影響到本期合併所有者權益變動表中的期初未分配利潤金額的增加。由於利潤表和所有者權益變動表是反應企業一定會計期間經營成果及其分配情況的財務報表，其上期期末未分配利潤就是本期所有者權益變動表期初未分配利潤。（假定不存在會計政策變更和前期差錯更正的情況）本期編製合併財務報表是以本期母公司和子公司當期的個別財務報表為基礎編製的，隨著上期編製合併財務報表時內部應收帳款計提的壞帳準備的抵銷，以此個別財務報表為基礎加總得出的期初未分配利潤與上一會計期間合併所有者權益變動表中的未分配利潤金額之間則將產生差額。為此，編製合併財務報表時，必須將上期因內部應收款項計提的壞帳準備抵銷而抵銷的資產減值損失對本期期初未分配利潤的影響予以抵銷，調整本期期初未分配利潤的金額。

在連續編製合併財務報表進行抵銷處理時，首先，將內部應收款項與應付款項予以抵銷，即按內部應收款項的金額，借記「應付帳款」「應付票據」等科目，貸記「應收帳款」「應收票據」等科目。其次，應將上期資產減值損失中抵銷的內部應收款項計提的壞帳準備對本期期初未分配利潤的影響予以抵銷，即按上期資產減值損失項目中抵銷的內部應收款項計提的壞帳準備的金額，借記「應收帳款——壞帳準備」「應收票據——壞帳準備」等科目，貸記「期初未分配利潤」科目。最後，對於本期個別財務報表中內部應收款項相對應的壞帳準備增減變動的金額也應予以抵銷，即按照本期個別資產負債表中期末內部應收款項相對應的壞帳準備的增加額，借記「應收帳款——壞帳準備」「應收票據——壞帳準備」等科目，貸記「資產減值損失」科目，或按照本期個別資產負債表中期末內部應收款項相對應的壞帳準備的減少額，借記「資產減值損失」科目，貸記「應收帳款——壞帳準備」「應收票據——壞帳準備」等科目。

【例14-8】續【例14-7】，假設2013年年末A公司應收B公司帳款余額仍然為40萬元，壞帳準備計提比例不變。在合併工作底稿中應編製如下抵銷分錄：

(1) 借：應付帳款　　　　　　　　　　　　　　　　　　　　400,000
　　　貸：應收帳款　　　　　　　　　　　　　　　　　　　　　　400,000
(2) 借：應收帳款——壞帳準備　　　　　　　　　　　　　　　20,000
　　　貸：期初未分配利潤　　　　　　　　　　　　　　　　　　　20,000

假設A公司應收B公司帳款為50萬元，則在合併工作底稿中應編製如下抵銷分錄：

(1) 借：應付帳款　　　　　　　　　　　　　　　　　　　　500,000
　　　貸：應收帳款　　　　　　　　　　　　　　　　　　　　　　500,000
(2) 借：應收帳款——壞帳準備　　　　　　　　　　　　　　　20,000
　　　貸：期初未分配利潤　　　　　　　　　　　　　　　　　　　20,000
(3) 借：應收帳款——壞帳準備　　　　　　　　　　　　　　　5,000
　　　貸：資產減值損失　　　　　　　　　　　　　　　　　　　　5,000

假設 A 公司應收 B 公司帳款為 30 萬元，則在合併工作底稿中應編製如下抵銷分錄：
(1) 借：應付帳款　　　　　　　　　　　　　　　　　300,000
　　　貸：應收帳款　　　　　　　　　　　　　　　　　　　300,000
(2) 借：應收帳款——壞帳準備　　　　　　　　　　　20,000
　　　貸：期初未分配利潤　　　　　　　　　　　　　　　　20,000
(3) 借：資產減值損失　　　　　　　　　　　　　　　5,000
　　　貸：應收帳款——壞帳準備　　　　　　　　　　　　　5,000

14.2.4　內部存貨交易的合併處理

1. 初次編製合併報表時內部存貨交易的合併處理

母公司與子公司、子公司相互之間發生的內部存貨交易主要是指內部商品或產品的銷售業務。對於企業集團成員企業之間發生的內部銷售，各成員企業都從自身的角度，以獨立的會計主體進行了核算。銷售企業已將其銷售收入和銷售成本計入了當期損益，列示在利潤表中。購買企業按支付的價款作為購進存貨的入帳價值，其存貨可能出現三種情況：第一種情況是內部購進的商品全部實現對外銷售，第二種情況是內部購進的商品全部未實現對外銷售，第三種情況是內部購進的商品部分實現對外銷售，部分形成期末存貨。

(1) 內部購進商品全部實現對外銷售的合併處理。在這種情況下，從銷售企業來說，銷售給企業集團內其他企業的商品與銷售給企業集團外部企業的情況下的會計處理相同，即在本期確認銷售收入，結轉銷售成本，計算銷售商品損益，並在其個別利潤表中反應；對於購買企業來說，一方面要確認向企業集團外部企業的銷售收入，另一方面要結轉銷售內部購進商品的成本，在其個別利潤表中分別作為營業收入和營業成本反應，並確認銷售損益。這也就是說，對於同一購銷業務，在銷售企業和購買企業的個別利潤表中都作了反應。但從整個企業集團來看，這一購銷業務只是實現了一次對外銷售，其銷售收入只是購買企業向企業集團外部企業銷售該產品的銷售收入，其銷售成本只是銷售企業向購買企業銷售該商品的成本。銷售企業向購買企業銷售該商品實現的收入屬於內部銷售收入，相應地，購買企業向企業集團外部企業銷售該商品的銷售成本則屬於內部銷售成本。因此在編製合併利潤表時，母公司就必須將重複反應的內部營業收入與內部營業成本予以抵銷。其抵銷分錄為：借記「營業收入」科目，貸記「營業成本」科目。

【例14-9】續【例14-1】，假設 A 公司本期將成本 20 萬元的商品，以 25 萬元的價格銷售給 B 公司，B 公司當期全部實現對外銷售。

在合併工作底稿中應編製如下抵銷分錄：
借：營業收入　　　　　　　　　　　　　　　　　　250,000⑩
　　貸：營業成本　　　　　　　　　　　　　　　　　　　250,000

(2) 內部購進商品全部未實現對外銷售的合併處理。在內部購進商品全部未實現對外銷售的情況下，銷售企業將集團內部銷售作為收入確認並計算銷售利潤；而購買企業則是以支付購貨的價款作為其成本入帳，其存貨價值中也相應地包括兩部分內容：

一部分為真正的存貨成本（銷售企業銷售該商品的成本），另一部分為銷售企業的銷售毛利（其銷售收入減去銷售成本的差額）。對於期末存貨價值中包括的這部分銷售毛利，從企業集團整體來看，並不是真正實現的利潤。因為從整個企業集團來看，集團內部企業之間的商品購銷活動實際上相當於企業內部物資調撥活動，既不會實現利潤，也不會增加商品的價值。正是從這一意義上來說，將期末存貨價值中包括的這部分銷售企業作為利潤確認的部分，稱之為未實現內部銷售損益。因此，在編製合併財務報表時，母公司應當將存貨價值中包含的未實現內部銷售損益予以抵銷。其抵銷分錄為：按照集團內部銷售企業銷售該商品的銷售收入，借記「營業收入」科目，按照銷售企業銷售該商品的銷售成本，貸記「營業成本」科目，按照當期期末存貨價值中包含的未實現內部銷售損益的金額，貸記「存貨」科目。

【例14-10】續【例14-9】，假設B公司購進商品全部未對外銷售。

在合併工作底稿中應編製如下抵銷分錄：

借：營業收入　　　　　　　　　　　　　　　　　250,000
　　貸：營業成本　　　　　　　　　　　　　　　　200,000
　　　　存貨　　　　　　　　　　　　　　　　　　 50,000

也可以編製兩筆抵銷分錄：

借：營業收入　　　　　　　　　　　　　　　　　250,000
　　貸：營業成本　　　　　　　　　　　　　　　　250,000
借：營業成本　　　　　　　　　　　　　　　　　 50,000
　　貸：存貨　　　　　　　　　　　　　　　　　　 50,000

(3) 內部購進商品部分實現對外銷售部分形成期末存貨的合併處理，即內部購進的商品部分實現對外銷售，部分形成期末存貨的情況，可以將內部購買的商品分解為兩部分來理解：一部分為當期購進並全部實現對外銷售；另一部分為當期購進但未實現對外銷售而形成期末存貨。分別按照上述兩種情況進行抵銷處理。

【例14-11】續【例14-9】，假設B公司購進商品於當期對外銷售了60%，期末結存40%。

在合併工作底稿中可編製如下抵銷分錄：

借：營業收入（25×60%）　　　　　　　　　　　150,000
　　貸：營業成本　　　　　　　　　　　　　　　　150,000
借：營業收入（25×40%）　　　　　　　　　　　100,000
　　貸：營業成本（20×40%）　　　　　　　　　　 80,000
　　　　存貨（5×40%）　　　　　　　　　　　　 20,000

也可以編製如下抵銷分錄：

借：營業收入　　　　　　　　　　　　　　　　　250,000
　　貸：營業成本　　　　　　　　　　　　　　　　250,000
借：營業成本　　　　　　　　　　　　　　　　　 20,000
　　貸：存貨　　　　　　　　　　　　　　　　　　 20,000

2. 連續編製合併報表時內部存貨交易的合併處理

對於上期內部購進商品全部實現對外銷售的情況下，由於不涉及內部存貨價值中包含的未實現內部銷售損益的抵銷處理，在本期連續編製合併財務報表時不涉及對其進行處理的問題。但在上期內部購進並形成期末存貨的情況下，在編製合併財務報表進行抵銷處理時，存貨價值中包含的未實現內部銷售損益的抵銷，直接影響上期合併財務報表中合併淨利潤金額的減少，最終影響合併所有者權益變動表中期末未分配利潤的金額的減少。由於本期編製合併財務報表時是以母公司和子公司本期個別財務報表為基礎，而母公司和子公司個別財務報表中未實現內部銷售損益是作為其實現利潤的部分包括在其期初未分配利潤之中，以母子公司個別財務報表中期初未分配利潤為基礎計算得出的合併期初未分配利潤的金額就可能與上期合併財務報表中的期末未分配利潤的金額不一致。因此，上期編製合併財務報表時抵銷的內部購進存貨中包含的未實現內部銷售損益，也對本期的期初未分配利潤產生影響，本期編製合併財務報表時必須在合併母子公司期初未分配利潤的基礎上，將上期抵銷的未實現內部銷售損益對本期期初未分配利潤的影響予以抵銷，調整本期期初未分配利潤的金額。

在連續編製合併財務報表的情況下，首先必須將上期抵銷的存貨價值中包含的未實現內部銷售損益對本期期初未分配利潤的影響予以抵銷，調整本期期初未分配利潤的金額；然後再對本期內部購進存貨進行抵銷處理。其具體抵銷處理程序和方法如下：

（1）將上期抵銷的存貨價值中包含的未實現內部銷售損益對本期期初未分配利潤的影響進行抵銷。即按照上期內部購進存貨價值中包含的未實現內部銷售損益的金額，借記「期初未分配利潤」科目，貸記「營業成本」科目。

（2）對於本期發生內部購銷活動的，將內部銷售收入、內部銷售成本及內部購進存貨中未實現內部銷售損益予以抵銷。即按照銷售企業內部銷售收入的金額，借記「營業收入」科目，貸記「營業成本」科目。

（3）將期末內部購進存貨價值中包含的未實現內部銷售損益予以抵銷。對於期末內部購買形成的存貨（包括上期結轉形成的本期存貨），應按照購買企業期末內部購入存貨價值中包含的未實現內部銷售損益的金額，借記「營業成本」科目，貸記「存貨」科目。

【例 14－12】續【例 14－11】，假設 2013 年 B 公司將上期結存內部購進商品全部實現對外銷售，本期又從 A 公司以 50 萬元價格購進成本為 40 萬元的商品，該商品全部未實現對外銷售。

在合併工作底稿中應編製如下抵銷分錄：

（1）調整期初未分配利潤

借：期初未分配利潤　　　　　　　　　　　　　　　　　20,000
　　貸：營業成本　　　　　　　　　　　　　　　　　　　　　　20,000

（2）抵銷本期內部銷售收入

借：營業收入　　　　　　　　　　　　　　　　　　　500,000
　　貸：營業成本　　　　　　　　　　　　　　　　　　　　　500,000

(3) 抵銷期末存貨中包含的內部銷售損益
借：營業成本　　　　　　　　　　　　　　　　　　　　　　　　100,000
　　貸：存貨　　　　　　　　　　　　　　　　　　　　　　　　　100,000

14.2.5　內部固定資產交易的合併處理

　　內部固定資產交易是指企業集團內部發生交易的一方與固定資產有關的購銷業務。對於企業集團內部固定資產交易，根據銷售企業銷售的是產品還是固定資產，可以將其劃分為兩種類型：第一種類型是企業集團內部企業將自身生產的產品銷售給企業集團內的其他企業作為固定資產使用；第二種類型是企業集團內部企業將自身的固定資產出售給企業集團內的其他企業作為固定資產使用；此外，還有另一類型的內部固定資產交易，即企業集團內部企業將自身使用的固定資產出售給企業集團內的其他企業作為普通商品銷售。這種類型的固定資產交易，在企業集團內部發生的情況極少，一般情況下發生的數量也不大。

　　與存貨的情況不同，固定資產的使用壽命較長，往往要跨越幾個會計年度。對於內部交易形成的固定資產，不僅在該內部固定資產交易發生的當期需要進行抵銷處理，而且在以後使用該固定資產的期間也需要進行抵銷處理。固定資產在使用過程中是通過折舊的方式將其價值轉移到產品價值之中。由於固定資產按原價計提折舊，在固定資產原價中包含未實現內部銷售損益的情況下，每期計提的折舊費中也必然包含著未實現內部銷售損益的金額，由此也需要對該內部交易形成的固定資產每期計提的折舊費進行相應的抵銷處理。同樣，如果購買企業對該項固定資產計提了固定資產減值準備，由於固定資產減值準備是按原價為基礎進行計算確定的，在固定資產原價中包含未實現內部銷售損益的金額，由此也需要對該內部交易形成的固定資產計提的減值準備進行相應的抵銷處理。

　　1. 內部固定資產交易當期的合併處理

　　(1) 內部購進商品作為固定資產的合併處理。在這種情況下，購買企業購進的固定資產，在其個別資產負債表中以支付的價款作為該固定資產的原價列示，因此首先就必須將該固定資產原價中包含的未實現內部銷售損益予以抵銷。其次，購買企業對該固定資產計提了折舊，折舊費計入相關資產的成本或當期損益。由於購買企業是以該固定資產的取得成本作為原價計提折舊；取得成本中包含未實現內部銷售損益，在相同的使用壽命下，各期計提的折舊費要大於不包含未實現內部銷售損益時計提的折舊費，因此還必須將當期多計提的折舊額從該固定資產當期計提的折舊費中予以抵銷。其抵銷處理程序如下：

　　第一，將與內部交易形成的固定資產相關的銷售收入、銷售成本以及原價中包含的未實現內部銷售損益予以抵銷。

　　第二，將內部交易形成的固定資產當期多計提的折舊費和累計折舊（少計提的折舊費和累計折舊）予以抵銷。從單個企業來說，對計提折舊進行會計處理時，一方面增加當期的費用或計入相關資產的成本，另一方面形成累計折舊。因此，對內部交易形成的固定資產當期多計提的折舊費抵銷時，應按當期多計提的折舊額，借記「固定

資產——累計折舊」科目，貸記「管理費用」等科目[1]。

【例 14-13】假設母公司甲公司本期將成本 100 萬元的商品，以 110 萬元的價格銷售給子公司乙公司作為固定資產使用，該固定資產使用壽命為 5 年，乙公司按年限平均法計提折舊。

在合併工作底稿中應編製如下抵銷分錄：
①抵銷內部營業收入、營業成本及固定資產原價中包含的未實現內部銷售損益

借：營業收入　　　　　　　　　　　　　　　　　1,100,000
　　貸：營業成本　　　　　　　　　　　　　　　　1,000,000
　　　　固定資產——原價　　　　　　　　　　　　　100,000
②抵銷當期多提折舊
借：固定資產——累計折舊　　　　　　　　　　　　　20,000
　　貸：管理費用　　　　　　　　　　　　　　　　　20,000

（2）內部購進固定資產作為固定資產的合併處理。在這種情況下，對於銷售企業來說，在其個別資產負債表中表現為固定資產的減少，同時在其個別利潤表中表現為固定資產處置損益，當處置收入大於該固定資產帳面價值時，表現為本期營業外收入；當處置收入小於固定資產帳面價值時，則表現為本期營業外支出。對於購買企業來說，在其個別資產負債表中則表現為固定資產的增加，其固定資產原價中既包含該固定資產在原銷售企業中的帳面價值，也包含銷售企業因該固定資產出售所實現的損益。但從整個企業集團來看，這一交易屬於集團內部固定資產調撥性質，它既不能產生收益，也不會發生損失，固定資產既不能增值也不會減值。因此，母公司在編製合併報表時必須將銷售企業因該內部交易所實現的固定資產處置損益予以抵銷，同時將購買企業固定資產原價中包含的未實現內部銷售損益的金額予以抵銷。通過抵銷後，其在合併財務報表中該固定資產原價仍然以銷售企業的原帳面價值反應。

【例 14-14】假設母公司甲公司本期將帳面價值 200 萬元的固定資產，以 210 萬元的價格銷售給子公司乙公司繼續作為固定資產使用。

在合併工作底稿中應編製如下抵銷分錄：
借：營業外收入　　　　　　　　　　　　　　　　　100,000
　　貸：固定資產——原價　　　　　　　　　　　　　100,000

2. 連續編製合併財務報表時內部交易固定資產的合併處理

在以後會計期間，該內部交易形成的固定資產仍然以原價在購買企業的個別資產負債表中列示，因此必須將原價中包含的未實現內部銷售損益的金額予以抵銷；相應地銷售企業以前會計期間由於該內部交易所實現的銷售利潤，形成銷售當期的淨利潤的一部分並結轉到以後會計期間，在其個別所有者權益變動表中列示，因此必須將期初未分配利潤中包含的該未實現內部銷售損益予以抵銷，以調整期初未分配利潤的金額。將內部交易形成的固定資產原價中包含的未實現內部銷售損益抵銷，並調整期初

---

[1] 為便於理解，本節有關內部交易形成的固定資產多計提的折舊費的抵銷，均假定該固定資產為購買企業的管理用固定資產，通過「管理費用」科目進行抵銷。

未分配利潤。即按照原價中包含的未實現內部銷售損益的金額，借記「期初未分配利潤」科目，貸記「固定資產——原價」科目。

其次，對於該固定資產在以前會計期間計提折舊而形成的期初累計折舊，由於將以前會計期間按包含未實現內部銷售損益的原價為依據而多計提折舊的抵銷，一方面必須按照以前會計期間累計多計提的折舊額抵銷期初累計折舊；另一方面由於以前會計期間累計折舊抵銷而影響到期初未分配利潤，因此還必須調整期初未分配利潤的金額。將以前會計期間內部交易形成的固定資產多計提的累計折舊抵銷，並調整期初未分配利潤。即按以前會計期間抵銷該內部交易形成的固定資產多計提的累計折舊額，借記「固定資產——累計折舊」科目，貸記「期初未分配利潤」科目。

最後，該內部交易形成的固定資產在本期仍然計提了折舊，由於多計提折舊導致本期有關資產或費用項目增加並形成累計折舊，為此，一方面必須將本期多計提折舊而計入相關資產的成本或當期損益的金額予以抵銷；另一方面將本期多計提折舊而形成的累計折舊額予以抵銷。即按本期該內部交易形成的固定資產多計提的折舊額，借記「固定資產——累計折舊」科目，貸記「管理費用」等科目。

【例14-15】續【例14-13】，第二年年末乙公司個別資產負債表中列示的該項內部交易固定資產原價110萬元，累計已提折舊44萬元，其中當年提取22萬元，帳面價值66萬元。

在合併工作底稿中應編製如下抵銷分錄：
(1) 借：期初未分配利潤　　　　　　　　　　　　　　　　100,000
　　　貸：固定資產——原價　　　　　　　　　　　　　　　　100,000
(2) 借：固定資產——累計折舊　　　　　　　　　　　　　　20,000
　　　貸：期初未分配利潤　　　　　　　　　　　　　　　　　20,000
(3) 借：固定資產——累計折舊　　　　　　　　　　　　　　20,000
　　　貸：管理費用　　　　　　　　　　　　　　　　　　　　20,000

第三年年末乙公司個別資產負債表中列示的該項內部交易固定資產原價110萬元，累計已提折舊66萬元，其中當年提取22萬元，帳面價值44萬元。

在合併工作底稿中應編製如下抵銷分錄：
(1) 借：期初未分配利潤　　　　　　　　　　　　　　　　100,000
　　　貸：固定資產——原價　　　　　　　　　　　　　　　　100,000
(2) 借：固定資產——累計折舊　　　　　　　　　　　　　　40,000
　　　貸：期初未分配利潤　　　　　　　　　　　　　　　　　40,000
(3) 借：固定資產——累計折舊　　　　　　　　　　　　　　20,000
　　　貸：管理費用　　　　　　　　　　　　　　　　　　　　20,000

第四年年末乙公司個別資產負債表中列示的該項內部交易固定資產原價110萬元，累計已提折舊88萬元，其中當年提取22萬元，帳面價值22萬元。

在合併工作底稿中應編製如下抵銷分錄：
(1) 借：期初未分配利潤　　　　　　　　　　　　　　　　100,000
　　　貸：固定資產——原價　　　　　　　　　　　　　　　　100,000

（2）借：固定資產——累計折舊　　　　　　　　　　　　60,000
　　　　貸：期初未分配利潤　　　　　　　　　　　　　　　　　60,000
（3）借：固定資產——累計折舊　　　　　　　　　　　　20,000
　　　　貸：管理費用　　　　　　　　　　　　　　　　　　　　20,000

3. 內部交易固定資產清理期間的合併處理

固定資產的清理可能出現三種情況：期滿清理、超期清理和提前清理。企業在編製合併財務報表時，應當根據具體情況進行抵銷處理。

（1）內部交易固定資產使用壽命屆滿進行清理時的合併處理。在這種情況下，購買企業內部交易形成的固定資產實體已不復存在，包含未實現內部銷售損益在內的該內部交易形成的固定資產的價值已全部轉移到用其加工的產品價值或各期損益中去了，因此不存在未實現內部銷售損益的抵銷問題。從整個企業集團來說，隨著該內部交易形成的固定資產的使用壽命屆滿，其包含的未實現內部銷售損益也轉化為已實現利潤。但是，由於銷售企業因該內部交易所實現的利潤，作為期初未分配利潤的一部分結轉到購買企業對該內部交易形成的固定資產進行清理的會計期間為止。為此，必須調整期初未分配利潤。同時，在固定資產進行清理的會計期間，如果仍計提了折舊，本期計提的折舊費中仍然包含多計提的折舊額，因此需要將多計提的折舊額予以抵銷。

【例14-16】續【例14-15】，假設第五年年末乙公司將該項固定資產報廢，實現清理淨收益5萬元計入營業外收入。因該項固定資產已報廢，故在乙公司個別資產負債表中不再列示。

在合併工作底稿中應編製如下抵銷分錄：

①借：期初未分配利潤　　　　　　　　　　　　　　　100,000
　　　貸：營業外收入　　　　　　　　　　　　　　　　　　　100,000
②借：營業外收入　　　　　　　　　　　　　　　　　　60,000
　　　貸：期初未分配利潤　　　　　　　　　　　　　　　　　60,000
③借：營業外收入　　　　　　　　　　　　　　　　　　20,000
　　　貸：管理費用　　　　　　　　　　　　　　　　　　　　20,000

（2）內部交易固定資產超期使用進行清理時的合併處理。在這種情況下，在內部交易形成的固定資產清理前的會計期間，該固定資產仍然包含未實現內部銷售損益的原價及計提的累計折舊，在購買企業的個別資產負債表中列示；銷售企業因該內部交易所實現的利潤，作為期初未分配利潤的一部分結轉到購買企業對該內部交易形成的固定資產進行清理的會計期間為止。因此，需要將固定資產原價中包含的未實現內部銷售損益予以抵銷，並調整期初未分配利潤。同時，由於在該固定資產使用壽命屆滿的會計期間仍然需要計提折舊，本期計提的折舊費中仍然包含多計提的折舊額，因此需要將多計提的折舊額予以抵銷，並調整已計提的累計折舊。

【例14-17】續【例14-15】，假設第五年期末，該項固定資產繼續使用。乙公司個別資產負債表中列示的該項內部交易固定資產原價110萬元，累計已提折舊110萬元，其中當年提取22萬元，帳面價值為0。

在合併工作底稿中應編製如下抵銷分錄：

①借：期初未分配利潤 100,000
　　貸：固定資產——原價 100,000
②借：固定資產——累計折舊 80,000
　　貸：期初未分配利潤 80,000
③借：固定資產——累計折舊 20,000
　　貸：管理費用 20,000

如果該固定資產在第六年年末仍然繼續使用，當期不再計提折舊。
在合併工作底稿中應編製如下抵銷分錄：
①借：期初未分配利潤 100,000
　　貸：固定資產——原價 100,000
②借：固定資產——累計折舊 100,000
　　貸：期初未分配利潤 100,000

該項固定資產在以後期間報廢清理時，不再需要編製抵銷分錄。

（3）內部交易固定資產使用壽命未滿提前進行清理時的合併處理。在這種情況下，購買企業內部交易形成的固定資產實體已不復存在，因此不存在固定資產原價中包含的未實現內部銷售損益的抵銷問題。但由於固定資產提前報廢，固定資產原價中包含的未實現內部銷售損益隨著清理而成為實現的損益。對於銷售企業來說，因該內部交易所實現的利潤，作為期初未分配利潤的一部分結轉到購買企業對該內部交易形成的固定資產進行清理的會計期間為止。為此，必須調整期初未分配利潤。同時，在固定資產使用壽命未滿進行清理的會計期間仍須計提折舊，本期計提的折舊費中仍然包含多計提的折舊額，因此需要將多計提的折舊額予以抵銷。

【例14-18】續【例14-15】，假設第四年年末乙公司將該項固定資產報廢，實現清理淨收益3萬元計入營業外收入。因該項固定資產已報廢，故在乙公司個別資產負債表中不再列示。

在合併工作底稿中應編製如下抵銷分錄：
①借：期初未分配利潤 100,000
　　貸：營業外收入 100,000
②借：營業外收入 60,000
　　貸：期初未分配利潤 60,000
③借：營業外收入 20,000
　　貸：管理費用 20,000

【例14-19】續【例14-1】，2012年12月31日，A公司和B公司個別資產負債表、個別利潤表和個別所有者權益變動表分別如表14-1、表14-2、表14-3所示。

表 14-1　　　　　　　　　　　資產負債表（簡表）　　　　　　　　　會企 01 表
　　　　　　　　　　　　　　　2012 年 12 月 31 日　　　　　　　　　單位：萬元

資產	A 公司	B 公司	負債及所有者權益	A 公司	B 公司
流動資產：			流動負債：		
貨幣資金	8,000	1,200	應付帳款	392	135
應收帳款	300	65	應付職工薪酬	128	36
存貨	8,530	1,067	應交稅費	93	28
流動資產合計	16,830	2,332	流動負債合計	613	199
非流動資產：			非流動負債：		
持有至到期投資	268	127	長期借款	5,100	1,200
長期股權投資	8,000		應付債券	2,600	800
固定資產	12,385	4,900	非流動負債合計	7,700	2,000
無形資產	986	240	負債合計	8,313	2,199
非流動資產合計	21,639	5,267	所有者權益（股東權益）：		
			實收資本（股本）	25,000	4,000
			資本公積	2,200	500
			盈余公積	1,350	300
			未分配利潤	1,606	600
			所有者權益合計	30,156	5,400
資產總計	38,469	7,599	負債和所有者權益總計	38,469	7,599

表 14-2　　　　　　　　　　　利潤表（簡表）　　　　　　　　　　　會企 02 表
　　　　　　　　　　　　　　　2012 年度　　　　　　　　　　　　　單位：萬元

項目	A 公司	B 公司
營業收入	55,000	12,460
營業成本	40,200	9,000
營業稅金及附加	680	160
銷售費用	3,500	800
管理費用	3,760	900
財務費用	2,800	640
資產減值損失	120	40
投資收益	870	350
營業利潤	4,810	1,270
營業外收入	140	80

表14-2(續)

項目	A公司	B公司
營業外支出	62	50
利潤總額	4,888	1,300
所得稅費用	1,100	300
淨利潤	3,788	1,000

表14-3　　　　　　　　　所有者權益變動表（簡表）　　　　　　　會企02表
　　　　　　　　　　　　　　　　2012年度　　　　　　　　　　　　　　單位：萬元

項目	A公司 實收資本(股本)	A公司 資本公積	A公司 盈余公積	A公司 未分配利潤	A公司 所有者權益合計	B公司 實收資本(股本)	B公司 資本公積	B公司 盈余公積	B公司 未分配利潤	B公司 所有者權益合計
一、上年年末余額	25,000	2,200	971.2	696.8	28,868	4,000	500	200	300	5,000
加：會計政策變更										
前期差錯更正										
二、本年年初余額	25,000	2,200	971.2	696.8	28,868	4,000	500	200	300	5,000
三、本年增減變動金額（減少以「-」號填列）			378.8	909.2	1,288			100	300	400
（一）淨利潤				3,788	3,788				1,000	1,000
（二）直接計入所有者權益的利得和損失										
（三）所有者投入和減少資本										
（四）利潤分配			378.8	-2,878.8	-2,500			100	-700	-600
1. 提取盈余公積			378.8	-378.8				100	-100	
2. 對所有者（股東）的分配				-2,500	-2,500				-600	-600
3. 其他										
（五）所有者權益內部結轉										
四、本年年末余額	25,000	2,200	1,350	1,606	30,156	4,000	500	300	600	5,400

根據上述①至⑩筆調整抵銷分錄，編製合併工作底稿表，如表14-4所示。

表14-4　　　　　　　　　　　合併工作底稿
　　　　　　　　　　　　　　2012年度　　　　　　　　　　　　單位：萬元

項目	A公司	B公司	合計數	調整與抵銷分錄 借方	調整與抵銷分錄 貸方	少數股東權益	合併數
流動資產：							
貨幣資金	8,000	1,200	9,200				9,200
應收帳款	300	65	365	⑨2	⑦40		327
存貨	8,530	1,067	9,597				9,597

表14-4(續)

項目	A公司	B公司	合計數	調整與抵銷分錄 借方	調整與抵銷分錄 貸方	少數股東權益	合併數
流動資產合計	16,830	2,332	19,162	2	40		19,124
非流動資產：							
持有至到期投資	268	127	395		⑦50		345
長期股權投資	8,000		8,000	③792	④480		3,800
					⑤4,512		
固定資產	12,385	4,900	17,285				17,285
無形資產	986	240	1,226	①50	②10		1,266
商譽				⑤160			160
非流動資產合計	21,639	5,267	26,906	1,002	5,052		22,856
資產總計	38,469	7,599	46,068	1,004	5,092		41,980
流動負債：							
應付帳款	392	135	527	⑦40			487
應付職工薪酬	128	36	164				164
應交稅費	93	28	121				121
流動負債合計	613	199	812	40			772
非流動負債：							
長期借款	5,100	1,200	6,300				6,300
應付債券	2,600	800	3,400	⑦50			3,350
非流動負債合計	7,700	2,000	9,700	50			9,650
負債合計	8,313	2,199	10,512	90			10,422
所有者權益（股東權益）：							
實收資本（股本）	25,000	4,000	29,000	⑤4,000			25,000
資本公積	2,200	500	2,700	⑤550	①50		2,200
盈餘公積	1,350	300	1,650	⑤300			1,350
未分配利潤	1,606	600	2,206				1,920
所有者權益合計	30,156	5,400	35,556				31,558
少數股東權益						1,088	1,088
負債和所有者權益總計	38,469	7,599	46,068				41,980
營業收入	55,000	12,460	67,460	⑩25			67,435

表14-4(續)

項目	A公司	B公司	合計數	調整與抵銷分錄 借方	調整與抵銷分錄 貸方	少數股東權益	合併數
營業成本	40,200	9,000	49,200		①25		49,175
營業稅金及附加	680	160	840				840
銷售費用	3,500	800	4,300				4,300
管理費用	3,760	900	4,660	②10			4,670
財務費用	2,800	640	3,440		⑧2		3,438
資產減值損失	120	40	160		⑨2		158
投資收益	870	350	1,220	④480 ⑥792 ⑧2	③792		738
營業利潤	4,810	1,270	6,080	1,309	821		5,592
營業外收入	140	80	220				220
營業外支出	62	50	112				112
利潤總額	4,888	1,300	6,188	1,309	821		5,700
所得稅費用	1,100	300	1,400				1,400
淨利潤	3,788	1,000	4,788	1,309	821		4,300
少數股東損益						⑥198	198
歸屬於母公司所有者的淨利潤							4,102
一、年初未分配利潤	696.8	300	996.8	⑥300			696.8
二、本年增減變動金額							
三、利潤分配							
1. 提取盈余公積	378.8	100	478.8		⑥100		378.8
2. 對股東的分配	2,500	600	3,100		⑥600		2,500
四、年末未分配利潤	1,606	600	2,206	⑤590 2,199	⑥590 2,111	198	1,920*

註：*1,920 = 2,206 - 2,199 + 2,111 - 198。

根據上述工作底稿，我們編製合併資產負債表、合併利潤表與合併所有者權益變動表，分別如表14-5、表14-6、表14-7所示。

表 14-5　　　　　　　　　合併資產負債表（簡表）　　　　　　　　會企 01 表

編製單位：A 公司　　　　　　　　2012 年 12 月 31 日　　　　　　　　單位：萬元

資產	期末余額	年初余額	負債及所有者權益	期末余額	年初余額
流動資產：			流動負債：		
貨幣資金	9,200		應付帳款	487	
應收帳款	327		應付職工薪酬	164	
存貨	9,597		應交稅費	121	
流動資產合計	19,124		流動負債合計	772	
非流動資產：			非流動負債：		
持有至到期投資	345		長期借款	6,300	
長期股權投資	3,800		應付債券	3,350	
固定資產	17,285		非流動負債合計	9,650	
無形資產	1,266		負債合計	10,422	
商譽	160		所有者權益（股東權益）：		
非流動資產合計	22,856		實收資本（股本）	25,000	
			資本公積	2,200	
			盈余公積	1,350	
			未分配利潤	1,920	
			歸屬於母公司所有者權益合計	30,470	
			少數股東權益	1,088	
資產總計	41,980		負債和所有者權益總計	41,980	

表 14-6　　　　　　　　　合併利潤表（簡表）　　　　　　　　會企 02 表

編製單位：A 公司　　　　　　　　2012 年度　　　　　　　　單位：萬元

項目	本年金額	上年金額
營業收入	67,435	
營業成本	49,175	
營業稅金及附加	840	
銷售費用	4,300	
管理費用	4,670	
財務費用	3,438	
資產減值損失	158	
投資收益	738	

表14-6(續)

項目	本年金額	上年金額
營業利潤	5,592	
營業外收入	220	
營業外支出	112	
利潤總額	5,700	
所得稅費用	1,400	
淨利潤	4,300	
歸屬於母公司股東的淨利潤	198	
少數股東損益	4,102	

表14-7　　　　　　　　　　合併所有者權益變動表（簡表）　　　　　　　會企02表
編製單位：A公司　　　　　　　　　　2012年度　　　　　　　　　　　　單位：萬元

項目	本年金額					
	歸屬於母公司所有者權益				少數股東權益	所有者權益合計
	實收資本	資本公積	盈餘公積	未分配利潤		
一、上年年末余額	25,000	2,200	971.2	696.8		28,868
加：會計政策變更					1,010	1,010
前期差錯更正						
二、本年年初余額	25,000	2,200	971.2	696.8	1,010	29,878
三、本年增減變動金額（減少以「-」號填列）						
（一）淨利潤				4,102	198	4,300
（二）直接計入所有者權益的利得和損失						
（三）所有者投入和減少資本						
（四）利潤分配			378.8	-2,878.8	-120	-2,620
1. 提取盈餘公積			378.8	-378.8		
2. 對所有者（股東）的分配				-2,500	-120	
3. 其他						
（五）所有者權益內部結轉						
四、本年年末余額	25,000	2,200	592.4	7,677.6	1,328	31,558

14.3 合併現金流量表的編製

合併現金流量表是綜合反應母公司及其所有子公司組成的企業集團在一定會計期間現金和現金等價物[1]流入和流出的報表。合併現金流量表以母公司和子公司的現金流量表為基礎，在抵銷母公司與子公司、子公司相互之間發生內部交易對合併現金流量表的影響后，由母公司編製。合併現金流量表也可以以合併資產負債表和合併利潤表為依據進行編製。

14.3.1 編製合併現金流量表需要抵銷的項目

現金流量表作為以單個企業為會計主體進行會計核算的結果，分別從母公司本身和子公司本身反應其在一定會計期間的現金流入和現金流出。在以個別現金流量表為基礎計算的現金流入和現金流出項目的加總金額中，也必然包含有重複計算的因素，因此，編製合併現金流量表時，也需要將這些重複的因素予以抵銷。

編製合併現金流量表時需要進行抵銷處理的項目，主要有如下項目：

1. 母公司與子公司、子公司相互之間當期以現金投資或收購股權增加的投資所產生的現金流量的抵銷

母公司以現金從子公司購買持有的其他企業的股票時，由此所產生的現金流量，在購買方母公司個別現金流量表中，以「投資活動產生的現金流量」中的「投資支付的現金」科目列示，在出售方子公司個別現金流量表中，以「投資活動產生的現金流量」中的「收回投資收到的現金」科目反應。在母公司對子公司投資的情況下，其所產生的現金流量，在母公司個別現金流量表中，以「投資活動產生的現金流量」中的「投資支付的現金」科目列示，在接受投資的子公司個別現金流量表中，以「籌資活動產生的現金流量」中的「吸收投資收到的現金」科目反應。因此，編製合併現金流量表時應將其抵銷。

2. 企業集團內部當期取得投資收益收到的現金與分配股利、利潤或償付利息支付的現金的抵銷

母公司對子公司以及子公司相互之間進行投資分配現金股利或利潤時，由此所產生的現金流量，在股利或利潤支付方的個別現金流量表中，以「籌資活動產生的現金流量」中的「分配股利、利潤或償付利息支付的現金」科目反應，在收到股利或利潤的個別現金流量表中，以「投資活動產生的現金流量」中的「取得投資收益收到的現金」科目列示。因此，編製合併現金流量表時應將其抵銷。

3. 企業集團內部以現金結算債權與債務所產生的現金流量的抵銷

以現金結算內部債權債務，對於債權方來說表現為現金流入，對於債務方來說表現為現金流出。如果債權債務是由於集團內部商品交易引起的，在債權方的個別現金

---

[1] 在本節提及現金時，除非同時提及現金等價物，均包括現金和現金等價物。

流量表中以「銷售商品、提供勞務收到的現金」科目列示，在債務方的個別現金流量表中以「購買商品、接受勞務支付的現金」科目列示，在編製合併現金流量表時應將其抵銷。如果債權債務是屬於其他內部往來所產生的，在債權方的個別現金流量表中以「收到的其他與經營活動有關的現金」科目列示，在債務方的個別現金流量表中以「支付的其他與經營活動有關的現金」科目列示，在編製合併現金流量表時也應將其抵銷。

　　4. 企業集團內部當期銷售商品所產生的現金流量的抵銷

　　母公司與子公司、子公司相互之間銷售商品在沒有形成固定資產、在建工程、無形資產等長期資產的情況下，其所產生的現金流量，在銷售方的個別現金流量表中以「銷售商品、提供勞務收到的現金」科目列示，在購買方的個別現金流量表中以「購買商品、接受勞務支付的現金」科目列示。在母公司與子公司、子公司相互之間銷售商品形成固定資產、在建工程、無形資產等長期資產的情況下，其所產生的現金流量，在購買方的個別現金流量表中以「購建固定資產、無形資產和其他長期資產所支付的現金」科目列示。因此，編製合併現金流量表時應將其抵銷。

　　5. 企業集團內部處置固定資產等收回的現金淨額與購建固定資產等支付的現金的抵銷

　　企業集團內部處置固定資產所產生的現金流量，在處置方的個別現金流量表中以「處置固定資產、無形資產和其他長期資產收回的現金淨額」科目列示，在接受方的個別現金流量表中以「購建固定資產、無形資產和其他長期資產所支付的現金」科目列示。因此，編製合併現金流量表時應將其抵銷。

14.3.2　合併現金流量表中有關少數股東權益項目的反應

　　合併現金流量表編製與個別現金流量表相比，一個特殊的問題就是在子公司為非全資子公司的情況下，涉及子公司與其少數股東之間的現金流入和現金流出的處理問題。

　　對於子公司與少數股東之間發生的現金流入和現金流出，從整個企業集團來看，也影響到其整體的現金流入和流出數量的增減變動，必須在合併現金流量表中予以反應。子公司與少數股東之間發生的影響現金流入和現金流出的經濟業務包括少數股東對子公司增加權益性投資、少數股東依法從子公司中抽回權益性投資、子公司向其少數股東支付現金股利或利潤等。為了便於企業集團合併財務報表使用者瞭解掌握企業集團現金流量的情況，有必要將與子公司少數股東之間的現金流入和現金流出的情況單獨予以反應。

　　對於子公司的少數股東增加在子公司中的權益性投資，在合併現金流量表中應當在「籌資活動產生的現金流量」之下的「吸收投資收到的現金」科目下「其中：子公司吸收少數股東投資收到的現金」科目反應。

　　對於子公司向少數股東支付現金股利或利潤，在合併現金流量表中應當在「籌資活動產生的現金流量」之下的「分配股利、利潤或償付利息支付的現金」科目下「其中：子公司支付給少數股東的股利、利潤」科目反應。

對於子公司的少數股東依法抽回在子公司中的權益性投資，在合併現金流量表應當在「籌資活動產生的現金流量」之下的「支付其他與籌資活動有關的現金」科目反應。

需要說明的是，在企業合併當期，母公司購買子公司及其他營業單位支付對價中以現金支付的部分與子公司及其他營業單位在購買日持有的現金和現金等價物應當相互抵銷，區別兩種情況分別處理：

(1) 子公司及其他營業單位在購買日持有的現金和現金等價物小於母公司支付對價中以現金支付的部分，按減去子公司及其他營業單位在購買日持有的現金和現金等價物后的淨額在「取得子公司及其他營業單位支付的現金淨額」科目反應，應編製的抵銷分錄為：借記「取得子公司及其他營業單位支付的現金淨額」科目，貸記「年初現金及現金等價物余額」科目。

(2) 子公司及其他營業單位在購買日持有的現金和現金等價物大於母公司支付對價中以現金支付的部分，按減去子公司及其他營業單位在購買日持有的現金和現金等價物后的淨額在「收到其他與投資活動有關的現金」科目反應，應編製的抵銷分錄為：借記「取得子公司及其他營業單位支付的現金淨額」科目和「收到其他與投資活動有關的現金」科目，貸記「年初現金及現金等價物余額」科目。

14.3.3 合併現金流量表的格式

合併現金流量表的格式綜合考慮了企業集團中一般工商企業和金融企業（包括商業銀行、保險公司和證券公司）的現金流入和現金流出列報的要求，與個別現金流量表的格式基本相同，主要增加了反應金融企業行業特點的經營活動現金流量項目。合併現金流量表的一般格式如表14-8所示。

表14-8　　　　　　　　　　合併現金流量表　　　　　　　　　會合03表
編製單位：　　　　　　　　　　　年度　　　　　　　　　　　　單位：

項目	本年金額	上年金額
一、經營活動產生的現金流量：		
銷售商品、提供勞務收到的現金		
客戶存款和同業存放款項淨增加額		
向中央銀行借款淨增加額		
向其他金融機構拆入資金淨增加額		
收到原保險合同保費取得的現金		
收到再保險業務現金淨額		
保戶儲金及投資款淨增加額		
處置交易性金融資產淨增加額		
收取利息、手續費及佣金淨增加額		

表14-8(續)

項目	本年金額	上年金額
拆入資金淨增加額		
回購業務資金淨增加額		
收到的稅費返還		
收到其他與經營流動有關的現金		
經營活動現金流入小計		
購買商品、接受勞務支付的現金		
客戶貸款及墊款淨增加額		
存入中央銀行和同業款項淨增加額		
支付原保險合同賠付款項的現金		
支付利息、手續費及佣金的現金		
支付保單紅利的現金		
支付給職工以及為職工支付的現金		
支付的各項稅費		
支付其他與經營活動有關的現金		
經營活動現金流出小計		
經營活動產生的現金流量淨額		
二、投資活動產生的現金流量		
收回投資收到的現金		
取得投資收益收到的現金		
處置固定資產、無形資產和其他長期資產收回的現金淨額		
處置子公司及其他營業單位收到的現金淨額		
收到其他與投資活動有關的現金		
投資活動現金流入小計		
購建固定資產、無形資產和其他長期資產支付的現金		
投資支付的現金		
質押貸款淨增加額		
取得子公司及其他營業單位支付的現金淨額		
支付其他與投資活動有關的現金		
投資活動現金流出小計		
投資活動產生的現金流量淨額		

表14-8(續)

項目	本年金額	上年金額
三、籌資活動產生的現金流量		
吸收投資收到的現金		
其中：子公司吸收少數股東投資收到的現金		
取得借款收到的現金		
發行債券收到的現金		
收到其他與籌資活動有關的現金		
籌資活動現金流入小計		
償還債務支付的現金		
分配股利、利潤或償付利息支付的現金		
其中：子公司支付給少數股東的股利、利潤		
支付其他與籌資活動有關的現金		
籌資活動現金流出小計		
籌資活動產生的現金流量淨額		
四、匯率變動對現金的影響		
五、現金及現金等價物淨增加額		
加：年初現金及現金等價物余額		
六、年末現金及現金等價物余額		

14.4 報告期內增減子公司的合併處理

14.4.1 本期增加子公司的合併處理

企業投資或追加投資取得對被投資單位的控制權，而使其成為子公司的情況下，對於該投資企業的投資，應當採用權益法進行核算；在會計期末，應當將該子公司納入合併範圍編製合併財務報表，並分別以下兩種情況進行處理：

1. 同一控制下的企業合併增加子公司

在編製合併資產負債表時，視同該子公司從設立起就被母公司控制，應當調整合併資產負債表所有相關項目的期初數，相應地，合併資產負債表的留存收益項目應當反應母公司如果一直作為一個整體運行至合併日應實現的盈余公積和未分配利潤的情況。

在編製合併利潤表時，應視同合併後形成的報告主體自最終控制方開始實施控制時一直是一體化存續下來的，經營成果應持續計算，因此，應當將該公司合併當期期

初至報告期末的收入、費用、利潤納入合併利潤表，而不是從合併日開始納入合併利潤表。由於這部分淨利潤是因企業合併準則所規定的同一控制下企業合併的編表原則所致，而非母公司管理層通過生產經營活動實現的淨利潤，因此應當在合併利潤表中單列「其中：被合併方在合併前實現的淨利潤」科目進行反應。

在編製合併現金流量表時，應當將該子公司合併當期期初至報告期末的現金流量納入合併現金流量表。

2. 非同一控制下的企業合併增加子公司

編製合併資產負債表時，應以本期取得的子公司在合併資產負債表日的資產負債表為基礎編製。對本期投資或追加投資取得的子公司，不需要調整合併資產負債表的期初數。

編製合併利潤表時，應當將本期取得的子公司自取得控制權日起至本期期末為會計期間的財務報表為基礎編製，將本期取得的子公司自取得控制權日起至本期期末的收入、費用和利潤通過合併，納入合併財務報表之中。

編製合併現金流量表時，應當將本期取得的子公司自取得控制權日起至本期期末止的現金流量的信息納入合併現金流量表。

14.4.2　本期減少子公司的合併處理

在本期出售轉讓子公司部分股份或全部股份，喪失對該子公司的控制權而使其成為非子公司的情況下，應當將其排除在合併財務報表的合併範圍之外。

在編製合併資產負債表時，不需要對該出售轉讓股份而成為非子公司的資產負債表進行合併。但為了提高會計信息的可比性，應當在合併財務報表附註中披露該子公司成為非子公司對合併財務報表財務狀況以及對前期相關金額的影響，即披露該子公司在喪失控制權日以及該子公司在上年年末的資產和負債金額，具體包括流動資產、長期股權投資、固定資產、無形資產及其他資產和流動負債、長期負債等。

編製合併利潤表時，應當以該子公司期初至喪失控制權成為非子公司之日止的利潤表為基礎，將該子公司自期初至喪失控制權之日止的收入、費用、利潤納入合併利潤表。同時為提高會計信息的可比性，在合併財務報表附註中披露該子公司成為非子公司對合併財務報表的經營成果以及對前期相關金額的影響，即披露該子公司自期初至喪失控制權日止的經營成果以及上年度的經營成果，具體包括營業收入、營業利潤、利潤總額、所得稅費用和淨利潤等。

在編製現金流量表時，應將該子公司自期初至喪失控制權之日止的現金流量的信息納入合併現金流量表，並將出售該子公司所收到的現金扣除子公司持有的現金和現金等價物以及相關處置費用後的淨額，在有關投資活動類的「處置子公司及其他營業單位所收到的現金」科目中反應。

思考題

1. 試述合併財務報表的概念及特點。
2. 試述合併財務報表的三種合併理論。
3. 合併財務報表的合併範圍如何確定?
4. 合併財務報表編製的原則包括哪些?
5. 試述在合併報表編製時如何抵銷內部債權債務。
6. 試述在合併報表編製時如何抵銷內部商品交易。
7. 試述合併報表編製時如何抵銷內部固定資產交易。

國家圖書館出版品預行編目(CIP)資料

高級財務會計 / 胡世強、曹明才、劉金彬 主編. -- 第二版.
-- 臺北市：崧燁文化，2018.08
　面 ； 公分
ISBN 978-957-681-591-1(平裝)
1.財務會計
495.4　　　　107014313

書　名：高級財務會計
作　者：胡世強、曹明才、劉金彬 主編
發行人：黃振庭
出版者：崧博出版事業有限公司
發行者：崧燁文化事業有限公司
E-mail：sonbookservice@gmail.com
粉絲頁　　　　　　　網　址：
地　址：台北市中正區重慶南路一段六十一號八樓 815 室
8F.-815, No.61, Sec. 1, Chongqing S. Rd., Zhongzheng Dist., Taipei City 100, Taiwan (R.O.C.)
電　話：(02)2370-3310　傳　真：(02) 2370-3210
總經銷：紅螞蟻圖書有限公司
地　址：台北市內湖區舊宗路二段 121 巷 19 號
電　話：02-2795-3656　　傳真：02-2795-4100　網址：
印　刷：京峯彩色印刷有限公司（京峰數位）
　　本書版權為西南財經大學出版社所有授權崧博出版事業有限公司獨家發行電子書繁體字版。若有其他相關權利及授權需求請與本公司聯繫。
定價：400 元
發行日期：2018 年 8 月第二版
◎ 本書以POD印製發行